高等院校自动化新编系列教材

工业网络技术

汪晋宽　马淑华　吴雨川　编著

U0282801

北京邮电大学出版社
·北京·

内 容 简 介

全书系统地介绍了工业网络的构建方法及测试技术,从信息网络和控制网络两个层次进行编写,主要内容包括计算机网络体系结构、局域网技术、工业以太网、CAN 总线技术、DeviceNet 现场总线、DeviceNet 节点设计与组网、ControlNet 现场总线、工业网络及其应用。本书参照 ISO 制订的 OSI 参考模型,对国内外常用的几种现场总线的通讯机理着重进行了分析,并给出了智能节点开发和现场总线控制系统设计的思路和流程,以期读者能全面了解和掌握工业网络设计的方法和具体实现。

本书条理清晰,结构新颖,内容编排合理,兼顾理论与实际应用,突出先进性、系统性和实践性。可作为高等院校自动化、测控技术与仪器、电子信息工程等相关专业的工业网络技术教材,也可作为研究生和相关领域工程技术人员的参考书或培训教材。

图书在版编目(CIP)数据

工业网络技术/汪晋宽,马淑华,吴雨川编著 . - - 北京:北京邮电大学出版社,2007(2020.1 重印)
ISBN 978-7-5635-1279-9

Ⅰ. 工… Ⅱ. ①汪…②马…③吴… Ⅲ. 计算机网络—应用—工业技术—高等学校—教材 Ⅳ. TB-39

中国版本图书馆 CIP 数据核字(2007)第 104706 号

书　　名:工业网络技术
作　　者:汪晋宽　马淑华　吴雨川
责任编辑:彭　楠
出版发行:北京邮电大学出版社
社　　址:北京市海淀区西土城路 10 号(邮编:100876)
发 行 部:电话:010-62282185　传真:010-62283578
E-mail:publish@bupt.edu.cn
经　　销:各地新华书店
印　　刷:保定市中画美凯印刷有限公司
开　　本:787 mm×1 092 mm　1/16
印　　张:20.75
字　　数:485 千字
版　　次:2007 年 8 月第 1 版　2020 年 1 月第 9 次印刷

ISBN 978-7-5635-1279-9　　　　　　　　　　　　　　　　定　价:49.00 元

编　写　说　明

　　一本好的教材和一本好的书不同,一本好的书在于其内容的吸引力和情节的魅力,而一本好的教材不仅要对所介绍的科学知识表达清楚、准确,更重要的是在写作手法上能站在读者的立场上,帮助读者对教材的理解,形成知识链条,进而学会举一反三。基于这种考虑,在充分理解自动化专业培养目标和人才需求的前提下,我们规划了这套《高等院校自动化新编系列教材》。

　　本套系列教材共包括21册,在内容取舍划分上,认真分析了各门课程内容的相互关系和衔接,避免了不必要的重复,增加了一些新的内容。在知识结构设计上,保证专业知识完整性的同时,考虑了学生综合能力的培养,并为学生继续学习留有空间。在课程体系规划上,注意了前后知识的贯通,尽可能做到先开的课程为后续的课程提供基础和帮助,后续的课程为先开的课程提供应用的案例,以便于学生对自动化专业的理解。

《高等院校自动化新编系列教材》编委会

2005 年 8 月

前　言

随着计算机和信息技术的发展及其在控制领域的广泛应用,工业网络技术经过不断发展和完善,已成为覆盖管理、监测和控制的全局性网络。通常,工业网络由处理制造、执行和监控信息的信息网络和处理现场实施测控信息的控制网络两部分组成。实用化工业网络的应用,可使信息从现场无缝地路由到上层管理系统,并由互联网进一步拓宽作用范围,为企业的管控一体化和电子化制造奠定坚实的基础。

位于工业网络上层的信息网络,以计算机网络为实现手段,承担着数据共享与传输载体的任务。信息网络的构建主要包括以太网、FFDI、ATM 以及相应的广域网技术。以现场总线为依托的控制网络,则是一种安装在现场或控制室内的数字化、开放式底层网络。目前,现场总线国际标准多达十几种,应用领域各不相同。

本书系统介绍了计算机网络的体系结构和分层技术、局域网及工业网络的构建方法及测试技术。参照 ISO 制订的 OSI 参考模型,着重分析了国内外常用的几种现场总线(CAN、DeviceNet、ControlNet 和 EtherNet/IP)的通信机理,并给出了智能节点开发和现场总线控制系统设计的思路和流程。

全书共分 9 章,第 1、2 章以计算机网络为主体,介绍计算机网络的原理与概念,并以OSI 参考模型为重点,叙述计算机网络体系结构;第 3 章详细介绍信息网络技术的基础——局域网技术;第 4 章介绍工业以太网的基本原理与概念,并阐述了 EtherNet/IP 的组网步骤;第 5 章详述控制器局域网 CAN 总线技术规范及其应用;第 6、7 章介绍 DeviceNet 通信协议、智能节点开发流程和基于 DeviceNet 总线的系统设计方法;第 8 章介绍 ControlNet 网络规范、系统设计要点及其应用;第 9 章介绍控制网络与互联技术、远程通信技术及工业网络设计实例;第 10 章介绍基于 Profibus 技术的工业网络应用。

本书是在编委会组织编写人员进行广泛的调研和科学合理的策划、对教材内容及体系结构进行细致认真的审定和推敲、确定编写大纲的基础上,由汪晋宽、马淑华、吴雨川、赵强、蔡凌共同编写。全书由汪晋宽教授和马淑华统稿。

本书的编写和出版得到了东北大学秦皇岛分校、罗克韦尔自动化公司和武汉科技学院的大力支持,在此对其表示衷心的感谢! 在编纂过程中我们参考了大量相关文献和著作,在此向这些文献的作者致以诚挚的谢意。

由于作者水平所限加之工业网络技术在不断发展,错误和不妥之处在所难免,敬请广大读者不吝指正。

编　者

目　录

第 3 章　局域网技术

第 8 章　ControlNet 现场总线

第 9 章　工业网络

第 10 章　工业网络应用

第1章 绪 论

信息技术作为一项重要生产力要素,已在社会各行各业的生存和发展中发挥着越来越显著的作用。计算机网络作为信息技术的一个实现载体,经过历史的变革,正朝着高速、宽带、综合性的方向发展。工业网络作为信息技术的重要应用方向,在信息技术的带动下迅速发展。工业控制系统逐渐从简单的信号反馈控制、计算机控制技术发展到以计算机网络为依托、以现场总线技术为基础的控制系统。

1.1 信息技术与计算机网络

现代信息技术作为高新技术中的代表性技术,对人类社会产生了广泛而深远的影响。现代信息技术可分为信息处理技术、信息表述技术、信息传输技术、信息存储技术和信息利用技术。1946 年 2 月,世界上第一台计算机由美国宾夕法尼亚大学的莫奇莱及埃克特等人研制成功,实现了对现代信息技术的处理。此后的半个多世纪,计算机技术获得了突飞猛进的发展。计算机内部各种数制之间的相互转换技术,完成了对现代信息的表述。19 世纪的电报技术、电话技术、电磁波、无线电波、信息编码技术这 5 项重大发明建立了现代信息传输、通信的基础。近、现代以来随着存储介质的不断更新,信息存储技术又发生了翻天覆地的变化,而以计算机网络为代表的信息网络正是计算机技术与通信技术结合的产物。

计算机网络技术的发展加快了全球信息化的发展进程。目前,计算机网络技术已在工农业、电信、交通、金融、商业、新闻、教育、科研、出版、文化娱乐、旅游等领域推广和应用,并不断地为相应行业注入新的活力。大型工矿企业可通过内部网络管理生产、销售并进行各种业务的管理,网络交易、网络广告、网络购物、网络报刊等也都闯入了人们的现实生活。简而言之,计算机网络改变了传统的信息采集、传递和处理方式,对劳动者的劳动技能和工作效率提出了更高的要求。计算机网络已逐渐成为众多学科的一门专业基础知识。如何规划建设信息网络及开发各种网络应用并实现系统集成、如何将计算机网络技术与各学科技术交叉渗透发展,是迫切需要解决的问题。

1.1.1 计算机网络的定义

从理论上说,计算机网络指地理上分散的多台独立计算机遵循共同约定的通信协议,通过软件、硬件互联,以实现相互通信、资源共享、信息交换、协同工作以及在线处理等功能的系统。计算机网络的概念包含 3 个含义。

(1) 网络中每台计算机是独立自主的,其运行不依赖于其他计算机。即计算机网络中的计算机是功能独立的,或称之为"自主"的。也就是说,自主的计算机由硬件和软件两部分构成,能完整地实现计算机的各种功能。在网络协议控制下,计算机之间协同工作,没有明显的主从关系。

（2）计算机间的连接通过物理实现，即计算机系统的互联是通过通信设施来具体实现。通信设施一般包括通信信道和相关的传输、交换设备等。

（3）计算机间能够利用各种通信设施进行互联，并共享软硬件资源。

1.1.2　计算机网络的形成与发展

计算机网络是计算机技术与通信技术高度发展、紧密结合的产物，网络技术的进步对当前信息产业的发展起着重要作用。计算机网络出现的历史不长，但发展的速度很快，经历了一个从简单到复杂、从单机到多机的演变过程。发展过程大致可以概括为4个阶段。

1. 计算机技术与通信技术相结合，形成计算机网络的雏形

20世纪60年代中期以前，计算机主机昂贵，而通信线路和通信设备的价格相对便宜，为了共享主机资源并进行信息的采集及综合处理，联机终端网络是一种主要的系统结构形式，以单计算机为中心的联机系统称为单计算机联机系统，其结构如图1-1所示。

在单计算机联机系统中，已涉及多种通信技术、多种数据传输设备和数据交换设备等。从计算机技术角度来看，这是由单用户独占一个系统发展到分时多用户系统，即多个终端用户分时占用主机上的资源，这种结构被称为第一代网络。在单计算机联机系统中，主机既要承担通信工作又要负责数据处理，因此，主机的负荷重、效率低。另外，每一个分散终端都要单独占用一条通信线路，线路利用率低，且随着终端用户的增多，系统成本相应提高。因此，为了提高通信线路的利用率并减轻主机的负担，便使用了多点通信线路及通信控制处理机，形成了多计算机联机系统。

多点通信线路是指在一条通信线路上连接多个终端，结构如图1-2所示。多个终端可以共享同一条通信线路与主机进行通信。由于主机与终端间的通信具有突发性和高带宽的特点，所以各个终端与主机间的通信可以分时地使用同一高速通信线路。相对于每个终端与主机之间都设立专用通信线路的配置方式，这种多点线路能极大地提高信道的利用率。

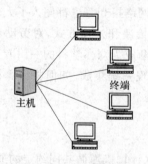

图1-1　单计算机联机系统

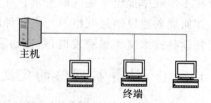

图1-2　多计算机联机系统

多计算机联机系统的典型范例是美国航空公司与IBM公司在20世纪50年代初开始联合研究、60年代初投入使用的飞机订票系统（SABRE-I）。该系统由一台中央计算机与全美范围内的2 000个终端组成，这些终端采用多点线路与中央计算机相连。从严格意义上讲，这时的系统还不能称为计算机网络，因为在这些系统中只有一台计算机，系统中的终端都不具备自主处理能力,因此,一般将这类系统称为远程联机系统或面向终端的计算机网络。

2. 完成网络体系结构与协议研究,形成计算机网络

从 20 世纪 60 年代中期到 70 年代中期,随着计算机技术和通信技术的进步,已经形成了将多台计算机通过通信线路连接起来为用户提供服务的计算机网络。该网络中每台计算机都有自主处理能力,相互间不存在主从关系,形成了真正意义上的计算机网络。

这一研究阶段的典型代表是美国国防部高级研究计划局(ARPA)的 ARPA 网,其核心技术是分组交换。20 世纪 60 年代中期,美国国防部开始着手进行分组交换网的研究工作。ARPA 的早期研究项目包括分组交换基本概念与理论的研究。1967 年初,ARPA 着手计算机联网课题;1967 年 6 月正式公布研究计划,利用租用线路连接分组交换装置,分组交换装置采用小型机,这个分组交换网就是 ARPA 网;1969 年 12 月,美国第一个使用分组交换技术的 ARPA 网投入运行,当时仅有 4 个节点;到 20 世纪 70 年代后期,ARPA 网络节点超过 60 个,主机 100 多台,地域范围跨越了美洲大陆,连通了美国东部和西部的许多大学和研究机构,而且通过通信卫星与夏威夷和欧洲等地区的计算机网络相互联通。在 ARPA 的研究过程中,完成了计算机网络的定义、分类与子课题研究内容的描述,提出了资源子网和通信子网两级网络的体系结构,研究了报文分组交换的数据交换方式,采用了层次结构的网络体系结构模型与协议体系。

ARPA 网发展的同时,美、英等国的一些大学和研究所为计算机间通信与资源的共享开始局部网络的研究。如公共数据网(PDN,Public Data Network)、局部网络(LN,Local Network)。与此同时,一些大的计算机公司纷纷提出自己的网络体系结构和协议,如 IBM 的 SNA(System Network Architecture)、DEC 的 DNA(Digital Network Architecture)与 UNIVAC 的 DCA(Distributed Computer Architecture)。这些局部网络的研究为后来的计算机网络体系结构和协议的完善奠定了基础。

3. 加速网络体系结构与协议国际标准化的研究与应用

第二阶段计算机网络的出现,有力地促进了计算机网络技术的发展。这个时期的网络都是由研究单位、大学、应用部门或计算机公司各自研究开发,没有统一的网络体系结构;其网络产品也相互独立,没有统一标准。如果要在更大范围内实现这些网络的互联、信息交换和资源共享,存在很大困难,客观上要求计算机网络体系结构由封闭式走向开放式。1977 年,国际标准化组织(ISO)为适应网络向标准化发展的需要,成立了 TC97(计算机与信息处理标准化委员会)下属的 SCl6(开放系统互联分技术委员会),在研究、吸收各计算机制造厂家的网络体系结构标准化经验的基础上,开始着手制定开放系统互联的一系列标准,旨在方便各种计算机互联。SCl6 委员会制定了"开放系统互联参考模型"(OSI/RM),简称为 OSI。作为国际标准,OSI 规定了可以互联的计算机系统之间的通信协议,遵从 OSI 协议的网络通信产品都是所谓的开放系统。目前,几乎所有的网络产品厂商都在生产符合国际标准的产品,而这种统一的、标准化的产品互相竞争市场,也给网络技术的发展带来了巨大的繁荣。

20 世纪 70 年代中期,由于微电子和微处理器技术的发展及在短距离局部地理范围内计算机间进行高速通信需求的增长,计算机局域网技术应运而生。1980 年,美国电气电子工程师学会 IEEE 成立了 IEEE802 局域网标准化委员会,经过几年的研究,制定了IEEE802 系列标准,使局域网开始走上标准化的轨迹。局域网成为了该阶段计算机网络的典型代表。进入 20 世纪 80 年代,随着办公自动化、管理信息系统、工厂自动化等各种应用需求的扩大,局域网获得蓬勃发展,典型的如以太网、令牌总线网、令牌环网等。

4. 网络计算机的新时代

近年来,随着全球信息高速公路的提出,Internet 技术发展迅速,计算机迎来了以网络为中心的计算机新时代。计算机网络呈现出高速化、互联范围增加、应用范围广泛等特点。

在计算机网络发展的同时,高速、智能与虚拟化的发展也引起人们越来越多的注意。高速网络技术发展表现在宽带综合业务数据网(B-ISDN)、帧中继、异步传输模式、高速局域网、交换局域网与虚拟网络上。随着网络规模增大与网络服务功能的增多,各国正在开展智能网络与虚拟网络以及第二代因特网的研究。

1.1.3　计算机网络的结构与组成

计算机网络从逻辑结构上可以分为资源子网和通信子网,分别实现数据处理和数据通信两个基本功能。典型的计算机网络系统结构如图 1-3 所示。

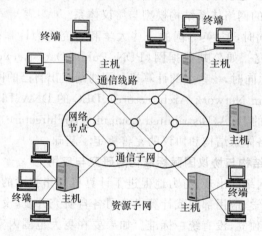

图 1-3　计算机网络的资源子网和通信子网

资源子网主要是对数据信息进行收集、加工和处理,面向用户,接受本地用户和网络用户提交的任务,最终完成信息的处理。资源子网由主计算机系统、终端及各种软件资源与数据资源组成。主机可以提供网络资源的服务,支持终端上网;终端主要提供用户访问网络的接口,终端既可以是简单的输入、输出终端,也可以是带有微处理器的智能终端。

通信子网主要负责计算机网络内部信息流的传输、交换和控制以及信号的变换和通信中的相关处理工作,间接服务于用户。通信子网主要由通信处理机、通信链路及其他通信设备等组成。通信处理机一般由小型机或微型机配置通信控制硬件和软件构成,是计算机网络中完成通信控制功能的专用计算机。存储转发处理机、集线器、网络协议转换器等均属于通信处理机。通信处理机一方面作为资源子网与通信子网的接口节点,将资源子网的主机、终端等连入网内;另一方面作为通信子网中报文分组存储转发节点,完成分组的转发、存储、校验等功能,使没有直接相连的节点之间的信息交换成为可能。通信链路为各个部件之间提供通信通道,常见的有双绞线、同轴电缆、光纤及微波与卫星通信等。

1.1.4 计算机网络的分类

根据计算机网络自身的特点,网络分类形式多样,可以按网络的作用范围、传输技术方式、使用范围以及通信介质等分类,还可以按信息交换方式和拓扑结构等进行分类。

按网络的作用范围,计算机网络可划分为局域网、城域网、广域网。局域网是计算机通过高速线路连接组成的网络,一般限定在较小的区域内,覆盖的地理范围从几十米至数千米,如一个实验室、一栋大楼、一个校园或一个单位。局域网的传输速率较高,从10 Mbit/s 到 100 Mbit/s,甚至可达到 1 000 Mbit/s。城域网规模局限在一座城市的范围,覆盖地理范围从几十千米至数百千米。城域网是对局域网的延伸,用于局域网之间的连接,例如,在城市范围内,政府部门、大型企业、机关、公司以及社会服务部门的计算机联网。广域网覆盖的地理范围从数百千米至数千千米,甚至上万千米,且可以是一个地区或一个国家,甚至世界几大洲,故又称远程网。在广域网中,通常使用电信部门提供的各种公用交换网,将分布在不同地区的计算机系统互联起来,以达到资源共享的目的。

按网络的使用范围,计算机网络可划分为公用网和专用网。公用网由电信部门组建,一般由政府电信部门管理和控制,网络内的传输和交换装置可提供(如租用)给任何部门和单位使用。公用网又可分为:公共电话交换网(PSTN)、数字数据网(DDN)、综合业务数字网(ISDN)等。专用网由某个单位或部门组建,如金融、石油、铁路等部门都有专用网。

按网络的传输介质,计算机网络可划分为有线网和无线网。有线网是指采用双绞线、同轴电缆以及光纤作为传输介质的计算机网络。无线网是指使用电磁波作为传输介质的计算机网络,可以传送无线电波和卫星信号。

1.1.5 计算机网络的标准化

多数制订标准的团体都公布了与网络有关的硬件和软件的标准。当然,这些标准不是法律,设置标准的团体不是政府机构,无法强制所有生产商执行。能制订标准的、有影响的标准化组织主要包括以下几个。

1. 国际标准化组织

国际标准化组织(ISO,International Standards Organization)是一个全球性的非政府组织,是国际标准化领域中一个十分重要的组织。ISO 的任务是促进全球范围内的标准化及其有关活动的开展,以利于国际间产品与服务的交流以及在知识、科学、技术和经济活动中开展国际间的相互合作。它显示了强大的生命力,吸引了越来越多的国家参与其活动。

ISO 制订了网络通信的标准,即开放系统互联 OSI。

2. 国际电信联盟

国际电信联盟(ITU,International Telecommunication Union)是在世界各国政府的

电信主管部门之间协调电信事务的一个国际组织。

ITU 的宗旨是扩大国际合作，以改进并合理地使用电信资源；促进技术设施的发展及其有效地运用，以期提高电信业务的效率、扩大技术设施的用途；协调各国行动，以达到上述目的。

在通信领域，最著名的国际电信联盟电信标准化部门（ITU-T）标准有 V 系列标准，例如 V.32、V.33、V.42，对使用电话线传输数据作了明确的说明；还有 X 系列标准，例如 X.25、X.400、X.500，为公用数字网上传输数据的标准；ITU-T 的标准还包括了电子邮件、目录服务、ISDN 以及 B-ISDN 等方面的内容。

3. 电气和电子工程师协会

美国电气电子工程师协会（IEEE，Institute of Electrical and Electronics Engineers）于 1963 年由美国电气工程师协会和美国无线电工程师协会合并而成，是美国规模最大的制定标准的专业协会。IEEE 计算机委员会下设的 IEEE 802 负责制定电子工程和计算机领域的标准。IEEE 802 又称为局域网/城域网标准委员会（LMSC，LAN /MAN Standards Committee），致力于研究局域网和城域网的物理层和 MAC 层规范，对应 OSI 参考模型的下两层。

4. 美国电子工业协会

美国电子工业协会（EIA，Electronic Industries Association）创建于 1924 年，是一个代表电子产品制造厂商的纯服务性全国贸易协会，主要从事国内和国际标准化活动以及市场销售和消费者事务等工作，代表美国电子行业参加国际电工委员会电子元器件质量评定体系。EIA 参与电阻、电容器、开关、变压器、电感器、晶体管和集成电路等元器件的标准化工作，还参与电视机显像管、广播设备、数据传输、数字控制、印制电路、无线电接收机、电唱机、卫星通信及磁带系统的标准化工作。

5. 美国国家标准协会

美国国家标准协会（ANSI，American National Standards Institute）是非赢利性的民间标准化团体，协调并指导全美国的标准化活动，给标准制定、研究和使用单位以帮助，提供国内外标准化情报。同时，也起着行政管理机关的作用。

6. 欧洲电信标准化协会

欧洲电信标准化协会（ETSI）是由欧共体委员会 1988 年批准建立的一个非赢利性的电信标准化组织。ETSI 的宗旨是为实现统一的欧洲电信大市场，及时制定高质量的电信标准，以促进电信基础结构的综合；为确保网络和业务的协调，制订终端设备统一接口标准，适应未来电信业务需求；为建立新的电信业务提供技术支持；并为世界电信标准的制订做出贡献。ETSI 的标准化领域主要是电信业，但还涉及与其他组织合作的信息及广播技术领域。

7. Internet 体系委员会

Internet 体系委员会（IAB，Internet Architecture Board）是为 TCP/IP 协议族的开发研究确定方向并进行协调，决定哪些协议纳入 TCP/IP 协议族，制定官方政策的组织。

8. 中国国家标准局

中国国家标准局是中国有关工程与技术标准的权威机构，所颁布的标准具有法律效力。

1.1.6 计算机网络的功能与应用

计算机网络建立的基本目的是实现软硬件和数据资源的共享。不同的计算机网络是针对具体对象的特定要求设计搭建,所提供的服务与功能不尽相同。随着计算机网络技术的不断发展,网络所能提供的服务和功能也在不断增加,归纳起来,计算机网络的主要功能有以下几方面。

1. 数据通信与分散对象的集中控制与管理

数据通信是计算机网络最基本的功能之一。通过计算机网络可快速、可靠地实现计算机与终端、计算机与计算机之间的各种信息传输。信息内容包括文本、图形、图像、音频、视频等,计算机网络可根据需要对这些传输的分散信息进行集中控制与管理。如企业办公自动化中的管理信息系统、工厂自动化中的计算机集成制造系统、银行财经系统、气象数据收集系统等,都是利用计算机网络将分散的信息进行集中处理的例子。

2. 资源共享

充分利用计算机网络资源是搭建计算机网络的主要目标之一。在计算机网络中,网络资源主要包括硬件资源、软件资源、数据资源。共享硬件资源,可避免对昂贵设备如超级大型计算机、海量存储器等的重复购置,减少硬件投资成本;共享软件资源,可允许多个用户同时使用网络中的共享应用软件,节省软件投资;共享数据资源可避免大型数据库的重复建设,实现信息的充分利用。资源共享既降低了使用者的投资成本,又提高了网络资源的利用率。

3. 分布式处理

分布式处理是近年兴起的计算机应用研究重点课题之一。在对大型综合性问题的处理过程中,可将任务分散给网络中的不同计算机,使多台计算机联合并构成高性能的计算机体系协同工作、并行处理,增强实用性。当某台计算机负荷过重时,或该计算机正处理某工作时,可将新的作业传送给网络中较空闲的计算机处理,提高处理问题的实时性。

计算机网络越来越广泛地应用于工业、农业、交通、运输、邮电通信、文化教育、商业、国防以及科学研究等领域。在企业的生产过程中,需要利用计算机网络及其控制网络将各种生产设备、控制检测装置、计算机连接起来,实现资源的共享与交换。同时企业内部也可以通过计算机网络将企业的经营决策、计划管理、监控调度等和各类人员连接起来,形成一个集成系统。

随着计算机技术、计算机网络技术、信息技术等的发展,计算机集成制造(CIM)技术应运而生。计算机集成制造系统(CIMS)是实现 CIM 思想的具体实现系统。CIMS 是在自动化技术、信息技术、计算机技术及制造技术的基础上,通过计算机及其软件,将制造企业的全部生产活动统一管理起来,形成一个最优化的产品生产大系统,从而获得更高的整体效益、缩短产品开发与制造周期、提高产品质量、降低成本。CIMS 以及随之发展的企业资源规划(ERP)、虚拟制造等信息网络在与生产现场的控制网络互联的同时实现了与外界信息的沟通,构成了各种类型的企业网络。

计算机网络的广泛应用,正在深刻地改变着人们的工作、学习和生活。在各种服务业中,邮电部门利用网络提供世界范围内快速而廉价的电子邮件、传真和 IP 电话服务;教育科研部门利用网络通信和资源共享进行情报资料的检索、计算机辅助设计(CAD)、科技协作、虚拟会议以及远程教育;计划部门利用网络实现普查、统计、综合平衡和预测等工作;商业服务系统利用网络实现制造企业、商店、银行和顾客间的自动电子销售转账业务或广泛定义下的电子商务;在娱乐业,利用网络进行视频点播,依个人爱好选择影视数据库中的节目。

1.2　控制系统与控制网络

工业控制作为信息技术的重要应用领域,在信息技术的带动下迅速发展。现在,工业控制系统已从简单的信号反馈控制、计算机控制技术发展到以信息网络为依托、以现场总线技术为基础的控制系统,即现场总线控制系统(FCS,Fieldbus Control System)。这是继基地式气动仪表控制系统、电动单元组合式模拟仪表控制系统、集中式数字控制系统、集散控制系统(DCS)之后控制系统的新型结构。

1.2.1　工业控制系统的发展历程

20 世纪 50 年代以前,由于当时的生产规模较小,检测控制仪表尚处于发展的初级阶段,所采用的仅是安装在生产现场、只具备简单测控功能的基地式气动仪表,检测信号仅在本仪表内起作用,一般不能传送给其他仪表或系统,即各测控点只能是封闭状态,无法与外界交换信息,操作人员只能通过对生产现场进行巡视的方式查看现场仪表测量值,了解生产过程的状况。

随着生产规模不断扩大,操作人员需要综合掌握多点设备的运行状况,并同时按多点的信息进行操作控制,于是出现了气动、电动系列的单元组合式仪表和集中控制室。生产现场各处的参数通过标准模拟量信号,例如 0.02~0.1 MPa 的气压信号,0~10 mA、4~20 mA 的直流电流信号,1~5 V 的直流电压信号等,传送到集中控制室。操作人员可以在控制室内总览生产流程各处的状况,并可以在控制盘处将各单元仪表的信号根据需要组合,构成不同类型的控制系统。

由于传送模拟信号多采用一对一的物理连接,信号变化速度缓慢,提高计算速度与精度的开销、难度都较大,信号传输的抗干扰能力也较差,因此人们开始寻求用数字信号取代模拟信号,从而出现了直接数字控制。由于当时数字计算机的技术尚不发达,设备价格昂贵,人们试图用一台计算机取代尽可能多的控制室仪表,于是出现了集中式数字控制系统。但计算机的可靠性比较差,一旦出现某种故障,就会造成所有相关回路瘫痪、生产停产的严重局面,这种危险集中的系统结构很难为企业所接受。

随着计算机可靠性的提高、价格的大幅度下降,出现了数字调节器、可编程控制器(PLC)和由多个计算机递阶构成的集中与分散相结合的集散控制系统(DCS)。在 DCS 系统中,测量变送仪表一般为模拟仪表,因此它是一种模拟数字混合系统,在该系统基础上能够实现装置级、车间级的优化控制。但是在 DCS 系统形成的过程中,由于受计算机系统早期存在的系统封闭缺陷的影响,各厂家的产品自成系统,不同厂家的设备不能互联,所以难以实现互换与互操作,成为组建更大范围的信息共享网络系统的壁垒。

控制网络和现场总线技术的诞生,为工业生产提供了一种开放式的、具有互操作性的现场总线控制系统,实现了控制功能彻底下放到现场,降低了安装成本和维护费用。因此,在控制网络支持下完全在生产现场形成的控制系统结构,又称为全分布式控制系统。

1.2.2　现场总线技术

根据工业自动化与信息化层次模型,控制网络可分为面向设备的现场总线控制网络与面向自动化的主干控制网络。在主干控制网络中,现场总线为主干控制网络的一个接入节点,目前,现场总线控制网络受到普遍重视,发展非常迅速。从技术上,其较好地解决了物理层与数据链路层中媒体访问控制子层以及设备的接入问题。常用的现场总线有:FF,LonWorks,DeviceNet,ControlNet,EtherNet/IP 等。

所谓总线就是传输信息的公共通路。总线类别按数据帧的长度可分为传感器总线、设备总线和现场总线。传感器总线属于数据位级总线,其数据帧的长度只有几位或十几位,例如 ASI 总线。设备总线属于字节级的总线,其数据帧的长度一般为几个到几十个字节,例如 CAN 总线。而现场总线则属于数据块级的总线,它所能传输的数据块长度可达到几百个字节,当要传输的数据块更长时可支持分包传送(例如 ControlNet、Profibus 等总线),在很多应用场合,人们习惯将这几种长度不一的总线统称为现场总线。

根据国际电工委员会 IEC 61158 标准定义,现场总线是指安装在制造或过程区域的现场装置与控制室内的自动控制装置之间数字式、串行、多点通信的数据总线。而基于现场总线的控制系统被称为现场总线控制系统。可靠性高、稳定性好、抗干扰能力强、通信速率快、系统安全、符合环境要求、造价低廉、维护成本低是现场总线的特点。

现场总线是 20 世纪 80 年代末、90 年代初发展形成的,用于过程自动化、制造自动化、楼宇自动化、家庭自动化等领域的现场智能设备互联通信网络。作为工厂数字通信网络的基础,现场总线沟通了生产过程现场级控制设备之间与更高控制管理层次之间的联系。这项以智能传感、控制、计算机、数据通信为主要内容的综合技术,已受到世界范围的关注而成为自动化技术发展的热点,并将导致自动化系统结构与设备的深刻变革。现场总线与企业网络相结合,构成一个企业的控制和信息系统的骨架。

现场总线技术将专用微处理器置入传统的测量控制仪表,使其各自都具有了一定的数字计算和数字通信能力,成为能独立承担某些控制、通信任务的网络节点。它们通过普通双绞线、同轴电缆、光纤等多种途径进行信息传输,这样就形成了以多个测量控制仪表、计算机等作为节点连接成的网络系统。该网络系统按照公开、规范的通信协议,在位于生产现场的多个微机化自控设备之间,以及现场仪表与用作监控、管理的远程计算机之间,实现数据传输与信息共享,进一步构成了各种适应实际需要的自动控制系统。

1.2.3　现场总线国际标准

现在多数发达国家的自动化设备和仪表公司都投入巨大的人力和财力,全方位地进行现场总线技术本体及其应用技术的研究,以期成为市场的主宰者。由于现场总线是以开放的、独立的、全数字化的双向多变量通信代替 0~10 mA 或 4~20 mA 的现场仪表,实现全数字化的控制系统,因此其标准化至关重要。世界各国的技术协会(学会)、各大公司、各国的标准化组织,还有国际电工委员会(IEC)及国际标准化组织(ISO)对于现场总线技术的标准化都给予了极大的关注,也使得目前现场总线国际标准化工作出现了复杂的局面。

最早成为 ISO 国际标准的现场总线是 CAN 总线,尽管 CAN 总线在工业控制领域应用广泛,但它是关于道路交通运输工具方面的国际标准 ISO 11898,在车辆、运输工具等方面的影响力更大。工业控制领域的现场总线标准主要是指国际电工委员会指定的两个协议簇 IEC 61158 和 IEC 62026。

现场总线标准 IEC 61158 从 1984 年就开始制订,由于涉及各大公司的切身利益,迟迟得不到通过,先后经过 9 次投票表决,两次提交 IEC 执委会审议,直到 2000 年 1 月 4 日 IEC 中央办公室公布了 1999 年底最新一轮投票结果,才表明该标准已获通过。IEC 61158 在公布后马上进入了标准修订程序,到 2002 年 6 月,已进行了 2 次大范围的修改。根据修改的 IEC/T65 文件,IEC 61158 标准目前包括如下 10 种技术类型。

- FF-H1(IEC 技术报告)
- ControlNet
- Profibus
- P-Net
- FF HSE
- SwiftNet
- WorldFIP
- Interbus
- FF Application Layer
- ProfiNet

可以看出,IEC 61158 包含的种类繁多,复杂程度高。为了便于标准的应用,IEC/SC 65C 又制定了 IEC 61784(连续和离散制造用现场总线行规)作为 IEC 61158 的解释和补充,IEC 61784 涉及 7 个协议簇的 18 个工业自动化网络协议子集:

- Foundation Fieldbus(包括 FF-H1,FF-HSE,FF-H2);
- ControlNet(包括 ControlNet,EtherNet/IP);
- Profibus(包括 Profibus-DP,Profibus-PA,ProfiNet);
- P-Net(包括 P-Net RS-485,P-Net RS-232);
- WorldFIP(包括 WorldFIP,WorldFTP with subMMS,WorldFIP minimal for TCP/IP);
- Interbus(包括 Interbus,Interbus for TCP/IP,Interbus minimal);
- SwiftNet(包括 SwiftNet transport,FF SwiftNet full stack)。

与 SC65C 制订的标准相比,IEC17B 的标准制订要简单得多。它负责制订的低压开关装置与控制装置用控制设备之间的接口标准,即 IEC 62026 国际标准已获通过。该标准包括第 2 部分 ASI、第 3 部分 DeviceNet、第 4 部分智能分布式系统(SDS,Smart Distributed System)和第 5 部分 Seriplex。

制订 IEC 61158 标准的初衷是将各种总线归纳成一种统一的标准,以期所有供货商将竞争转移到服务、价格、功能特色、可靠性、质量、性能等。然而,经多方争执和妥协而形成的仍然是多总线标准并存的局面,各种现场总线之间的竞争也愈演愈烈。目前,现场总线技术在工业控制中的应用越来越广泛,国内的各仪表、执行器生产厂商、科研单位以及高等院校也在开展现场总线产品的开发工作。2005 年 3 月,我国制定的拥有自主知识产权的工业自动化现场总线标准 EPA 实时以太网以 95.8% 的 IEC/SC65C 成员国投票赞成率,发布为 IEC/PAS 标准化文件。目前,EPA 已被正式列入现场总线国际标准 IEC 61158(第 4 版)中的第 14 类型,并列为与 IEC 61158 相配套的实时以太网应用行规国际标准 IEC61784-2 中的第 14 应用行规簇(CPF14,Common Profile Family 14)。

1.2.4 几种典型的现场总线

目前国际上现存的多种现场总线国际标准中,公认程度高、应用比较普遍的现场总线主要有 FF、CAN、DeviceNet、LonWorks、Profibus、HART、Interbus、CC-Link、Control-Net、EtherNet/IP、WorldFIP、P-Net 等现场总线。

1. FF

基金会现场总线(FF,Foundation Fieldbus)是在过程自动化领域得到广泛支持和具有良好发展前景的技术。其前身是以美国 Fisher-Rosemount 公司为首,联合 Foxboro、横河、ABB、西门子等 80 家公司制订的 ISP 协议和以 Honeywell 公司为首,联合欧洲等地的 150 家公司制订的 WorldFIP 协议。这两大集团于 1994 年 9 月合并,成立了现场总线基金会,并致力于开发国际上统一的现场总线协议。FF 以 ISO/OSI 开放系统互联模型出为基础,取其物理层、数据链路层、应用层为 FF 通信模式的相应层次,并在应用层上增加了用户层。用户层主要针对自动化测控应用的需要,定义了信息存取的统一规则,采用设备描述语言规定了通用的功能块集。由于这些公司是该领域自控设备的主要供应商,对工业底层网络的功能需求了解透彻,也具备足以左右该领域现场自控设备发展方向的能力,因而由它们组成的基金会所颁布的现场总线规范具有一定的权威性。

基金会现场总线分低速 H1 和高速 H2 两种通信速率。H1 的传输速率为 31.25 kbit/s,通信距离可达 1 900 m(可加中继器延长),支持总线供电和本质安全防爆环境。H2 的传输速率有 1 Mbit/s 和 2.5 Mbit/s 两种,其通信距离为 750 m 和 500 m。物理传输介质可支持双绞线、光缆和无线发射,符合 IEC 1158-2 标准。其物理媒介的传输信号采用曼彻斯特编码。

基金会现场总线的主要技术内容,包括 FF 通信协议、用于完成开放互联模型中第 2~7 层通信协议的通信栈;用于描述设备特征、参数、属性及操作的功能块;实现系统组态、调度、管理等功能的系统软件技术以及构建自动化系统、网络系统的系统集成技术。为了满足用户需要,Honeywell、Ronan 等公司已开发出可完成物理层和部分数据链路层协议的专用芯片,许多仪表公司在此基础上开发符合 FF 协议的产品,H1 总线已通过 α 测试和 β 测试,完成由 13 个不同厂商所提供设备而组成的 FF 现场总线的工厂实验系统。

2. Profibus

Profibus 现场总线是德国国家标准 DIN 19245 和欧洲标准 EN 50170。Profibus 由 3 个兼容部分组成，即 Profibus-DP(Decentralized Periphery)、Profibus-PA(Process Automation)、Profibus-FMS(Fieldbus Message Specification)。

Profibus-DP 是一种高速低成本通信，用于设备级控制系统与分布式 I/O 间的通信。使用 Profibus-DP 可取代 24VDC 或 4～20 mA 信号传输。Profibus-PA 专为过程自动化设计，可使传感器和执行机构连接在一条总线上，并具有本质安全规范，遵从 IEC 61158-3 标准。Profibus-FMS 适用于车间级监控网络，是一个令牌结构、实时多主网络。

Profibus 协议结构根据 ISO7498 国际标准，以开放式系统互联网络作为参考模型。Profibus-DP 定义了第 1、2 层和用户接口。第 3～7 层未加描述。用户接口规定了用户、系统以及不同设备可调用的应用功能，并详细说明了各种不同 Profibus-DP 设备的行为。Profibus-FMS 定义了第 1、2、7 层，应用层包括现场总线信息规范和低层接口。FMS 包括了应用协议并向用户提供了可广泛选用的强有力的通信服务。LLI 协调不同的通信关系并提供不依赖设备的第 2 层访问接口。Profibus-PA 数据传输采用扩展的Profibus-DP协议，另外，Profibus-PA 还描述了现场设备行为的 PA 行规。

Profibus 的传输速率为 9.6 kbit/s～12 Mbit/s，当传输速率 9.6 kbit/s 时，最大通讯距离为 1 200 m；当传输速率 12 Mbit/s 时，最大通讯距离为 200 m，可用中继器延长至 10 km。其传输介质可以是双绞线，也可以是光缆，最多可挂接 127 个站点。

3. LonWorks

LonWorks 总线是一种通用的、开放式的互动测控网络，可采用多家厂商的现有设备组网，在各主要控制领域包括厂房自动化、生产过程控制、楼宇及家庭自动化、农业、医疗和运输业等有着广泛的应用。LonWorks 是由美国 Echelon 公司推出并与 Motorola、Toshiba 公司共同倡导，于 1990 年正式公布而形成的。LonWorks 采用了 ISO/OSI 模型的全部七层通信协议和面向对象的设计方法，利用网络变量把网络通信设计简化为参数设置。LonWorks 总线的通信速率从 300 bit/s 至 1.5 Mbit/s 不等，直接通信距离可达到 2 700 m(78 kbit/s，双绞线)，支持双绞线、同轴电缆、光缆、射频、红外线等多种通信介质。

LonWorks 所采用的 LonTalk 协议被封装在称为 Neuron 的芯片中并得以实现。集成芯片中有 3 个 8 位 CPU，第 1 个用于完成开放互联模型中第 1～2 层的功能，称为媒体访问控制处理器，实现介质访问的控制与处理；第 2 个用于完成第 3～6 层的功能，称为网络处理器，进行网络变量处理的寻址、处理、背景诊断、函数路径选择、软件计量、网络管理，并负责网络通信控制、收发数据包等；第 3 个是应用处理器，执行操作系统服务和用户代码。Neuron 芯片中还具有存储信息缓冲区，以实现 CPU 之间的信息传递，并作为网络缓冲区和应用缓冲区。

LonWorks 网络在全球的建筑控制设备领域里已成为一个公认的行业标准。LonWorks网络得到了世界各地数千个厂家的支持，用在建筑控制设备工业的各个方面，比如工作人员出入、电梯、能源、消防监控系统、供暖/通风/空调设备、照明、仪表设备、安全防范系统的管理等。LonWorks 的通信协议已成为包括美国供暖、控制调节器和制冷工程师学会(ASHRAE)的 Bacnet 标准和美国国家标准协会(ANSI)的标准，而且正被写入欧洲 CENTC247 建筑控制标准书。另外,它还是美国消费者电子制造商协会(CEMA)的家庭网络 EIA 709 标准的基础。

4. HART

可寻址远程传感器高速通道的开放通信协议(HART,Highway Addressable Remote Transducer)是美国 Rosemount 公司于 1985 年推出的一种用于现场智能仪表和控制室设备之间的通信协议。HART 装置提供具有相对低的带宽、适度响应时间的通信,经过 10 多年的发展,HART 技术在国外已经十分成熟,并已成为全球智能仪表的工业标准。

HART 协议采用基于 Bell202 标准的 FSK 频移键控信号,在低频的 4~20 mA 模拟信号上叠加幅度为 0.5 mA 的音频数字信号进行双向数字通信,通信速率为 1.2 Mbit/s。由于 FSK 信号的平均值为 0,不影响传送给控制系统模拟信号的大小,保证了与现有模拟系统的兼容性。在 HART 协议通信中主要的变量和控制信息由 4~20 mA 传送,在需要的情况下,另外的测量、过程参数、设备组态、校准、诊断信息通过 HART 协议访问。

HART 通信采用的是半双工的通信方式,其特点是在现有模拟信号传输线上实现数字信号通信,属于模拟系统向数字系统转变过程中的过渡性产品,因而在过渡时期具有较强的市场竞争能力,得到了较快发展。HART 规定了一系列命令,按命令方式工作。HART 有 3 类命令:第 1 类称为通用命令,这是所有设备都理解、都执行的命令;第 2 类称为一般行为命令,所提供的功能可以在许多现场设备(尽管不是全部)中实现,这类命令包括最常用的现场设备的功能库;第 3 类称为特殊设备命令,以便于工作在某些设备中实现特殊功能,这类命令既可以在基金会中开放使用,又可以为开发此命令的公司所独有。

HART 采用统一的设备描述语言 DDL。现场设备开发商采用这种标准语言来描述设备特性,由 HART 基金会负责登记管理这些设备描述并把它们编为设备描述字典,主设备运用 DDL 技术来理解这些设备的特性参数而不必为这些设备开发专用接口。但由于这种模拟数字混合信号制式,导致难以开发出一种能满足各公司要求的通信接口芯片。HART 能利用总线供电,可满足本质安全防爆要求,并可组成由手持编程器与管理系统主机作为主设备的双主设备系统。

5. Interbus

Interbus 是德国 Phoenix Contact 公司推出的现场总线。作为一种快速的传感器/执行器层的现场总线,Interbus 主要应用在汽车、造纸、烟草、印刷、仓储、船舶、食品、冶金、木材、纺织、化工等行业。特别在汽车工业领域,众多著名的汽车厂商在生产线上都使用 Interbus,欧洲汽车工业 80% 的车身厂和焊接车间,均采用 Interbus 的控制方案。Interbus 在 1996 年成为欧洲标准 EN 50254,2000 年 2 月成为国际标准 IEC 61158。2005 年 5 月,Interbus 现场总线正式成为我国行业标准 JB/TIO 308.8《测量和控制数字数据通信工业控制系统用现场总线类型 8》。

Interbus 定义了 OSI/RM 参考模型中的第 1、2、7 层。物理层采用 RS-485 串行通信标准,树形拓扑结构,可连接 255 个子站,易于扩展和分层,总长可达 12.8 km。在同一系统中,3 种传输介质(双绞线电缆、光缆和红外线)可以根据需要混合使用。信号编码方式为曼彻斯特编码,数据链路层采用环形存取方式,各子站无须编址。应用层定义了网络信息的读、写及操作命令,同时检测网络设备和统计信息。

Interbus 采用环形数据通信模式。这种通信具有低速率、高效率的特点，并且严格保证了数据传输的同步性和周期性；全双工的通信方式和 0.5 Mbit/s 的速率保证了数据通讯的实时性。差分信号传输和专门的总线环路检查保证了强大的抗干扰性和设备实时监控。Interbus 具有强大的诊断功能。独立的诊断程序提供了详细的故障信息（故障地址、故障类型和故障历史记录），诊断寄存器提供了用户程序处理故障信息的工具。

Interbus 的国际组织为 Interbus Club，是 Interbus 设备生产厂家和用户的全球性组织，现有 700 多个设备制造商加入，并在全球 19 个国家设立了独立的 Club 组织。Interbus Club 负责向设备生产厂家提供 Interbus 的接口方案和接口芯片，向其成员提供信息，帮助解决技术问题并为特定的应用找寻合适的 Interbus 产品。Interbus Club 下属有 DRIVECOM（传动通信行规）、ENCOM（编码器行规）和 HMICOM（人机界面行规）等用户组织。

6. CC-Link

以三菱电机为主导的多家公司在 1996 年以"多厂家设备环境、高性能、省配线"为理念，开发、公布和开放了现场总线 CC-Link，并于 1997 年获得日本电机工业会（JEMA）颁发的杰出技术成就奖。CC-Link 是 Control & Communication Link（控制与通信链路系统）的简称，是一种在工控系统中，可以将控制和信息数据同时以 10 Mbit/s 高速传输的现场总线。

CC-Link 提供循环传输和瞬时传输两种方式的通信。每个循环传送数据为 24 字节，8 字节（64 位）用于位数据传送，16 字节（4 点 RWr、4 点 RWw）用于字传送。每次链接扫描的最大容量是 2 048 位和 512 字。在 64 个远程 I/O 站的情况下，链接扫描时间为 3.7 ms。CC-Link 可设定介于 156 kbit/s 到 10 Mbit/s 间可选择的 5 种通信速度之一。当应用 10 Mbit/s 的通信速度时，最大传输距离是 100 m；当通信速率为 156 kbit/s 时，最大通信距离为 1 200 m。如果应用中继器，还可以扩展网络的传输距离。通信电缆的长度可以延长到 13.2 km。

CC-Link 还具有自动刷新、预约站功能，完善的 RAS（Reliability、Availability、Serviceability）功能，互操作性和即插即用功能，优异的抗噪性能和兼容性以及工程简化能力。CC-Link 兼容 360 多种产品，如 PLC、输入输出模块、人机界面等。目前，CLPA 协会负责在全球范围内 CC-Link 的推广和普及工作。

1.3　现场总线控制系统

传统的过程控制系统中，仪器设备与控制器之间是点对点的连接，现场总线控制系统中现场设备多点共享总线，不仅节约了连线，而且实现了通信链路的多点信息传输。从物理结构上来说，现场总线控制系统主要由现场设备（智能化设备或仪表、现场 CPU、外围电路等）和传输介质（双绞线、光纤等）组成。

现场总线控制系统作为第 5 代控制系统体系结构，目前还处于发展阶段，各种不同的现场总线控制系统层出不穷，其系统结构各异，有的是按照现场总线体系结构的概念设计的新型控制系统，有的是在现有的 DCS 系统上扩充了现场总线功能。因此，从监控级、控制级和现场级这 3 层来比较,可以分为 3 类:一类是由现场设备和人机接口组成的 2 层结构的 FCS;另一类是由现场设备、控制站和人机接口组成的 3 层结构的 FCS;还有一类是由 DCS 扩充了现场总线接口模块而构成的 FCS。

现场总线控制系统在技术上具有以下特点。

(1) 系统的开放性

开放系统是指通信协议公开、各不同厂商的设备间可互联构成的系统。现场总线开发者就是要致力于建立统一的工厂底层网络的开放系统。这里的开放是指相关标准的一致性、公开性,强调对标准的遵从和共识。它可以与世界上任何地方遵守相同标准的其他设备或系统连接。开放系统把选择设备进行系统集成的权力交给了用户,用户可按自己的考虑和需要把来自不同供应商的产品组成任意大小的系统。现场总线就是自动化领域的开放互联系统。

(2) 互操作性与互用性

互操作性是指互联设备间、系统间的信息传送与沟通;而互用性则意味着对不同生产厂家的性能类似的设备可实现相互替换。

(3) 现场设备的智能化与功能自治性

它将传感测量、补偿计算、工程量处理与控制等功能分散到现场设备中完成,仅靠现场设备即可完成自动控制的基本功能,并随时诊断设备的运行状态。

(4) 系统结构的高度分散性

现场总线已构成一种新的全分布式控制系统的体系结构,从根本上改变了现有 DCS 集中与分散相结合的集散控制系统,简化了系统结构,提高了可靠性和对现场环境的适应性。作为工厂网络底层的现场总线,是专为现场环境设计的,可支持双绞线、同轴电缆、光缆、射频、红外线、电力线等,具有较强的抗干扰能力,能采用两线制实现供电和数据通信,并可满足本质安全防爆要求等。

基于上述技术特点,现场总线控制系统具有如下优越性:

(1) 现场总线使得智能变送器中安装的 CPU 能够直接与数字控制系统通信,而无须 I/O 连接转换;

(2) 现场总线取代了每个传感器到控制器的单独布线,大大减少了硬接线费用以及布线工作量;

(3) 现场总线为现场测控仪表引入大量先进功能,如线性化、工程量转换和报警处理,提高了现场仪表的精度和可靠性;

(4) 现场总线提高了数据传输精度,这意味着传感器精度决定了应用数字信号精度;

(5) 现场总线可提供控制装置与传感器、执行机构间的双向通信,方便了操作员与被控制设备间的交互;

(6) 根据现场总线开发的现场仪表最终将取代单变量模拟仪表,减少仪表的购置、安装和维修费用;

(7) 现场总线的开放性将使用户可以对各厂商的产品任意进行选择并构成系统,而无须考虑接口匹配问题。

总之,由于 FCS 克服了 DCS 中通信由专用网络的封闭系统来实现所造成的缺陷,可以把来自不同厂商而遵守同一协议规范的自动化设备,通过现场总线网络连接成系统,实现综合自动化的各种功能;同时,把 DCS 集中与分散相结合的集散系统结构改变成新型的全分布式结构,把控制功能彻底下放到工业生产过程的现场,依靠现场智能设备本身便可实现基本控制功能。

1.4　工业网络技术

完整的工业网络一般为跨地区、信息与控制集成的网络。工业网络的目标在于实现全范围内的信息资源共享以及与外部世界的信息沟通。因此,工业网络可能同时存在计算机局域网(LAN,Local Area Network)、广域网(WAN,Wide Area Network)、现场总线,并涉及不同网络互联的问题。

控制网络的通信技术不同于以传输信息和资源共享为目的的信息网络,其最终目标是对被控对象实现有效控制,使系统稳定、安全地运行。控制网络负载稳定、多为短帧传送、信息交换频繁,因此要求控制网络具有协议简单、安全可靠、纠错性好、成本低等特点。

实现控制网络与信息网络的紧密集成是构建工业网络的基础,为企业的优化控制、调度决策提供依据。通过控制网络与信息网络的结合,可以建立统一的分布式数据库,保证所有的数据完整性和互操作性。现场设备与信息网络实时通信,使用户通过信息网络中标准的图形界面可以随时(Anytime)随地(Anywhere)地了解任意(Anything)生产情况。工业网络中控制网络和信息网络的紧密集成也便于实现远程监控、诊断和维护功能。控制网络和信息网络的集成可以通过以下几种方式实现。

1. 在控制网络和信息网络间加入转换接口

这种方式通过硬件实现,即在底层网段与中间监控层之间加入中继器、网桥、路由器、网关等专用硬件设备,使控制网络作为信息网络的扩展与之紧密集成。硬件设备可以是一台专门的计算机,依靠其中运行的软件完成数据包的识别、解释和转换。对于多网段的应用,它还可以在不同网段间存储转发数据包,起到网桥的作用。此外,硬件设备还可以是一块智能接口网板,Fisher Rosemount 的 DeltaV 系统就通过一块 H1 接口卡,完成现场总线智能设备与以太网中监控工作站间的数据通信。

转换接口的集成方式功能较强,但实时性较差。信息网络一般采用计算机局域网,而TCP/IP 无法解决数据传输的实时性、确定性等问题,因此,当现场设备有大量信息上传或远程监控操作频繁时,转换接口都将成为实时通信的瓶颈。

2. 在控制网络和信息网络间采用 OPC 技术

OPC(OLE for Process Control)是用于过程控制的对象连接与嵌入(OLE)技术。OPC 是一套在基于 Windows 操作平台的工业应用程序之间提供高效的信息集成和交互功能的组件对象模型接口标准,它以微软的分布式组件对象模型 COM/DCOM/COM＋技术为基础采用客户/服务器模式。OPC 的作用是在工业控制软件中,为不同类型的服务器与不同类型的客户搭建一座桥梁,通过这座桥梁,各客户/服务器间形成即插即用的简单规范的链接关系,不同的客户软件能够访问任意的数据源。也就是说,OPC 服务器对底层设备和上层 Intranet 均提供标准的接口,实现了双向互联。

3. 控制网络和信息网络采用统一的协议标准

这种方式将成为控制网络和信息网络完全集成的最终解决方案。由于控制网络和信息网络采用面向不同应用的协议标准,因此两者的集成必然需要协议转换机制,这将使系统复杂化。如果信息网络和控制网络的协议兼容、两者合二为一,这样从底层设备到远程监控系统都可以使用统一的协议标准,不仅确保了信息准确、快速、完整地传输,还可以极大地简化系统设计。

第 2 章　计算机网络体系结构

计算机网络是一种新型的计算机系统，所涉及的内容包括网络的基本设计思想和方案、网络的拓扑结构、系统信息处理方式、各系统之间的信息传输规程（或协议）、用户与终端的交互方式、路径控制与信息流控制以及资源共享的内容与方式等。计算机网络体系结构指计算机网络层次结构模型和各层次协议的集合，即计算机网络及其部件所应实现的功能的定义和抽象。为了保证计算机网络设计过程中的高度结构化和标准化，有必要详细探讨和研究计算机网络的体系结构。

2.1　计算机网络的拓扑结构

"拓扑"一词来源于几何学。拓扑学首先将实体抽象成与其大小、形状无关的点，将连接实体的线路抽象成线，进而研究点、线、面之间的关系。网络拓扑是指网络中各节点相互连接的方法和形式。

计算机网络的拓扑结构由点和线组成，每一点称为一个节点。按照节点间的物理层次关系，定义上层的节点为父节点或者双亲节点，由父节点或双亲节点向下延伸的为子节点，没有父节点的节点为根节点，只有双亲节点而没有子节点的节点为叶节点。

计算机网络的拓扑结构图给出系统中节点（包括网络服务器、工作站）的互联模式，目前常用的拓扑类型有星型、树型、环型、总线型和混合型。网络拓扑结构示意图如图 2-1 所示。

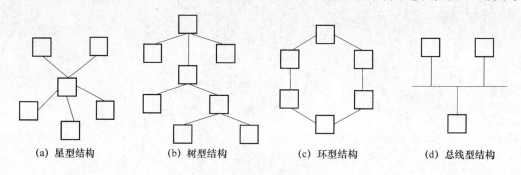

| (a) 星型结构 | (b) 树型结构 | (c) 环型结构 | (d) 总线型结构 |

图 2-1　网络拓扑结构

1. 星型网络结构

星型拓扑结构由一个根节点和若干个叶节点构成，其中的根节点是中心节点，担负着各个节点之间通信的转发和协调任务。其他节点只与中心节点相连，互相之间没有连接。星型网络结构具有结构简单、易于实现和便于管理的优点。当某一叶节点因为故障而停机时不会影响其他叶节点间的通信。但是，中心叶节点出现故障，就会造成全网的瘫痪。目前，以太网主要采用星型结构，在该结构中以专用的网络设备（如集线器或交换机）作为中心节点，通过双绞线将局域网中的各节点连接到中心节点。

2. 树型网络结构

树型结构由一个无双亲的根节点和其他只有一个双亲节点的子节点构成,形状如同一棵倒置的树,树根是根节点,树根以下带分支即双亲节点,每个分支还可再带子分支即子节点。树型结构中,数据信息沿着树枝进行传递,但不能在相邻或同层节点之间进行直接传递,每一个双亲节点都可和它的子节点之间进行通信,起到区域信息中心的作用。

与星型结构相比,树型结构的通信线路总长度短、成本较低、节点易于扩充、路径寻找方便,但除了叶节点及其相连的线路外,任一节点或其相连的线路故障都会使系统受到影响。树型拓扑结构的一个典型应用是目前的有线电视网络。

3. 环型网络结构

环型结构由节点通过点到点的链路首尾相连形成一个闭合的环。也就是说,不存在根节点,也不存在叶节点。这种拓扑结构在局域网中曾经得到一定程度的应用,因为在环型拓扑中,信息的传递方向确定,信息在环中传递的总时间也确定。结构简单、传输延时确定是环型拓扑结构的优点,但是,环中只要有一个节点发生故障,网络通信就无法进行。环型拓扑结构主要使用在光纤构成的高速主干网络中,如 SDH、FDDI 环。

4. 总线型网络结构

总线型拓扑结构是只有叶节点没有根节点的拓扑类型。一般情况下,可以把它看成先有一条负责通信任务的通信线路(总线),各个节点直接连到这条总线上。这种拓扑结构优点是结构简单、易于实现及扩展、可靠性较好。单个节点的联网和脱网都比较容易,而且对其他节点的影响不大。缺点是一次仅能一个节点发送数据,其他节点必须等待直到获得发送权才能进行数据的发送,媒体访问获取机制较复杂。

5. 混合型网络结构

混合型网络结构是一种由星型和总线型相结合的网络结构,通常以总线型为主干,把星型拓扑结构的网络作为总线的节点串在一根传输介质上。混合型拓扑结构主要用于较大型的局域网中。若某单位有几栋楼在地理位置上分布较远(位于同一小区中),如果采用星型结构来搭建整个公司的局域网,因受到星型网传输介质——双绞线的单段传输距离为 100 m 的限制很难成功;如果单纯采用总线型结构,则又很难满足计算机网络规模的需求。结合这两种拓扑结构,在同一栋楼层可采用双绞线的星型结构,而不同楼层则采用同轴电缆的总线型结构,而楼与楼之间也采用总线型结构,传输介质视楼与楼之间的距离而定。如果距离较近,如在 500 m 以内可采用粗同轴电缆来作传输介质,如果在 180 m 之内还可以采用细同轴电缆来作传输介质。但是如果超过 500 m,则只有采用光缆或者粗缆加中继器实现。

这种拓扑结构的优点是覆盖范围较大,容易与不同的网络进行连接或断开;由于任何一个节点发生故障都不会影响整个网络,因此,这种网络的整体可靠性高。缺点是一旦总线发生故障,将导致整个网络瘫痪,并且整个网络非常复杂、不易于维护。

2.2 开放系统互联参考模型

开放式系统互联参考模型(OSI/RM,Open Systems Interconnection Reference Model)由

国际标准化组织(ISO)和国际电报电话咨询委员会(CCITT)联合制订,为开放式互联信息系统提供了一种功能结构的框架,它从低到高分别是:物理层、数据链路层、网络层、传输层、会话层、表示层和应用层。

2.2.1 模型层次划分的原则

在计算机网络中,计算机要实现有条不紊的数据传输就必须遵守网络规则,而这种规则相当复杂。为了降低网络设计的复杂性、明晰网络规则,早在最初的 ARPANET 设计时就提出了分层的方法,即将计算机网络功能划分为若干个层次(Layer),较高层次建立在较低层次的基础上,并为更高层次提供必要的服务功能。网络中的每一层都起到隔离作用,使得低层功能具体实现方法的变更不会影响到高一层所执行的功能。"分层"将庞大而复杂的网络问题转化为若干较小的局部问题,而这些较小的局部问题就比较易于研究和处理。

通过寄信的例子可以清晰说明划分层次的概念。假定北京的甲要与上海的乙通信,首先,甲乙双方有一个共同的约定,要求两人都能看懂中文。于是,甲完成信件的书写后将信纸封装在信封里,信封上按邮政规定顺序写上收信人的邮政编码、地址、姓名及发信人的地址、姓名、邮政编码,然后将这封信投入邮筒。邮递员把这封信从信筒里取回邮局,邮局工作人员根据信封上的邮政编码把它分拣到送往上海的邮车里,邮车把信件送往火车站(如果是航空就送往飞机场),火车把邮件带往上海。在上海火车站,上海邮局的车将信件带回邮局,再根据邮政编码将信件分发到各个分局,分局的邮递员根据信封上的地址将信件送到乙的手里。乙的任务就是打开信,读取内容。

整个寄信过程分成 4 层。最高层是用户层,甲、乙双方按照中文的语法和格式写信、读信。第 2 层是邮递人员层,双方的邮递人员负责从信筒中取出信件送往邮局,从邮局将信件送到用户手中。邮递人员不关心信件的内容,但需要知道收信人地址。地址是用户传递给邮递人员的,可以称为这两层之间的信息。第 3 层是分拣人员层,从众多的信件中根据发往地址分门别类,无须关心这些邮件从何处来,但必须依靠邮递人员的传递。第 4 层是传输层,由运输工具将信件从一地送往另一地。整个过程可以由图 2-2 表示。

图 2-2 信件发送过程

信件的实际传递沿着图中实线从发信人手里到达收信人手里。但从用户的角度看,就好像是直接从发信人手里到了收信人手里(沿图中虚线)。别的层次的相应人员也有这种感觉。这是因为各层都遵循各层的规定,层与层之间通过信封上的信息进行了必要的沟通。

从上述例子可以看出,为了能很好地简化任务,分层须遵循以下原则。

（1）各层具有相互独立性。某一层并不需要知道它的下一层如何实现，而仅需要知道该层通过层间的接口所提供的服务。

（2）各层具有很好的灵活性。当任何一层发生变化时，只要层间接口关系保持不变，则在这层以上或以下各层均不受影响。此外，对某一层提供的服务还可进行修改。当某层提供的服务不再需要时，甚至可以将该层取消。

（3）整体结构上具有可分割性。各层都可以采用最合适的技术实现。

（4）整体实现简单化和维护方便性。这种结构使得实现和调试一个庞大而又复杂的系统变得易于处理，因为整个系统已被分解为若干个相对独立的子系统。

（5）对标准化进程的促进性。因为每一层的功能及其所提供的服务都已有了精确的说明。

分层时应注意使每一层的功能非常明确。若层数太少，就会使每一层的协议太复杂；但层数太多，又会在描述和综合各层功能的系统工程任务时遇到较多的困难。

2.2.2　OSI 参考模型的结构

1974 年，美国的 IBM 公司宣布了按照分层思想制订的系统网络体系结构（SNA，System Network Architecture）。之后 SNA 不断改进、更新，成为世界上使用得较为广泛的一种网络体系结构。在 SNA 宣布后不久，其他一些公司也相继推出各公司的体系结构。各公司的网络体系结构，为本公司生产的各种设备互联成网提供了极大的便利。可一旦用户购买了某个公司的网络，当需扩容时就只能再购买该公司的产品，若同时购买了其他公司的产品，由于网络体系结构的不兼容导致很难互相连通，这种情况造成了公司间的垄断。

全球经济的发展使得不同网络体系结构的用户迫切要求能够互相交换信息。为了实现不同体系结构的计算机网络的互联，ISO 于 1977 年成立了专门机构，研究实现各种计算机在世界范围内互联成网的标准框架，即著名的开放系统互联基本参考模型，简称为 OSI。

"开放"是指只要遵循 OSI 标准，一个系统就可以和位于世界上任何地方的、也遵循这同一标准的其他任何系统进行通信，如同世界范围的电话和邮政系统，所以开放系统互联参考模型是个抽象的概念。1983 年，形成了开放系统互联基本参考模型的正式文件，即著名的 ISO 7498 国际标准，也就是所谓的七层协议的体系结构。

OSI 参考模型如图 2-3 所示。

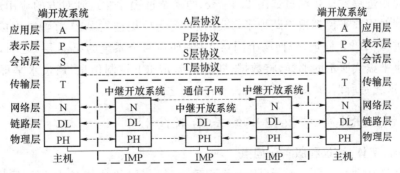

图 2-3　OSI 参考模型

基于分层原则可将整个网络的功能从垂直方向分为 7 层,由底层到高层分别是：物理层、数据链路层、网络层、传输层、会话层、表示层、应用层。图中带箭头的水平虚线(物理层协议除外)表示不同节点的同等功能层之间按该层的协议交换数据。物理层之间由物理通道(传输介质)直接相连,物理层协议的数据交换通过物理通道直接进行。其他高层的协议数据交换是通过下一层提供的服务来实现的。

层次结构模型中数据的实际传送过程如图 2-4 所示。图中发送进程给接收进程传送数据的过程,实际上是经过发送节点各层从上到下传递到物理通道,通过物理通道传输到接收节点后,再经过从下到上各层的传递,最后到达接收进程。在发送节点从上到下逐层传递的过程中,每层都要加上适当的控制信息,即图中的 H7、H6…,统称为报头。数据到最底层成为由"0"或"1"组成的数据位流,然后再转换为电信号在物理通道上传输至接收节点。接收节点在方向上传递时过程正好相反,要逐层剥去发送节点相应层加上的控制信息。

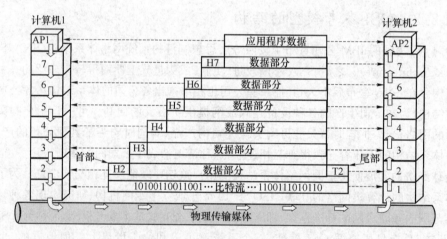

图 2-4　数据的传递传输过程

可用寄信的例子来比喻上述过程。有一封信从最高层向下传。每经过一层就包上一个新的信封。包有多个信封的信传送到目的站后,从第 1 层起,每层拆开一个信封后就交给它的上一层。传到最高层后,取出发信人所发的信交给收信用户。

虽然应用进程数据要经过如图 2.4 所示的复杂过程才能送到对方的应用进程,但这些复杂过程对用户来说都被屏蔽掉了,以至用户觉得应用进程 AP1 好像是直接把数据交给了应用进程 AP2。同理,任何两个同层次(例如在两个系统的第 4 层)之间,也好像如同图中的水平虚线所示的那样,将数据(即数据单元加上控制信息)通过水平虚线直接传递给对方,这就是所谓的"对等层"(Peer Layers)之间的通信。

2.2.3　OSI 参考模型中的基本概念

1. 服务、实体、协议和服务访问点

OSI 模型中的每一层可认为是一个子系统,每一层的功能是为上一层提供服务。OSI 模型的服务定义描述了各层所能提供的功能、层与层之间的抽象接口和交互用的服

务原语,但服务并不涉及接口的实现。在 OSI 模型中任何可以发送或接收信息的硬件或软件进程称为实体。在许多情况下,实体就是一个特定的软件模块,每层都可以看成由若干个实体组成。实体是子系统中的活跃元素,一个子系统可以包含一个或一个以上的实体。

不同节点之间的相同层次称为对等层,如节点 A 中的表示层和节点 B 中的表示层互为对等层、节点 A 中的会话层和节点 B 中的会话层互为对等层等。不同节点上相同层次内的实体称为对等实体(Peer Entity)。对等层间互相通信所遵守的规则,如通信的内容、通信的方式等称为协议。N 层协议对 N 层实体是透明的,但对 $N+1$ 层实体是不透明的。

N 层实体实现的服务为 $N+1$ 层所利用,而 N 层则要利用 $N-1$ 层所提供的服务。N 层实体可向 $N+1$ 层提供几类服务,如快速而昂贵的通信或慢速而便宜的通信。但并非在一个层内完成的全部功能都被称为服务,只有能被高一层看得见的功能才称之为服务。

由此得出,在分层结构中,协议是水平的,即协议是控制对等实体之间通信的规则;而服务是垂直的,即服务是由下层向上层通过层间接口提供。

网络协议主要由语法、语义和时序 3 个要素组成。语法规定了数据与控制信息的结构和格式。语义表明了需要发出何种控制信息,以完成相应的响应。时序说明了事件的顺序。由于网络采用分层的思想构建,则每层都有其对应的协议,各层协议共同组成整个网络协议。

同一系统中 N 层实体向 $N+1$ 层实体提供服务时两层实体进行交互的地方,通常称为 N 服务访问点(SAP,Service Access Point)。即 N 服务访问点 SAP 就是 $N+1$ 层实体可以访问 N 层服务的地点,任何层间服务都是在接口的 SAP 上进行的。N 服务访问点 SAP 设置在 N 层和 $N+1$ 层的交界面之间,类似于常说的“接口”,故也称为 N 端口。每个 SAP 都有一个能够唯一标识它的地址,每个层间接口可以有多个 SAP。

2. 服务原语

当 $N+1$ 层实体向 N 层实体请求服务时,服务用户与服务提供者之间要进行一些交互。在进行交互时所要交换的一些必要信息称为服务原语,以表明需要本地的或远端的对等实体做哪些事情。OSI 参考模型的服务原语有 4 类,如表 2-1 所示。

表 2-1　OSI 参考模型的服务原语

原语	含义
请求	用户实体请求服务做某种工作,如建立连接、发送数据等。
指示	用户实体被告知某事件发生,如连接指示、输入数据等。
响应	用户实体对某事件的响应,如接收连接等。
证实	用户实体收到关于它的请求的答复。

任何相邻两层之间的关系都可用图 2-5 所示的关系图表示。需注意的是,某一层向

上一层所提供的服务实际上已包括了在它以下各层所提供的服务,所有这些对上一层来说就相当于一个服务提供者。在服务提供者的上一层的实体,也就是"服务用户",它使用服务提供者所提供的服务。图 2-5 中两个对等实体(服务用户)通过协议进行通信,为的是可以向上提供服务。

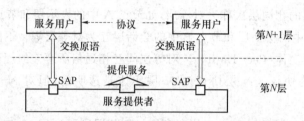

图 2-5 相邻两层之间的关系

3. 面向连接服务和无连接服务

面向连接服务是指服务双方必须首先建立可用的连接,然后利用该连接完成数据的传送,最后还需要释放建立该连接时需要的资源,典型例子是固定电话系统。面向连接的服务是可靠的,当通信过程中出现问题时,进行通信的双方可以得到及时通知。

无连接服务中要传递的数据自身携带目的地址信息,因而可以有不同的独立路由选择,典型例子是邮寄系统。无连接服务是不可靠的。

假定给另一个城市的朋友发送一系列信件,信件类似于通过网络发送的数据分组,有两种发送方法。一种方法是把信件交给一位可信的朋友,由他私人传送,之后再向需发信者证实已经发送。在这种方法中,需发信者在传送的两端都保持着联系,朋友提供了面向连接的服务。另外一种是,在信封上注明地址并将它们投进邮筒,但无法保证每封信都会达到目的地,如果都到达了,它们可能是在不同的时间到达并且不是连续的,这就像一个无连接服务。

根据不同层次,连接可以分为以下几种类型。

(1)实际物理媒介连接:典型的点对点的物理连接,这种连接一般用于物理层的连接。

(2)虚电路:通过路由表、队列缓存和相关的软件实现。它需要通过一定的硬件连接和复杂的软件算法来实现。这种连接一般应用于通信子网的连接,而在控制网络中基本不用。

(3)面向连接的服务:使用软件实现的虚拟连接,与其他任何子网都没有关系。这种连接一般用于应用层的连接。面向连接的服务通过一定的技术措施来达到"连接"的效果,给服务调用者造成存在连接的"错觉",而其内部实现可能既无物理连接也无虚电路连接。

2.2.4 OSI 参考模型各层功能的划分

OSI/RM 参考模型中的物理层、数据链路层、网络层主要负责通信功能,一般称为通信子网层。会话层、表示层、应用层属于资源子网的功能范畴,称为资源子网层。传输层起着衔接通信子网和资源子网的作用。

1. 物理层

物理层为建立、维护和拆除物理链路提供所需的机械的、电气的、功能的和规程的特性；提供在传输介质上传输非结构的位流和物理链路故障检测指示功能。在这一层，数据的单位称为比特（bit）。以两个公司间邮寄信件为例，该层可比喻成邮局中的搬运工人。

属于物理层定义的典型规范代表包括：EIA/TIA RS-232、EIA/TIA RS-449、V.35、RJ.45 等。

2. 数据链路层

数据链路层是在物理层提供的位流传输服务的基础上，在通信实体间建立具有数据格式和传输功能的节点之间的逻辑连接。两相邻节点间链路上传送的数据以帧的格式将位流进行组合，每帧包括数据和必要的控制信息（如同步信息、地址信息、差错控制以及流量控制信息等）。建立数据链路层的目的是使有差错的物理链路变成无差错的数据链路。以两个公司间邮寄信件为例，该层可比喻成邮局中的装拆箱工人。

常用的数据链路层协议包括 SDLC、HDLC、PPP、STP、帧中继等。

3. 网络层

网络层是通信子网的边界。网络层的主要功能是实现整个网络系统内的连接，为传输层实体提供节点到节点的网络数据传送的通路，包括交换方式、路由选择策略以及与之相关的流量控制和拥塞控制。以两个公司间邮寄信件为例，该层可比喻成邮局中的排序工人。

常用的网络层协议包括 IP、IPX、RIP、OSPF 等。

4. 传输层

传输层是网络体系结构中高低层之间衔接的一个接口层，为会话实体提供透明的、可靠的数据传输服务，保证数据完整性。以两个公司间邮寄信件为例，该层可比喻成公司中跑邮局的送信职员。

常用的传输层协议包括 TCP、UDP、SPX 等。

5. 会话层

会话层是组织和同步两个通信的会话服务用户之间的对话，为表示层实体提供会话连接的建立、维护和拆除功能，完成通信进程的逻辑名字与物理名字间的对应，提供会话管理服务。以两个公司间邮寄信件为例，该层可比喻成公司中收寄信、写信封与拆信封的秘书。

常用的会话层协议包括 NetBIOS、ZIP（AppleTalk 区域信息协议）等。

6. 表示层

表示层主要用于处理在两个通信系统中交换信息的表示方式，如代码转换、格式转换、文本压缩、文本加密与解密等。以两个公司间邮寄信件为例，该层可比喻成公司中替老板写信的助理。

常用的表示层协议包括 ASCII、ASN.1、JPEG、MPEG 等。

7. 应用层

应用层确定进程之间通信的性质以满足用户的需要(这反映在用户所产生的服务请求)。这里的进程就是指正在运行的程序。应用层不仅要提供应用进程所需的信息交换和远地操作,而且还要作为互相作用的应用进程的用户代理,完成一些为进行信息交换所必须的功能。应用层直接为用户的应用进程提供服务。以两个公司间邮寄信件为例,该层可比喻成公司中的老板。

常用的应用层协议包括 Telnet、FTP、HTTP、SNMP 等。

OSI/RM 定义的是一种抽象结构,它给出的仅是功能上和概念上的框架标准,而不是具体的实现。该 7 层中,每层完成各自所定义的功能,对某层功能的修改不影响其他层。同一系统内部相邻层的接口定义了服务原语以及向上层提供的服务。不同系统的同层实体间使用该层协议进行通信,只有最底层才发生直接的数据传送。

2.3　TCP/IP 参考模型

OSI 参考模型研究的初衷是希望为网络体系结构与协议的发展提供一种国际标准,但随着 Internet 在全世界的飞速发展,TCP/IP(Transmission Control Protocol/Internet Protocol)协议得到了广泛的应用。虽然 TCP/IP 不是 ISO 标准,但广泛的使用也使 TCP/IP 成为一种"实际上的标准",并形成了 TCP/IP 参考模型。不过,ISO 的 OSI 参考模型的制订也参考了 TCP/IP 协议集及其分层体系结构的思想,而 TCP/IP 在不断发展的过程中也吸收了 OSI 标准中的概念及特征。

2.3.1　TCP/IP 参考模型

TCP/IP 是传输控制协议/国际协议,起源于美国 ARPAnet 网,由 TCP 协议和 IP 协议而得名。IP 协议的英文名直译就是因特网协议。网络系统中各种信息的传输方式如同现实货物运输过程中需将货物包装成一个个的纸箱或者是集装箱之后才进行运输的方式。IP 协议规定了数据传输时的基本单元和格式,如同规定了货物打包时的包装箱尺寸和包装的程序;定义了数据包的传递方法和路由选择,类似于规定了货物的运输方法和运输路线。

IP 协议中定义的传输为单向,即无法知道发出去的货物对方是否收到,如同 0.8 元一封的平信。对于重要的信件需采用寄挂号信的方式。TCP 就是这种寄"挂号信"的协议。TCP 协议提供了可靠的面向对象的数据流传输服务的规则和约定。在 TCP 模式中,发送方发送一个数据包,接收方接收后需发送一个确认数据包给发送方,通过这种确认来保证数据包传送的可靠性。

TCP/IP 是 Internet 上所有网络和节点之间进行交流所使用的共同"语言",是 Internet 上使用的一组完整的标准网络连接协议。通常所说的 TCP/IP 协议实际上包含了大量的协议和应用,且由多个独立定义的协议组合在一起。因此,更确切地说,应该称其为 TCP/IP 协议集。

TCP/IP 共有 4 个层次,它们分别是主机至网络层、互联网层、传输层和应用层。图 2-6 给出了 TCP/IP 的层次结构与 OSI 层次结构的对照关系。

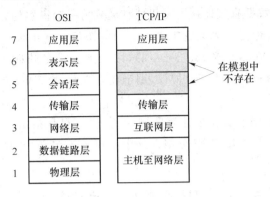

图 2-6　TCP/IP 与 OSI 参考模型对比图

1. 互联网层

互联网层(Internet Layer)的功能是使节点可以将分组发往任何网络的任何节点,并使分组独立地传向目标(可能经由不同的路径)。这些分组到达的顺序和发送的顺序可能不同,因此如果需要按顺序发送及接收,高层必须对分组排序。

与邮政系统相似,当某个国家的一个人把一些国际邮件投入邮箱,一般情况下,这些邮件大都会被投递到正确的地址。这些邮件可能会经过几个国际邮件通道,但这对用户是透明的,而且,每个国家(每个网络)都有自己的邮戳,要求的信封大小也不同,而用户是不知道投递规则的。

互联网层定义了正式的分组格式和协议,即 IP 协议,并将 IP 分组发送到正确的目的地址。由于分组路由和避免阻塞是该层主要解决的问题,因此互联网层和 OSI 网络层在功能上非常相似。

2. 传输层

传输层(Transport Layer)的功能是使源节点和目标节点的对等实体可以进行会话,与 OSI 的传输层类似,定义了传输控制协议和用户数据报协议。

(1) 传输控制协议(TCP,Transmission Control Protocol)

TCP 协议是面向连接的协议,允许从一个节点发出的字节流无差错地发往互联网上的其他节点。它把输入的字节流分成报文段并传给互联网层。在接收节点,TCP 接收进程把收到的报文再组装成输出流。TCP 还要处理流量控制,以避免快速发送节点向低速接收节点发送过多报文而使接收节点无法处理。

(2) 用户数据报协议(UDP,User Datagram Protocol)

UDP 协议是一个不可靠的、无连接协议,用于不需要 TCP 的排序和流量控制,而是自己完成这些功能的应用程序。UDP 协议也被广泛地应用于只有一次的、客户——服务器模式的请求——应答查询,以及快速递交比准确递交更重要的应用程序,如传输语音或影像。

3. 应用层

应用层(Application Layer)的功能是向用户提供一组常用的应用层协议。它包含所

有的高层协议,如最早使用的虚拟终端协议(Telnet)、文件传输协议(FTP)和电子邮件协
议(SMTP)。虚拟终端协议允许一台机器上的用户登录到远程机器上并且进行工作。文
件传输协议提供了把数据有效地从一台机器移动到另一台机器的方法。电子邮件协议最
初仅是一种文件传输,但是后来为它提出了专门的协议。近年来又新增了一些协议,如:
域名系统服务 DNS(Domain Name Service),用于把主机名映射到网络地址;NNTP 协
议,用于传递新闻文章;还有 HTTP 协议,用于在万维网(WWW)上获取主页等。

4. 主机至网络层

TCP/IP 参考模型没有真正描述互联网层的下层,只是指出主机必须使用某种协议
与网络连接,以便能在其上传递 IP 分组。这个协议未被定义,并且随主机和网络的不同
而不同。

2.3.2　OSI 与 TCP/IP 参考模型的比较

OSI 参考模型和 TCP/IP 参考模型有很多相似之处,都采用协议分层方法,且各协议
层次的功能大体相似,都存在网络层、传输层和应用层。两者的区别主要如下。

两个模型间明显的区别是层的数量,OSI 模型有 7 层,而 TCP/IP 模型只有 4 层。

OSI 模型首先将服务、接口、协议这 3 个概念的定义和区别明确化。而 TCP/IP 协议
体系最初没有明确区分服务、接口、协议,尽管后来参考 OSI 对协议进行了相应地改进。
因此,OSI 中的协议比 TCP/IP 协议体系中的协议具有更好的灵活性,在技术发生变化时
进行相应的改进显得较容易些。

OSI 参考模型的产生较协议发明的时间早,因此该模型没有侧重于任何特定的协议,
通用性好。但由于设计者对协议方面经验的欠缺,不可避免地产生了对各层具体功能确
定的模糊性。例如,数据链路层最初只处理点到点的网络,但广播式网络出现后,就不得
不在该模型中再加上一个子层以弥补不足。

实际中,OSI 参考模型从未被真正实现过。其主要原因是当 OSI 参考模型出现时,
TCP/IP 协议已被广泛地应用于大学科研,且很多开发商已经开发了自己的 TCP/IP 产
品。当 OSI 模型出现时,他们不愿意支持第 2 种协议栈。OSI 从未流行的第 2 个原因是
协议和模型存在缺陷。在微型机飞速发展的今天,表示层和会话层的功能已日趋减弱,而
与会话层和表示层相比,随着局域网和互联网的发展,数据链路层和网络层功能又太多。

虽然 OSI 的 7 层模型从未被完整地实现过,但它完整、清楚地定义了网络软件必须
做的工作,以及提出了通过分层来实现网络软件的思想,可作为设计任何网络协议的
参考。

与之相比,TCP/IP 首先提出协议,模型是对协议的描述。TCP/IP 模型的第 1 次实
现是作为 Berkeley UNIX 的一部分,性能很好,因此很快得到了推广,并形成了庞大的用
户群,反过来推动了改进,使用户群越来越广泛,实现了协议与模型的良好匹配。

然而 TCP/IP 模型和协议也存在缺陷。首先,该模型没有明显地区分服务、接口和协
议的概念。其次,TCP/IP 模型的通用性不强,不适合描述除 TCP/IP 模型之外的任何协
议栈。最后,由于 TCP/IP 是一个互联网模型,只完成将不同的网络互联并实现互相通信

的功能,因此它没有数据链路层和物理层,只有一个主机网络层提供 IP 协议和物理网络的接口。

　　另一个差别是面向连接的和无连接的通信。OSI 模型在网络层支持无连接和面向连接的通信,但在传输层仅有面向连接的通信。而 TCP/IP 模型在互联网层仅有一种通信模式(无连接),但在传输层支持两种模式,给了用户选择的机会。这种选择对简单的请求-应答协议是十分重要的。

2.4　传输介质

　　传输介质是网络中连接收发双方的物理通路,也是通信中实际传送信息的载体,主要包括以下特性。

　　(1) 物理特性:传输介质的物理结构、形态尺寸和覆盖范围等。

　　(2) 传输特性:传输的信号(数字信号或模拟信号)、调制技术、传输容量、传输频率范围等。

　　(3) 连通特性:允许点对点或多点通信。

　　(4) 地理范围:传输介质的最大传输距离。

　　(5) 抗干扰性:抗电磁干扰能力、传输误码率等。

　　(6) 价格:器件、安装与维护费用。

　　传输介质在形态上分为有线和无线两类。有线介质表现为有形连续的形式,在目前典型的计算机网中多采用有线介质。常用的有线介质有双绞线、同轴电缆和光纤等。无线介质灵活、方便,在运动对象或一些不能架设电缆的环境中有着重要的地位。常用的无线数据通信方法有微波通信、红外通信与激光通信等。

　　传输介质的选择受网络拓扑、网络连接方式的限制,应该支持所希望的网络通信量,并根据系统的可靠性要求、传输的数据类型、网络覆盖的地理范围、节点间的距离等因素,选择合适的传输介质。

2.4.1　双绞线

　　双绞线是计算机网络系统中最常用的一种传输介质,尤其在星型网络拓扑中,双绞线是必不可少的布线材料。如图 2-7 所示,双绞线电缆中封装着一对或一对以上的双绞线,每一对双绞线一般由 2 根绝缘铜导线相互缠绕而成。每根导线在传输中辐射的电波会被另一根上发出的电波抵消,因此降低了信号干扰的程度。

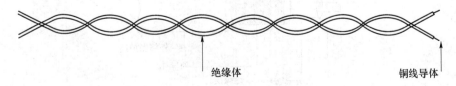

图 2-7　双绞线示意图

双绞线可分为屏蔽双绞线(STP)和非屏蔽双绞线(UTP)两大类。屏蔽双绞线外层由一层金属材料包裹,以减小辐射、防止信息被窃听,同时具有较高的数据传输速率,但价格较高,安装也比较复杂;非屏蔽双绞线无金属屏蔽材料,只由一层绝缘胶皮包裹,价格相对便宜,组网灵活。除某些特殊场合(如电磁辐射严重、对传输质量要求较高等)在布线中使用屏蔽双绞线外,一般情况下都采用非屏蔽双绞线。

目前使用的屏蔽双绞线分为 3 类和 5 类两种,非屏蔽双绞线可分为 3 类、4 类、5 类和超5 类 4 种。3 类非屏蔽双绞线适应了以太网(10 Mbit/s)对传输介质的要求,是早期网络中重要的传输介质;4 类非屏蔽双绞线用于语音传输和最高传输速率为 16 Mbit/s 的数据传输,4类因标准推出比 3 类晚,而传输性能与 3 类相比并没有提高多少,所以一般较少使用;5 类非屏蔽双绞线的速率可达 100 Mbit/s,超 5 类更可达 155 Mbit/s 以上,5 类、超 5 类因价廉质优而成为快速以太网(100 Mbit/s)的首选介质,超 5 类的用武之地是千兆位以太网(1 000 Mbit/s)。现在市场上常见的是超 5 类非屏蔽双绞线。双绞线主要特性如下。

(1)物理特性:铜质线芯,传导性能良好。

(2)传输特性:双绞线最普遍的应用是语音信号的模拟传输。使用双绞线或调制解调器传输模拟信号数据时,传输速率可达 9 600 bit/s,24 条音频通道总的数据传输速率可达 230 kbit/s。

(3)连通性:双绞线可以用于点对点连接,也可用于多点连接。

(4)地理范围:双绞线用作远程中继站时,最大距离可达 15 km。用于 10 Mbit/s 局域网时,因为信号衰减,所以最远的传输距离为 100 m,超过 100 m 就需要一个中继设备对信号进行放大处理。用双绞线组网时,信号经过的网段最多不能超过 5 段,也就是所加的中继器最多为 4 个,而且只有 3 个段用来接工作站。

(5)抗干扰性:双绞线的抗干扰能力取决于一根线中相邻对的扭曲长度及适当的屏蔽。在低频传输时,其抗干扰能力相当于同轴电缆,在 10～100 kHz 时,其抗干扰能力低于同轴电缆。

(6)价格:双绞线的价格低于其他传输介质,且安装、维护方便。

2.4.2 同轴电缆

如图 2-8 所示,同轴电缆由内导体,外包一层绝缘材料,再套一个空心的圆柱形外导体和最外层起保护作用的外部保护层构成。内导体与外导体构成一组线对。同轴电缆的主要特性如下。

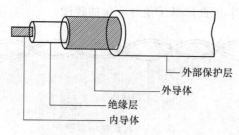

外部保护层
外导体
绝缘层
内导体

图 2-8　同轴电缆结构示意图

（1）物理特性。同轴电缆的特性参数由内、外导体及绝缘层的电参数与机械尺寸决定。

（2）传输特性。同轴电缆根据其带宽的不同，可以分为两种。一种是 50 Ω 电缆，用于数字传输，由于多用于基带传输，称为基带同轴电缆；另一种是 75 Ω 电缆，用于模拟传输，称为宽带同轴电缆。宽带同轴电缆可以使用频分多路复用方法将其频带划分成多条通信信道，可使用各种调制方式支持多路传输。宽带同轴电缆也可以只用于 1 条通信信道的高速数字通信，此时称之为单信道宽带。

（3）连通性。同轴电缆既支持点对点连接，也支持多点连接。基带同轴电缆可支持数百台设备的连接，而宽带同轴电缆可支持多达数千台设备的连接。

（4）地理范围。基带同轴电缆使用的最大距离限制在几千米范围内，而宽带同轴电缆最大距离可达几十千米。

（5）抗干扰性。同轴电缆的结构使得它的抗干扰能力较双绞线强。

（6）价格。同轴电缆的造价介于双绞线与光缆之间，使用与维护较方便。

2.4.3　光纤

光纤是由一组光导纤维组成的用来传播光束的、细小而柔韧的传输介质。应用光学原理，由光发送机产生光束，将电信号变为光信号，再把光信号导入光纤，在另一端由光接收机接收光纤上传来的光信号，并把它变为电信号，经解码后再处理。光纤结构如图 2-9 所示，由光纤芯、包层、保护层构成。

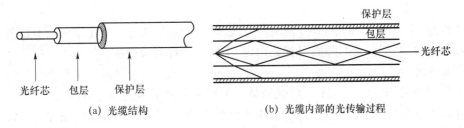

(a) 光缆结构　　　　　　　　(b) 光缆内部的光传输过程

图 2-9　光纤结构示意图

光纤的主要特性如下。

（1）物理特性。光纤是直径在数百微米以内、柔软的光波导介质。多种掺杂的石英玻璃（二氧化硅）或塑料可以用来制造光纤，其中使用超高纯度的石英玻璃纤维制作的光纤可以得到最低的传输损耗。在折射率较高的单根光纤外面，用折射率较低的包层将其包裹起来，就可以构成一条光纤通道；多条光纤组成一束，就构成一条光缆。

（2）传输特性。光导纤维通过内部的全反射来传输经过编码或调制的光信号。光载波调制可以采用幅移键控 ASK 调制方式进行强度调制。单模光纤的性能优于多模光纤。

（3）连通性。光纤最普遍的连接方法是点对点方式，在某些实验系统中，也可以采用多点连接方式。

（4）地理范围。光纤信号衰减极小，它可以在很长的距离内实现无中继的高速数据传输。

（5）抗干扰性。光纤不受外界电磁干扰与噪声的影响，能在长距离、高速率的传输中保持低误码率。双绞线典型的误码率在 $10^{-6} \sim 10^{-5}$ 之间,基带同轴电缆的误码率低于 10^{-7},宽带同轴电缆的误码率低于 10^{-9},而光纤的误码率可以低于 10^{-10}。因此,光纤传输的安全性与可靠性很好。

(6) 价格。目前,光纤价格高于同轴电缆与双绞线。

光纤的高带宽使它在同样的传输性能下比同轴电缆或双绞线要轻巧得多,这样,在对重量和体积敏感而对成本不太计较时可选择光纤。光纤的这些特性使得它在高电压、大电流、电磁环境非常恶劣的条件下也成为首选的传输介质。

2.4.4　无线通信

无线通信主要有微波通信、红外通信与激光通信,卫星通信可看成一种特殊的微波通信系统。微波在波频率很高时,可以同时传送大量信息。例如,一个带宽为 2 MHz 的微波频段就可以容纳 500 路语言信道;当用于数字通信时,数据传输速率可达若干兆比特每秒。微波属于一种视距传输,它沿直线传播,不能绕射。红外通信与激光通信也属于方向性极强的直线传播,发送方与接收方必须可以直视,中间没有阻挡。由于微波通信信道、红外通信信道与激光通信信道都不需要铺设电缆,因此对于连接不同建筑物之间的局域网特别有用。目前正在发展的一项局域网技术是无线局域网,其将获得广泛应用。

(1) 微波

工作频率为 $10^9 \sim 10^{10}$ Hz,局域网可直接利用微波收发机进行通信,或作为中继接力扩大传输距离。

(2) 红外线

工作频率为 $10^{11} \sim 10^{14}$ Hz。利用红外线来传输信号,在收、发端分别接有红外线的发送器和接收器,但二者必须在可视范围内,中间不允许有障碍物。

(3) 激光

工作频率为 $10^{14} \sim 10^{15}$ Hz。激光通信是利用激光束来传输信号,即将激光束调制成光脉冲以传输数据,它与红外线一样不能传输模拟信号。激光通信必须配置一对激光收发器,且安装在视线范围内。激光具有高度的方向性,因而很难被窃听、插入数据和进行干扰,但缺点是传输距离有限且易受环境(如雨、雾等)的干扰。

对于远距离传输还可采用卫星通信等。

2.5　物理层

物理层是 OSI 的最底层,向下是物理设备,物理设备直接与物理传输介质相连接。设立物理层的作用是实现两个网络节点之间的透明二进制位流的传输,且使其上的数据链路层感觉不到底层的各种不同的物理设备、传输媒体、通信手段之间的差异,从而使数据链路层只需考虑如何完成本层的服务和本层协议的实现,而不必关心连接计算机的具体物理设备或具体的传输媒体。为此,它是建立在通信介质的基础之上,实现其他层和通信介质之间的接口并为接口定义机械的、电气的、功能的和规程的特性,确定位流传输的代码格式、通信方式、同步方式等方面的内容。

2.5.1 物理层的数据通信

为实现两个网络节点之间的透明二进制位流的传输,物理层的下面必须存在实际的传输介质。这些传输介质可以将数据以电信号或光信号的形式在发送节点和接收节点之间进行传递,此传递过程必然涉及信号编码、传输方式、传输模式等与通信系统相关的知识。

1. 信息、数据、信号

(1) 信息

信息是描述客观物质的存在方式,如物质的形态、大小、结构、性能等特征;也是描述物质的运动状态,如物理变化、化学变化等形态。信息有各种存在形式,如文字、声音、图像等。

(2) 数据

数据是描述客观事物属性规范化符号的集合体。数据的形式分为数字数据和模拟数据两种。

① 数字数据。数字数据用离散的物理量来表示,如数值、文字、符号和数码化的图形、图像等离散形式的数据。

② 模拟数据。模拟数据用连续的物理量来表示,如语音、音乐和动画等,是连续时间函数形式的数据。

(3) 信号

信号是数据的表现形式,也称为数据的电磁式或电子编码,实现了数据能以适当的形式在介质上传输。信号分为数字信号和模拟信号两种。

① 数字信号。数字信号是用离散的不连续的电信号表示数据,一般是用“高”和“低”电平的脉冲序列组成的编码来描述数据。在数字信号编码中,一个单位脉冲信号的宽度称为码元。数字信号适于数据的处理,但不适于长距离的传输。

② 模拟信号。模拟信号是一种连续变化的电信号,它是随时间连续变化的函数曲线。

2. 数据通信系统模型

数据的通信过程首先由信源发出数据,然后通过发送器编码转换成便于传送的信号送往信道,在传输过程中,有可能受到噪声干扰,该信号在接收器处接收,从带有干扰的信号中正确还原出原有信号并进行解码,变换为发送方发送的数据由信宿接收。

如图 2-10 所示,一个数据通信系统可划分为源系统(发送方)、传输系统(传输网络)和目的系统(接收方)。

源系统一般包括源点和发送器两部分。

源点:待传送数据信息的产生者,例如正文输入到 PC 机产生输出的数字位流。源点又称为信源。

发送器:将数据信息翻译为适合信道上传输的信号翻译者。例如,调制解调器将 PC 机输出的数字位流转换成能够在用户的电话线上传输的模拟信号。现在很多 PC 机使用内置的调制解调器,用户在 PC 机外面看不见调制解调器。

目的系统一般也包括接收器和终点两部分。

接收器:接收传输系统传送过来的信号,并将其转换为能够被目的设备处理的信息的反变换者。例如,调制解调器接收来自传输线路上的模拟信号,并将其转换成数字位流。

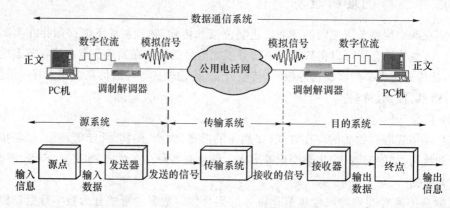

图 2-10 数据通信系统模型

终点:从接收器获取传送信息的消费者。终点又称为信宿。

在源系统和目的系统之间的传输系统可以是简单的传输线,也可以是连接在源系统和目的系统之间的复杂网络系统。

3. 数据编码

传输介质可实现数据以电信号或光信号的形式在发送节点与接收节点间的传输,但不同类型的传输介质只能够传输特定类型的数据信息,否则在传输过程中将产生信号的失真或相互干扰的情况,因此必须对数据进行编码。编码的类型主要有模拟数据的数字信号编码、数字数据的模拟信号编码、数字数据的数字信号编码 3 种。

(1)模拟数据的数字信号编码

模拟数据的数字信号编码是指将一个模拟物理量(如电流、电压、温度、长度等)转换为二进制信号的方式。将模拟信号变换为数字信号的常用方法是脉冲编码调制法 PCM (Pulse Code Modulation)。脉冲编码调制以采样定理为基础,对连续变化的模拟信号进行周期性采样,并根据香农采样定理从这些采样信号中重新构造出原始信号。如图 2-11 所示,脉冲调制过程由采样、量化与编码 3 部分构成。

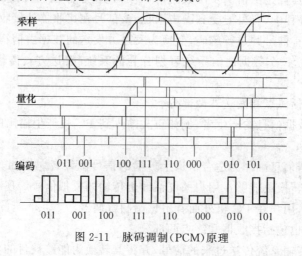

图 2-11 脉码调制(PCM)原理

采样是指按照一定的时间间隔采样被测模拟信号幅值。模拟信号在时间上连续而数字信号在时间上离散,这就要求系统每经过一个固定的时间间隔(实时采样周期)对模拟信号进行测量,这种测量称为采样,这个时间间隔就称采样周期。采样周期的长度可以依据采样定理来确定。

量化是指将采样点测得的信号幅值分级取整。由于模拟信号不仅在时间上连续,而且在幅度上也连续,因此需要对采样得到的测量值进行数字化转换,即量化。量化的具体过程是将模拟信号的最大可能幅值等分为若干级(通常为 2^n 级),然后将测得的幅值按此分级舍入取整,得到一个正整数。例如,模拟信号的最大幅值为 16,可以将其分为 8 级,则幅值在 $[0,2]$ 中量化值为 0。经过量化后的样本幅度为离散的整数值,而不是连续的值。

编码是指将量化后的离散值编成一定位数的二进制数码的过程。若有 N 个量化级,则二进制位的位数为 $\log_2 N$。如上例为 8 个量化级,故取 3 位二进制编码就可以了,这样的二进制码组称为一个码字,其位数称为字长。

(2) 数字数据的模拟信号编码

数字数据的模拟信号编码是指采用模拟信号来表达数据的 0、1 状态。模拟信号传输的基础是载波,载波具有 3 大要素:幅度、频率和相位。数字数据可以针对载波的不同要素进行调制。如图 2-12 所示,将数字信号调制为模拟信号有 3 种方法:幅移键控法 ASK、频移键控法 FSK、相移键控法 PSK。

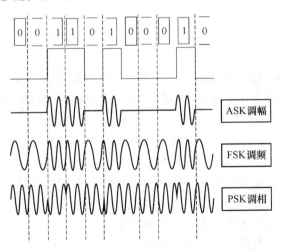

图 2-12　数字调制的 3 种基本形式

幅移键控法是指用载波的两种不同幅度来表示二进制的两种状态。例如,有载波表示数字信号 1,无载波表示数字信号 0。这种调制技术较简单,但抗干扰性较差,因此在数据通信中很少使用。

频移键控法是指用载波频率附近的两种不同频率来表示二进制的两种状态。例如,频率为 f_1 信号代表数字信号 1,频率为 f_2 信号代表数字信号 0。这种技术较调幅技术有较高的抗干扰性,但所占频带较宽,是常用的一种调制方法。

相移键控法是指用载波信号相位移动来表示数据。

　　（3）数字数据的数字信号编码

　　数字数据的数字信号编码是指将二进制数字数据使用两个电平来表示，形成矩形脉冲信号。数字信号可以直接采用基带传输，即在数字信道中直接传输数字信号的电脉冲，在近距离通信的局域网中往往采用这种简单的传输方式。但直接以数字信号传输数字数据，也要对信号进行编码，以提高数据传输的效率和实现通信双方的信号同步。常用的编码有不归零码、归零码、曼彻斯特码和差分曼彻斯特码。

　　不归零码（NRZ）是一种最简单和最原始的编码方式，通常又可以分为单极性不归零码和双极性不归零码，如图 2-13（a）、（b）所示。单极性不归零码用零电压代表"0"，用正电压代表"1"，采样时间为每个码元时间的中间点，判决门限为半幅度电平。双极性不归零码用负电压代表"0"，用正电压代表"1"，采样时间同样为每个码元时间的中间点，但判决门限为零电平。这两种编码方式都是在一个码元的全部时间内发出信号电平。如果两个码元数据相同（例如都是1），则电平保持不变，使得难以确定每位的开始或结束，即接收方和发送方不能同步。

　　归零码（RZ）如图 2-13（c）、（d）所示。与不归零码相比，归零码要求信号电平在一个码元之内都要恢复到零，因此可很方便地确定每个码元的界限和信号电平。归零码也分为单极性和双极性两种。单极性归零码发送"1"信号时发出一个短于一个码元时间宽度的正脉冲，发送"0"信号时则完全不发出任何电流。双极性归零码发送"1"信号时发出一个短于一个码元时间宽度的正脉冲，发送"0"信号时发出短于一个码元时间宽度的负脉冲，其余时间则不发出任何电流。它们的采样时间和判决门限与不归零码类似。归零码的优点是接收方可以从收到的脉冲间隔中得到同步信息；缺点是当出现长时间"0"码时，同步信号将会丢失。

　　如图 2-13（e）所示，曼彻斯特码是自带同步信号的编码，通常用于局域网的传输。这种编码的每一位中间均有一次跳变，该跳变既作为时钟信号又作为数据信号。这样每一位编码即分为两个半位，其中前半位用来表示数据信号的实际取值，后半位与之相反。信号从高到低跳变表示为"1"，从低到高跳变表示为"0"。由于引入了时钟信号，该编码克服了不归零码和归零码的同步信号丢失问题。

　　如图 2-13（f）所示，差分曼彻斯特码是曼彻斯特码的变形，其特点是每一位中间同样有一次跳变。若码元为"1"，则其前半个码元的电平与上一个码元的后半个电平一样；码元为"0"，其前半个码元的电平和前一个码元的后半个电平相反。

　　曼彻斯特码和差分曼彻斯特码都是双极性编码，不含直流成分，因而具有良好的自同步能力和抗干扰能力；但由于自带时钟信号，需要将一个码元调制成两个电平，因此降低了数据传输速率。

　　4.串行传输与并行传输

　　串行传输是指将要传输的数据编成数据流，在一条信道上进行逐位传输，接收方再将数据流转换成数据。在串行传输方式下，只有解决同步问题，才能保证接收方正确地接收信息。串行传输的优点是只占用一条信道，易于实现，利用较为广泛。

　　并行传输是指数据以成组的方式在 2 条以上的并行信道上同时进行传输。例如，把构成一个字符的代码的几位二进制数码同时在几个并行信道上进行传输，用 8 位二进制代码表示一个字符时就用 8 个信道进行并行传输。另外用一条选通信号线通知接收方接收该字节,接收方可对并行信道上的数据进行取样,因此接收双方不需要增加"起止"等同步信号。并行传输通信效率较高,但是因为并行传输需要较多的信道,一般较少使用。

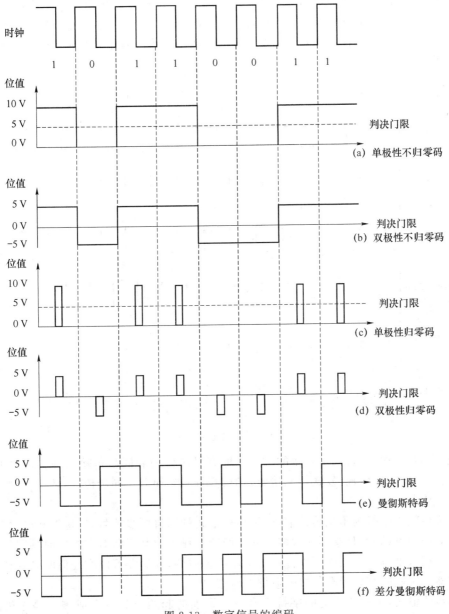

图 2-13 数字信号的编码

5. 同步传输与异步传输

在串行传输时,发送方通过介质向接收方一次一比特地发送信息。为使接收与发送之间信息准确无误,接收方必须准确知道每一个比特的起始时间,以便在适当的时刻进行取样、判别,从而恢复原来的数据系列,即实现位同步。另一方面,传送字符或帧时,需要知道数据字符或帧的起始及终止时刻才能准确地接收,即在位同步的基础上还必须有群同步(含字符同步、帧同步等)。

通常的情况是,接收方试图在每一比特时间的中心在介质上取样。如图 2-14 所示的参考接收时钟(1)进行的接收数据(1)。如果在发送方和接收方之间有 5% 的计时差别,如接收时钟(2)比发送时钟提前 5%,接收方的第一个取样就会偏离该比特中心 0.05 个比特时间。在第 15 个取样末尾,接收方就可能在错误状况中。对于较小的计时差别,错误会发生较晚,但是接收方终究会和发送方的步调不一致。因此为保证数据可靠地传输,对同步系统的可靠性有很高的要求。

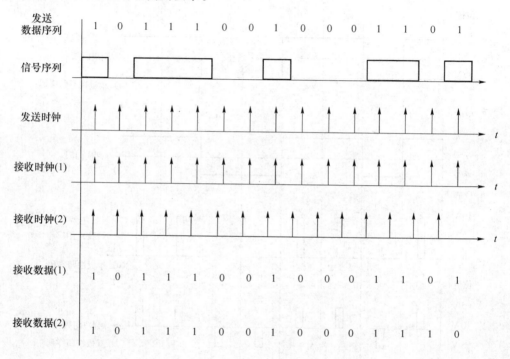

图 2-14　同步示意图

在数据传输中,实现同步技术的方式一般有异步传输和同步传输两种。这两种方法的区别在于:对异步传输,发送器和接收器时钟不同步;而对于同步传输,两个时钟同步。

(1) 异步传输

异步传输以字符为单位传输数据,采用位形式的字符同步信号,发送器和接收器具有相互独立的时钟(频率相差不能太多),并且两者中任一方都不向对方提供时钟同步信号。发送器与接收器双方在数据可以传送之前不需要协调,发送器可以在任何时刻发送数据,而接收器必须随时都处于准备接收数据的状态。

异步传输时,每一个传送的字符都有一个附加的起始位和一个或多个停止位,如图 2-15 所示。起始位与停止位的极性不同。按照惯例,空闲(没有传送数据)的线路实际携带着一个代表二进制"1"的信号,异步传输的起始位使信号变成"0",其他的比特位使信号随传输的数据信息而变化。最后,停止位使信号重新变回"1",该信号一直保持到下一个起始位到达。因此在每一个连续的字符间,不管被传送的字符中的比特序列如何,至少总要有一次"1~0~1"的变换。因此,在一段空闲时间后的第一个"1~0"的变换,被接收器判定为一个新字符的开始。利用一个频率为传输比特率的 n 倍的时钟,在每一个比特周期的中心对接收的信号采样,接收设备以此来确定传送字符中每一个比特的状态。

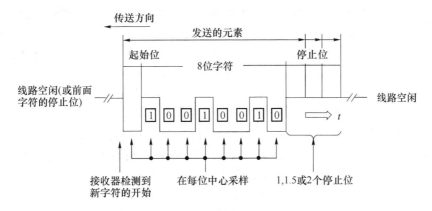

图 2-15　异步传输示意图

例如,在键盘上键入数字"1",按照 8 比特位的扩展 ASCII 编码,将发送"00110001",同时需要在 8 比特位的前面加一个起始位,后面加一个停止位。

异步传输的实现比较容易,由于每个信息都加上了"同步"信息,因此计时的漂移不会产生大的积累,但却产生了较多的开销。在上面的例子中,每 8 个比特要多传送 2 个比特,总的传输负载就增加 25％。对于数据传输量很小的低速设备来说问题不大,但对于那些数据传输量很大的高速设备来说,25％的负载增值就相当严重了。因此,异步传输常用于低速设备。

（2）同步传输

由于异步传输时,对每个字符都使用起始位和停止位,因此在传送大量数据块的场合就显得十分浪费。同步传输以数据帧为单位传输数据,可采用字符形式或位组合形式的帧同步信号(后者的传输效率和可靠性高),由发送方或接收方提供专用于同步的时钟信号,以便使接收方对收到的位流的采样判决的时间准确。在短距离的高速传输中,该时钟信号可由专门的时钟线路传输。计算机网络采用同步传输方式时,常将时钟同步信号植入数据信号帧中,如曼特斯编码,以实现接收器与发送器的时钟同步。

为使接收方能够准确接收数据块的信息,所有的帧由一个或多个保留字作前导,以确保接收器按正确的字节边界可靠地接收位流。如图 2-16 所示,每一帧内容有帧起始符和帧结束符标识。对于内容为字符的帧的起始符(STX)和结束符(ETX),也都是保留字,不会出现在帧中间。对于内容不是字符而是位流的帧来说,要使用其他的办法来标识帧的起始与结束,以避免在帧中出现 ETX 码形时误认为帧结束。

图 2-16　同步传输

2.5.2　物理层的作用及特性

物理层直接与物理信道相连,起到数据链路层与传输媒体之间的逻辑接口作用,并提供一些在通信双方之间建立、维持和释放物理连接的方法。计算机网络中有多类通信设备和传输介质以及不同的通信方式。但是,物理层指的并不是这些连接计算机的具体物理设备或具体的传输介质,而是屏蔽掉各种媒体和通信手段之间的差异的方法。

在物理层,数据传输的单位是二进制,其功能是给数据链路层实体在一条物理传输介质上提供彼此之间透明地传输各种数据位流的能力。为此,需要定义有关位流在传输过程中所使用的信号电平以及在线路传输中所采用的电气接口等规范。

物理层实体间的数据传输在通信设备之间进行。通信设备包括数据终端设备(DTE,Data Terminal Equipment)和数据电路设备或数据通信设备(DCE,Data Circuit Equipment 或 Data Communication Equipment)。DTE 泛指网络中的信源和信宿设备,即用户端设备,如主机、终端、各种 I/O 设备等。DCE 是用户端设备的入网节点,是介于传输介质与 DTE 之间的设备,提供信息交换和编码功能,负责建立、维护和释放物理连接,如调制解调器、多路复用器等。如图 2-17 所示,DCE 与传输介质构成了信号传输的通路,又称传输线路或信道,传输线路与两端的 DTE 构成了供物理层实体使用的数据线路。

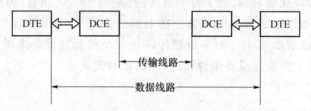

图 2-17　数据线路与传输线路

DTE 与 DCE 之间既有数据信息传输,又有控制信息传输,它们之间的协议就是物理接口协议。

物理层的许多模型和协议在 OSI / RM 公布以前已经提出并被广泛使用,这些协议并没有按 OSI 那样严格的分层来制订,也没有将服务与规范区分开来,所以物理层协议不便采用 OSI 术语加以描述,而是针对 DTE 与 DCE 接口特性进行描述。这些特性包括:机械特性、电气特性、功能特性和规程特性。因此,目前所说的物理层协议实际上是物理接口协议,也就是 DTE 与 DCE 之间的一组约定。

物理接口特性如下。

(1) 机械特性

物理接口的机械特性规定了 DTE 与 DCE 接口界面的物理结构,DTE 与 DCE 通常采用接插件组成的连接器相连。机械特性详细规定了插头和插座的形状和尺寸,插针或插孔的数目及其排列,固定和锁定装置。

(2) 电气特性

物理接口的电气特性规定了利用物理连接传输二进制位流时线路上信号电平高低,发送器与接收器的阻抗及阻抗匹配、传输速率与接口线距离限制,DTE 与 DCE 接口的各种连线的电气连接方式等。电气连接方式可分为非平衡方式、差动接收的非平衡式、平衡方式 3 种。非平衡方式如图 2-18(a)所示,发送器和接收器单端输出、单端输入,收发两端共用一根信号地线,非平衡方式在两端的逻辑地之间存在电位差时,容易造成接收错误。差动接收的非平衡式如图 2-18(b)所示,发送器仍采用非平衡方式,接收器采用差动输入方式,减少了逻辑地电位差及外界干扰信息的影响。平衡方式如图 2-18(c)所示,接口的发送器是平衡方式,接收器采用差动输入方式,两者用对称平衡电缆连接,进一步减少了逻辑地电位差及外界干扰信号的影响。

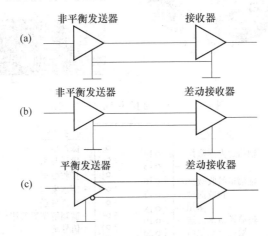

图 2-18　3 种电气接口连接方式

（3）功能特性

物理接口的功能特性规定了 DTE 与 DCE 各条接口信号线的功能分配和确切定义。在具体应用环境下,不一定需要所有的接口线,在完成规程特性的前提下,可以尽可能减少接口线。

（4）规程特性

物理接口的规程特性定义了利用信号线进行二进制位流传输的操作过程,即在建立、维护物理连接、交换信息及连接释放时,DTE 与 DCE 接口信号线的工作规则和动作时序。

2.5.3　常用的物理接口标准

常用的物理接口有 RS-232、RS-485、RS-422 3 种。RS-485 和 RS-422 是在 RS-232 标准的基础上经过改进而形成的,因此在实际网络中最常用的是 RS-232 标准。

1. RS-232

RS-232 是美国电子工业协会(EIA)1962 年制订的物理接口标准,全称是 EIA-RS-232-X 标准。RS 是 Recommended Standard(推荐标准)的缩写,232 是标识号,X 是 RS-232 的修改次数,1991 年修订为 EIA-RS-232-E。由于每次修订的改动量并不大,一般统称为 RS-232 标准。它规定连接电缆的机械、电气特性,信号功能及传送过程。

（1）机械特性

RS-232 物理接口标准可分成 25 芯和 9 芯 D 型插座两种,均有针、孔之分,并规定在 DTE(发送方)一方使用插头,DCE(接收方)一方使用插座,与 ISO 2110 标准是兼容的。25 芯和 9 芯插头外形如图 2-19 所示,25 芯插头的引脚分配如图 2-20 所示。其中 TX(发送数据)、RX(接受数据)和 GND(信号地)是 3 条最基本的引线,利用这 3 根引脚就可以实现简单的全双工通信。DTR(数据终端就绪)、DSR(数据准备好)、RTS(请求发送)和CTS(清除发送)是最常用的硬件联络信号。

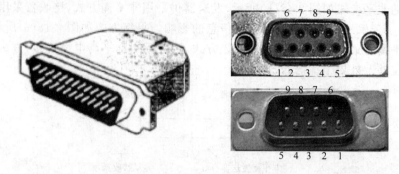

图 2-19 RS-232 插头 DB25 和 DB9

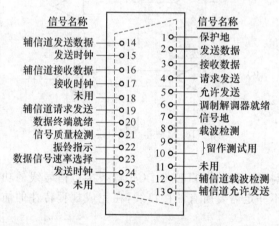

图 2-20 DB-25 引线分配

(2) 电气特性

RS-232 被定义为一种在低速率串行通信中增加通信距离的单端标准。RS-232 采取不平衡传输方式,即所谓单端通信,所有信号回路共享一根地线如图 2-21 所示。典型的RS-232 信号在正负电平之间摆动,数据线采用负逻辑脉冲通信。

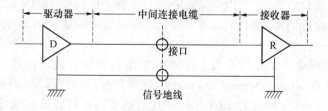

图 2-21 RS-232 的连接方式

在数据线上:

传号 Mark = -5~-15 V,逻辑"1"电平,

空号 Space = +5~+15 V,逻辑"0"电平。

在控制线上:

通 ON = +5~+15 V。

断 OFF＝－5～－15 V。

RS-232 是为点对点（即只用一对收、发设备）通信而设计的，其驱动器负载为 3～7 kΩ。由于 RS-232 发送电平与接收电平的差仅为 2～3 V 左右，所以其共模抑制能力差，再加上双绞线上的分布电容，其最大传送距离约为 15 m，最高速率可达 38.4 kbit/s，所以 RS-232 适合本地设备之间的通信。可以通过测量 DTE 的 TXD（或 DCE 的 RXD）和 GND 之间的电压了解串口的状态。空载状态下，TXD 的对地电压约－10 V 左右（－5～－15 V）的电压，否则该串口可能已损坏或驱动能力弱。

需要说明的是 RS-232 的逻辑电平与 TTL 电平不兼容，若与 TTL 器件相连则需用 SN 71588 驱动器或 SN 71588 接收器等进行电平转换。

（3）功能特性

RS-232 的功能特性反映在各条信号线的功能分配上，包括：2 根地线、4 根数据线、11 根控制线、3 根时钟信号线，剩下的 5 根线作备用或未定义。现用 25 针插头 DB25 的针脚引线分配情况来说明各条信号线的功能。由图 2-20 可知，第 1 号引脚为保护地线，即屏蔽地线；2、3 号引脚为信号线；7 号引脚为信号地线；9、10、11、18、25 号引脚未用；其余均为控制线。各引脚的控制功能如表 2-2 所示。

表 2-2　RS-232 中常用引脚功能定义

DB25 序号	引脚名称	功能定义	电路类型	信号方向
2	TXD(Transmit Data)	发送数据	数据线	DTE→DCE
3	RXD(Received Data)	接收数据	数据线	DTE←DCE
4	RTS(Request To Send)	请求发送	控制线	DTE→DCE
5	CTS(Clear To Send)	清除发送	控制线	DTE←DCE
6	DSR(Data Set Ready)	数据设备准备好	控制线	DTE←DCE
7	SG(Signal Ground)	信号地	地线	DTE—DCE
8	DCD(Data Carrier Detect)	载波检测	控制线	DTE←DCE
20	DTR(Data Terminal Ready)	数据终端准好	控制线	DTE→DCE
22	RI(Ring Indication)	振铃指示	控制线	DTE←DCE

由于 25 芯并没有全部定义，而定义的信号线在一些连接中又可以简化，所以实际应用中也常用 DB9 的插头和插座。表 2-3 为 9 针连接器和 25 针连接器间的对应关系。

表 2-3　9 针连接器和 25 针连接器间的对应关系

引脚描述	9 针连接器	25 针连接器
DCD	1	8
RXD	2	3
TXD	3	2
DTR	4	20
GND	5	7
DSR	6	6
RTS	7	4
CTS	8	5
RI	9	22

（4）规程特性

RS-232 的规程特性规定了计算机与通信设备之间控制信号与数据信号的应答关系、发送时序与操作过程。图 2-22 所示为两台计算机通过调制解调器进行通信的过程。

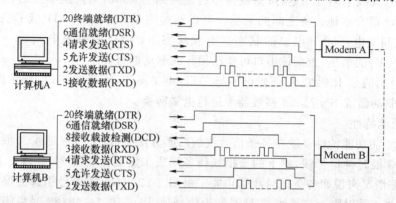

图 2-22　两台计算机通过调制解调器进行通信的过程

当计算机 A 向计算机 B 传送数据时，一次完整的操作按以下规程进行：

① 计算机 A 首先通过 RS-232 的第 20 号线发送 DTR 信号，表示准备通信并指示呼叫号码。

② Modem A 拨号呼叫 Modem B，建立物理连接。然后执行 Modem 内部协议，检测线路状况，约定通信参数。在确定线路可以正常工作后，Modem A 通过 6 号线向计算机 A 发送 DSR 信号表示可以通信。

③ 计算机 A 向计算机 B 发出信号请求建立物理连接。若计算机 B 同意建立物理连接，就向 Modem B 发送 DTR 信号表示准备通信；若可以通信，Modem B 就向计算机 B 发送 DSR 信号。至此，物理连接已完全建立起来，可以传输数据了。

④ 当计算机 A 要发送数据时，先通过 4 号线向 Modem A 发出 RTS 信号表示请求发送。Modem A 做好准备以后，通过 5 号线向计算机 A 返回 CTS 信号表示允许发送。

⑤ 于是计算机 A 通过 2 号线发送数字信号 TXD，形成数据流。Modem A 将数字信号调制成模拟信号后传输给 Modem B，Modem B 将调制的模拟信号解调为数字信号后通过 3 号线传给计算机 B。

⑥ 如果计算机 B 也要向计算机 A 发送数据，则过程同④⑤，如有冲突则由 Modem 的内部协议解决。

⑦ 当计算机 A 完成通信以后，通过释放 DTR 信号（即将 20 号线的高电平改回低电平）表示要求结束物理连接，于是 Modem A 通过 Modem 的内部协议断开与 Modem B 的连接。

这样，一次完整的通信过程全部结束，各设备的信号电平又复位到通信前的状态，等待下一次通信。

2．RS-449、RS-422、RS-423、RS-485

由于 RS-232-C 标准信号电平过高、采用非平衡发送和接收方式，所以存在传输速率低、传输距离短、干扰信号较大等缺点。1977 年底，EIA 颁布了一个新标准 RS-449，次年，这个接口标准的 2 个电气子标准 RS-423（采用差动接收器的非平衡方式）和 RS-422（平衡方式）也相继问世。这些标准在保持与 RS-232-C 兼容的前提下重新定义了信号电平，并改进了电路方式，以达到较高的传输速率和较大的传输距离。

EIA RS-449 是为替代 RS-232-C 而提出的物理层标准接口，实际上是一体化的 3 个标准。RS-449 对标准连接器做了详细的说明，由于信号线较多，使用了 37 芯和 9 芯连接器，37 芯连接器定义了与 RS-449 有关的所有信号，而辅信道和信号在 9 芯连接器中定义。RS-449 改善了传输性能，加长了接口电缆距离，加大了数据传输率；增加了新的接口功能，例如回送检查；解决了机械接口问题。

RS-449 标准的电器特性有 2 个子标准，即平衡式的 RS-422 标准和非平衡式的 RS-423 标准。

RS-422 标准全称是"平衡电压数字接口电路的电气特性"。它定义了一种平衡通信接口，即发送器、接收器分别采用平衡发送器和差动接收器，由于采用完全独立的双线平衡传输，抗干扰能力大大增强，将传输速率提高到 10 Mbit/s，并允许在一条平衡总线上连接最多 10 个接收器。又由于信号电平定义为 ±6 V（±2 V 为过度区域）的负逻辑，最大传输距离约 1 200 m。

RS-423 电气标准是非平衡标准，采用单端发送器（即非平衡发送器）和差动接收器。虽然发送器与 RS-232-C 标准相同，但由于接收器采用差动方式，所以传输距离和速度仍比 RS-232-C 有较大的提高。当传输距离为 10 m 时，速度可达 100 kbit/s；距离增至 100 m 时，速度仍有 10 kbit/s。RS-423 电气特性标准可以认为是从 RS-232-C 向 RS-449 标准全面过渡过程中的一个台阶。

为扩展应用范围，EIA 在 RS-422 的基础上制订了 RS-485 标准，增加了多点、双向通信能力，通常在要求通信距离为几十米至上千米时，广泛采用 RS-485 收发器。RS-485 与 RS-422 一样，最大传输速率为 10 Mbit/s。当波特率为 1 200 bit/s 时，最大传输距离理论上可达 15 km。平衡双绞线的长度与传输速率成反比，在 100 kbit/s 速率以下，才可能使用规定最长的电缆长度。RS-485 需要 2 个终端电阻，接在传输总线的两端，其阻值要求等于传输电缆的特性阻抗。在短距离传输时可不需终端电阻，即一般在 300 m 以下不需终端电阻。RS485 是 RS422 的子集，只需要 DATA＋（D＋）、DATA－（D－）2 根线。RS-485 与 RS-422 的不同之处在于 RS-422 为全双工结构，即可以在接收数据的同时发送数据，而 RS-485 为半双工结构，在同一时刻只能接收或发送数据。

2.6　数据链路层

数据链路层介于物理层和网络层之间，在物理层所提供的服务的基础上，通过协议在相邻（相邻指两个节点间直接通过传输介质进行物理连接）两个节点之间进行可靠的数据传输，从而为网络层提供透明、可靠的数据传输服务，将某一节点网络层的数据可靠地传送到相邻节点的网络层。

2.6.1　数据链路层的概念和作用

在实际传输过程中，由于受到噪声的干扰，常常会出现位丢失、增加或畸变等现象，而物理层只负责将原始位流透明地在节点之间传输，而不进行任何差错控制。为了便于检测出原始位流在物理层传输过程中出现的错误，通常将其分割成一定长度的数据单元（称为帧），并加上控制信息和编号以及某种方式的差错控制编码，然后发送到物理层上。在接收方，同样以帧为单位进行接收，并利用差错控制编码对收到的帧进行校验，检测其在传输过程中是否出现错误，对于出错的帧，可以直接更正或要求发送方重发直至正确接收。最后将收到的属于同一报文的各个帧按序号重新组装起来，交给其上的网络层。为此，数据链路层需要解决一系列的问题，如帧的格式、差错控制方法、重传策略以及流量控制等。

链路是指一条没有任何中间节点的点对点的物理线路，也称为物理链路。计算机网络中发送节点与接收节点之间有时不一定直接相连，需要经过交换节点转接。此时发、收节点之间的通路就可能由多条物理链路串接而成。数据链路又称逻辑链路，是指发、收节点之间用于数据传输的一条逻辑通路。这条逻辑通路除了必须有一条物理链路之外，还需要得到控制数据传输的规程软件的支持，因此，数据链路就如同一条可以在其中传输信息的数字管道。实际应用中的物理链路常采用多路复用技术，此时一条物理链路可以构成多条数据链路，从而极大地提高了链路的利用率。物理链路与数据链路的区别如图 2-23 所示。

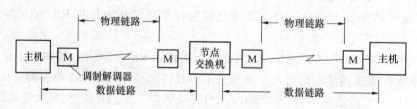

图 2-23　物理链路与数据链路的区别

数据链路层的主要功能包括如下内容。

（1）链路管理

对于面向连接服务，链路两端的节点在进行通信之前，发送方必须确知接收方是否处于准备接收的状态。为此，通信双方必须先交换一些必要的信息建立起连接。实际上，这就是建立数据链路的过程，一旦建立起数据链路，必须维持这种连接，以确保数据传输的进行，通信完毕则释放连接。对数据链路的建立、维持和释放实施管理称为链路管理。

（2）帧同步

数据链路层以帧为单位传送数据。这样做的好处在于出差错时只要将出现差错的帧重传一次，从而提高了效率。帧同步的作用就在于接收方能够从收到的位流中准确地区分出每帧的开始和结束，即确定帧的边界位置。

（3）差错控制

在通信过程中为了减少传输过程的出错率，采用编码技术。差错控制编码可分为纠错码和检错码。纠错码,即接收方收到有差错的数据帧时,不仅能发现差错而且能自动纠正差错的编码。检错码,即接收方可以检测出收到的帧是否有差错。差错控制方法分为前向纠错(FEC)和自动请求重发(ARQ)2 类。在 FEC 方式中,接收端不但能发现差错,而且能确定二进制码元发生错误的位置,从而加以纠正。这种方法的开销较大,不适合于计算机通信。FEC 方式必须使用纠错码。在 ARQ 方式中,当接收端发现差错时,就设法通知发送端重发,直到收到正确的码字为止。ARQ 方式只使用检错码。此法计算机通信中最常使用,本文所要讨论的内容都是基于检错码方式。

（4）流量控制

流量控制是因发送能力大于接收能力,为限制发送方发送数据的速率而采取的一种措施。当发送方的发送速率超过接收方所能承受的范围时,若不采取适当的措施,将造成不能及时接收的现象。为此,必须建立反馈机制,使得发送方及时了解接收方的接收状况,发送方根据反馈信息及时采取暂停发送或继续发送来缓解网络中信息流动的紧张程度。需要指出的是,流量控制并非数据链路层特有的功能,在高层协议中也提供流量控制功能,其差别在于它们的控制对象不同。例如,数据链路层的流量控制对象是相邻两节点之间数据链路上的流量,而传输层则控制源到目的之间端到端的流量。

（5）透明传输

所谓透明传输是指不管链路上传输的是何种形式的比特组合,都不会影响数据传输的正常进行。因为被传输的数据信息与控制信息完全一样的情况是不可避免的,此时就必须采取适当的措施,使得接收方不要将此类数据信息误认为是控制信息,从而保证数据链路层传输数据的透明性。

（6）寻址

在多点连接的情况下,必须保证每一帧都能准确发送到目的节点。接收方也应当知道发送方是哪一节点。

（7）访问控制

当多个设备连接到同一条链路上时,数据链路层协议能够决定出哪个设备可以取得链路的控制。

2.6.2　数据传输控制规程

数据通信就是数据在链路上从一个地址传送到另一个地址,传送的实际是数据编码。为保证通信的正确进行、提高数据传输的可靠性,除采用差错控制外,通信的双方还要为数据传输增加一些附加的控制。数据转发前约定发、收两端之间连接的通信线路,数据转发期间保持同步,传输结束拆除链路等,这些包括差错控制在内的控制都称为传输控制。为实现传输控制所制订的一些规格和顺序称为数据传输控制规程(或通信控制规程),是链路的协议。

数据链路层的传输控制规程即数据链路层协议,其种类很多,可以根据传输中传输信息的基本单位分为面向字符型的数据链路控制和面向比特型的数据链路控制。

1．面向字符型的传输控制规程

面向字符型的传输控制规程所定义的传输数据是以字符为单位,数据和控制信息都采用字符表示。早期的链路控制规程多采用这种控制方法,较有影响的是 IBM 的二进制同步通信规程。面向字符型规程的特点如下。

(1) 以字符作为传输信息的基本单位,并规定了 10 个控制字符用于传输控制。控制字符不允许在用户信息中出现,以避免造成用户信息与控制信息的混淆。因此用户发送的数据就受到一些限制,这种限制的程度称为透明度。

(2) 字符型规程采用指定的编码,如 ISO 的基本型采用国际标准 5 号码,BSC(Binary Synchronous Communication) 用 ASCII、扩展二-十进制交换码 EBCDIC (Extended Binary Coded Decimal Interchange Code)和六单位转换码 3 种编码。

(3) 允许使用同步和异步传输方式。异步方式传输效率低,同步传输效率高。BSC 采用同步方式。

(4) 多采用双向不同时通信方式。但扩充基本型中有的规程采用双向通信方式。

(5) 校验多采用方阵码纠错。

(6) 采用等待发送的控制方式。

2. 面向比特型的数据链路层协议 HDLC

1974 年,IBM 公司推出了著名的系统网络体系结构 SNA。在 SNA 中,数据链路层采用面向比特的同步数据链路控制规程 SDLC(Synchronous Data Link Control)。后来 ISO 对其修改成为 HDLC(High level Data Link Control),并作为 ISO 3309/1979 等 6 个国际标准。CCITT (ITU-T 的前身)采纳了 HDLC 的部分内容,经修改后称为链路接入规程 LAP(Link Access Procedure)作为 X.25 建议书的一部分。随着计算机网络技术的发展和应用范围的不断扩大,HDLC 的内容也在不断更新、增补和充实。至 1984 年,ISO 已将 HDLC 的 6 个国际标准增添和归并成 3 个标准,即 ISO3309-1984(E)、ISO4335-1984(E)和 ISO7809-1984(E)。CCITT 也按 HDLC 新版本把 LAP 修改为 LAPB,"B"表示平衡型(Balanced)。我国的相应国家标准为 GB 7496。

HDLC 适用于链路的非平衡配置与平衡配置 2 种基本配置方式。非平衡配置结构的特点是由一个主站和一个或多个从站构成,也称为主从结构。主站控制整个链路的工作,包括启动传输、差错恢复等。主站发出的帧称为命令,从站发出的帧称为响应,仅完成主站的指示工作。

平衡配置结构的特点是:链路两端的两个站都是复合站,复合站同时具有主站与从站的功能,每个复合站都可以发出命令和响应,也称为对等结构。

数据链路层的数据传输以帧为单位,格式固定。如图 2-24 所示,每帧由 6 个字段组成。

比特 8	8	8	≥0	16	8
标志序列 F	地址字段 A	控制字段 C	信息字段 I	帧校验序列 FCS	标志序列 F

图 2-24　HDLC 的帧结构

(1) 标志序列 F

数据链路层的一项功能是同步,即从收到的位流中正确无误地判断出每帧的起始位以及结束位。HDLC 规定用一个独特的 8 位序列(01111110)表示帧的开始和结束,也兼作上一帧的结束标志和下一帧的开始标志,实现帧同步的功能。

显然在两个 F 之间不允许出现与 F 字段相同的比特组合,否则会将其误认为边界。为避免出现这种错误,采用零比特填充以使每帧中两个 F 字段间不会出现 6 个连续的"1"。

零比特填充的具体做法是:在发送方,当一串位流数据尚未加上标志字段时,先用硬件扫描整个帧(用软件也能实现,但要慢些),若发现有 5 个连续"1",则立即填入一个"0",经零比特填充后的数据就可保证在数据中不会出现 6 个连续"1";在接收帧时,先找到 F 字段以确定帧的边界,再用硬件对其中的位流进行扫描,当发现 5 个连续"1"时,将其后的一个"0"删除,还原成原始的位流。以此保证所传送的数据位流中,不管出现什么样的比特组合,也不至于引起对帧边界的判断错误。

(2) 地址字段 A

在主从结构中,帧地址字段总是写入从站地址;在对等结构中,帧地址字段填入应答站地址。全"1"地址为广播地址,全"0"地址无效。通常地址字段为 8 位,共有 256 种编址,也可按 8 位的整数倍扩展。

(3) 控制字段 C

该字段用于表示命令或响应帧以及序列号。可用该字段去命令被选站执行某种操作,或传递被选站对主机命令的响应。

(4) 信息字段 I

该字段表示链路所要传输的实际信息,且不受格式或内容的限制。任何合适的长度(包括零在内)都可以。

(5) 帧校验序列 FCS

该字段是一个 16 位的序列,用于差错检测。采用的生成多项式是 CRC-CCITT 或 CRC-32。

2.6.3　差错控制技术

1. 差错控制编码

本节介绍的差错控制编码是指不包括具有纠错能力的奇偶校验和循环冗余法。

(1) 奇偶校验法

奇偶校验法也称垂直冗余校验(VRC),是以字符为单位的校验方法。一个字符由 8 位组成,低 7 位是信息字符的 ASCII 代码,最高位为"奇偶校验码"。校验位可以使每个字符代码中"1"的个数为奇数或偶数,若字符代码中"1"的个数为奇数,称为"奇校验";若"1"的个数为偶数,称为"偶校验"。例如,一个字符的 7 位代码为"1010110",有 4 个"1"。若规定奇校验,则校验位为"1",整个字符的表示如图 2-25 所示;若为偶校验,则校验位应为"0",即整个字符为"01010110"。

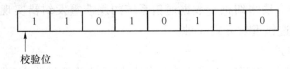

校验位

图 2-25　奇偶校验实例

如果采用奇校验,发送方发送一个字符编码(8 位,含一位校验码)时,"1"的个数一定为奇数个;在接收方对 8 个二进位中的"1"进行统计时,如果"1"的个数为偶数个,则意味着传输过程中至少有一位(或奇数位)发生差错。事实上,在传输过程中,偶尔一位出错的机会最多,故奇偶校验法经常被采用。虽然奇偶校验方法简单,当有一位误码时可检错,若有两位及以上误码时则无法有效进行,检错能力差,因此一般只用于通信要求较低的场合。

(2) 循环冗余校验法

循环冗余校验法(CRC)是一种较为复杂的校验方法。它将要发送的二进制数据(比特序列)当作一个多项式 $F(X)$ 的系数,在发送方用收发双方预先约定的生成多项式 $G(X)$ 去除,求得一个余数多项式。将此余数多项式加到数据多项式 $F(X)$ 之后发送到接收方。接收方用同样的生成多项式 $G(X)$ 去除收到的数据多项式 $F(X)$,得到计算余数多项式。如果此计算余数多项式与传过来的余数多项式相同,则表示传输无误;反之,表示传输有误,由发送方重发数据,直至正确为止。

CRC 码检错能力强,容易实现,是目前最广泛的检错码编码方法之一。

例 2.1　欲发送的信息码为"1101011",生成多项式 $G(X)=X^4+X^3+X+1$,求 CRC 编码。

解

(a) 确定信息码多项式 $F(X)=1101011$;生成多项式 $G(X)=11011$;求冗余多项式 $R(X)$。

(b) 用 $F(X)$ 乘以生成多项式的最高幂次方,然后再除以生成多项式 $G(X)$,即 $F(X) \cdot x^4 / G(X)$。

(c) 运算过程:

```
                1000101
    11011 / 11010110000
            11011
            ‾‾‾‾‾
            11100
            11011
            ‾‾‾‾‾
             11100
             11011
             ‾‾‾‾‾
              0111
```

(d) 构成 CRC 编码。从步骤(c)中的余数结果可以得到 $R(X)=0111$,因此构成 CRC 编码为:11010110111。

2. 差错控制机制

接收方可以通过检错码对传送的数据是否出错进行检测,一旦发现传输有错,通常采用反馈重发 ARQ 的方法来纠正。数据通信系统的反馈重发纠错实现方式有停止等待方式、连续工作方式和选择重发方式 3 种。

(1) 停止等待方式

在停止等待方式中,发送方在发送完一帧数据后须等待接收方应答帧的到来,只有收到关于正确接收信号的应答帧之后,才可发送下一帧数据。

停止等待方式的 ARQ 协议简单,但系统的通信效率低,为克服这些缺点,提出了连续的 ARQ 协议。

（2）连续工作方式

连续工作方式是指在发送完一帧数据后,不须停下来等待确认帧,而是可以连续再发送若干个数据帧。如果这时收到了接收端发来的确认帧,那么还可以接着发送数据帧,于是减少了等待时间,提高整个通信的吞吐量。

（3）选择重发方式

虽然连续工作方式较停止等待方式的通信的吞吐量提高了。但是,接收方只按序接收数据帧,如果收到有差错的某帧之后即使又收到了正确的几个数据帧,都必须将它们全部丢弃;而发方在重传时,又必须把原来已正确传送过的数据帧进行重传(仅因为这些数据帧之前有一个数据帧出了错)。例如,如果发送方连续发送了 0~5 号数据帧,从应答帧中得知 2 号数据帧传输错误,发送方将停止当前数据帧的发送,重发 2、3、4、5 号数据帧,再接着发送 6 号数据帧,这种做法又使传送效率降低。由此可见,若传输信道的传输质量很差因而误码率较大时,连续 ARQ 不一定优于停止等待协议。

为了进一步提高信道的利用率,可设法只重传出现差错的数据帧或者是定时器超时的数据帧。但这时必须加大收方的缓冲区,以便先收下发送序号不连续但仍处在缓冲区中的数据帧,等到所缺序号的数据帧收到后再一并送交主机。

如发送完编号为 5 的数据帧时,接收到编号为 2 的数据帧传输出错的应答帧,若选择重发则发送方在发送完 5 号数据帧后,只重发 2 号数据帧,然后再发送编号为 6 的数据帧。显然,选择重发方式的效率高于连续工作方式的效率。

3. 流量控制

流量控制是指接收方可以调节发送方发送信息速率的协议机制。采用流量控制技术的主要目的是,接收方要使发送方的发送能力不要超过接收方的接收能力,避免信息的丢失或出错。它不仅针对数据链路层,而且对网络层、传输层等也要进行流量控制,只不过控制的对象不同而已。数据链路层控制的是相邻两节点间的数据帧;网络层控制的是源节点到目的节点间报文分组;传输层控制的是端到端的流量。

数据链路层常使用窗口流量控制的方法,也称为滑动窗口协议。协议涉及发送窗口、接收窗口、窗口滑动 3 个概念。

发送窗口是指发送方允许连续发送帧的序号表。发送方在不等待应答而连续发送的最大帧数称为发送窗口的尺寸。如果帧的发送序号字段取 n 位,序号值可取 $0,1,2,\cdots,$ 2^n-1。$0\sim2^n-1$ 定义为整个序号空间,其中 2^n-1 为发送窗口的最大值。为了用有限的比特数来表示帧的序号,帧的序号循环使用。例如,序号空间为 0~7,那么发送完编号为 0~7 的帧后,下一帧还从 0 开始编号。协议要保证能区分先后两个相同的序号的帧。

对于一个给定的序号长度,实际窗口大小不必等于其最大可能值。例如,发送序号为 3 位的滑动窗口流量控制协议的站点可以设置窗口大小为 4。

接收窗口是指接收方允许接收帧的序号表。凡是到达接收窗口内的帧,才能被接收方所接收,在窗口外的其他帧将被丢弃。接收方每次允许接收帧的数目称为接收窗口的尺寸。

窗口滑动是指发送方每发送一帧,窗口便向前滑动一格,直到发送的帧数等于最大窗口数目时便停止发送。如果接收方反馈回接收确认信号,那么发送方的窗口尺寸随之又增大,因而可继续发送信息帧,同时窗口继续向前滑动。接收方每接收一帧,窗口便向前滑动一格,然后向发送方反馈一个接收确认信号,直到接收信息帧结束。

假如在发送方 A 和接收方 B 进行的通信中,定义 B 的窗口大小为 n,即 B 可以接收 n 个帧,则 A 被允许最多连续发送 n 个帧而不需要等待任何确认。每个帧都用一个序号做标记。B 确认一个帧的方式是发送一个包含它期望收到的下一帧的序号的确认。例如,B 可能收到了帧 2、帧 3 和帧 4,但是直到收到帧 4 时才发出确认。这时它发出编号为 5 的帧确认。

图 2-26 给出了滑动窗口的工作过程。图中使用了 3 位序号。灰色矩形框表示可以发送的帧;在此图中,发送方可以发送 5 帧,帧号从 0 开始。每发送一帧,灰色窗口就会缩小;每收到一个确认,灰色窗口就会增大。处于垂直线与灰色窗口之间的帧是已经发出但还未被确认的帧,因此,发送方必须将这些帧缓存起来以备重传。

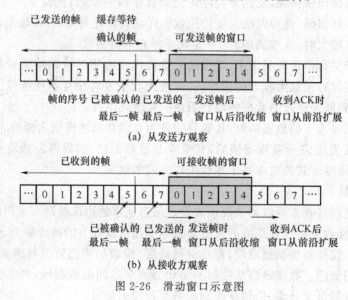

图 2-26　滑动窗口示意图

2.7　网络层

网络层是通信子网的最高层,体现着网络应用环境中资源子网访问通信子网的方式,是 OSI 模型中面向数据通信的低 3 层(也即通信子网)中关键的一层。网络层提供的服务就是通信子网最终提供的服务,网络层所能提供的功能与服务,直接反映着作为网络通信服务提供者的通信子网的通信能力与性能,影响着提供给用户的资源共享服务质量。

2.7.1　网络层的概念与作用

数据链路层负责在相邻两个节点间实现数据帧透明、可靠地传输,而网络层的任务是要以分组为单位将数据信息从源节点传送到目的节点。但往往在源节点和目的节点之间要经过多个中间节点,可能存在多条数据链路。因此,如何选择一条最佳的路径传递数据是网络层的最主要功能,即设立网络层的目的是实现报文分组以最佳路径通过通信子网到达目的节点。网络用户不必关心网络拓扑结构及所使用的通信介质,通过网络层的控制作用,实现不同网络之间的数据交换。

网络层的任务是控制通信子网的操作,实现分组从源节点经中间交换节点到目标节点的传输。具体来说有以下几项内容。

(1) 指定通信对象

联网的意义在于实现两节点间的数据共享,指定通信对象即通信节点是联网中最基本和最重要的功能。网络层不仅提供确切的节点地址,而且提供准确的网络地址,保证了数据在指定的网络中的路由。

网络层地址也称为逻辑地址或软件地址,同时提供网络和节点地址。路由器可很容易地区分在特定接口上发送的网络地址,当数据包到达网络时,再利用节点地址将数据包发送给指定的节点。

(2) 决定路由

网络层完成的是源节点和目标节点之间的通信,它们不是相邻节点,中间要跨越多个分属不同子网的中间节点,所以必须决定通过什么样的路径进行分组传输。路由选择完成了分组传送的路径选择和中继转发问题。

路由选择(寻径)就是根据一定的原则和算法在传输路径上找出一条通向目的节点的最佳路径,路径的选择与网络的拓扑结构有密切关系。

(3) 拥塞控制

拥塞现象是指到达通信子网中某一部分的分组数量过多,使得该部分网络来不及处理,以致引起这部分乃至整个网络性能下降的现象,严重时甚至会导致网络通信业务陷入停顿,即出现死锁现象。在整个通信网内部的某一局部范围甚至全局范围内避免发生信息传输堵塞的调度行为称为"拥塞控制"。所以要对进入通信子网的数据流量加以控制,以防止拥塞的出现,并使网络信道忙碌和空闲状态均匀化,以平滑通信量、合理分配通信资源。

拥塞控制与流量控制存在区别。拥塞控制需要确保通信子网能够承载用户提交的通信量,是一个全局性问题,涉及主机、路由器等很多因素;流量控制与点到点的通信量有关,主要解决快速发送方与慢速接收方的问题,是局部问题,一般都基于反馈进行控制。

(4) 根据传输层要求提供不同的服务质量

对于高可靠性、要求保序、大数据量传输的应用提供面向连接的网络服务,而对于可靠性要求不高、实时性高、小数据量传输的应用提供无连接的网络服务。面向连接和无连接服务的具体实现就是通常的虚电路服务和数据报服务。

(5) 提供资源子网中用户端设备与通信子网的接口

该项内容提供用户设备接入网络的方式,接口使主机不必关心网络内部的操作就能方便地实现对各种不同网络的访问。

(6) 向传输层报告未恢复的差错

网络运行的经验证明,不管为降低通信子网传输的出错率做出多少努力,总还是有一定的残留差错率。这些残留的差错只能由运行在用户主机中的传输层来弥补。

(7) 网际互联

网际互联就是网络之间的互联,网络互联的目的是实现更大范围的资源共享。这些互联的网络可能由于采用不同的介质、技术和协议而不同。网络层要能够将它们互联在一起,并屏蔽各种不同类型、不同协议的网络之间的差异。

2.7.2　路由选择

通信子网为网络源节点和目的节点提供了多条传输路径的可能性。网络节点在收到一个分组后如何确定向下一节点转发的路径,就是"路由选择"。在数据报方式中,网络节点要为每个分组路由做出选择;而在虚电路方式中,只需在连接建立时确定路由。确定路由选择的策略称为"路由算法"。路由选择是网络层软件的一部分。

设计路由算法时要考虑许多技术要素,一个理想的路由算法应具有以下特征。

(1)正确性。每一个报文或报文分组通过网络中各个节点的路由选择都能最终到达目的节点,且不再转发。

(2)简单性。由于每个交换节点进行路由选择计算时增加了分组的延时,算法简单可以减少延时。另外,路由选择的计算不应为使交换节点获得当前网络的状态信息而通信量过多,否则引起的流量额外开销就会较大。

(3)健壮性。算法应能适应网络通信量变化和因故障、停机等造成的网络拓扑变化。当网络中的通信量发生变化时,算法能自适应地改变路由。当某个或某些节点、链路发生故障不能工作,或者修理好了再投入运行时,算法也能及时地改变路由。这种自适应性也称为"健壮性"。

(4)稳定性。当网络负载、拓扑结构相对稳定时,应用路由算法计算出的结果也应相对一致。

(5)公平性。即算法应对所有用户(除对少数优先级高的用户)都是平等的。

(6)最优性。算法的最优性是指算法能满足传输中的一个指标或综合指标,具有最优的结果。这些指标包括:链路长度、链路容量、传输速率和传输时延等。

应当指出,路由选择是一个非常复杂的问题。这是因为:路由选择是网络中所有节点共同协调工作的结果,而不是像链路层那样,完全由链路两端的一对节点来完成数据链路层协议;其次,路由选择的环境往往是变化的,而这种变化有时无法事先知道,例如网络中发生了某些故障;此外,当网络发生拥塞时,就特别需要有能缓解这种拥塞的路由选择策略,但恰好在这种条件下,很难从网络中的各节点获得所需的路由选择信息。

路由选择与流量控制有关,好的流量控制可以使更多的通信量流入网络,而好的路由选择可以使网络的平均时延较低。当输入到网络的负载增大时,这就要对输入的通信量作进一步的流量控制,要拒绝一些负载进入网络。网络的平均时延总是随着网络的通信量增加而增大。

一个实际的路由选择算法应尽量接近理想算法,实际的路由选择算法大致可分为静态策略和动态策略。

1. 静态策略

静态策略是一种不根据网络流量和拓扑结构的变化,仅按某种固定规律进行决策的简单路由选择算法。

(1)固定路选算法

固定路选算法是一种使用较多的简单算法。这种方法是在每个网络节点存储一张表格,表格中每一项记录着对应某个目的节点的下一节点或链路。这些表在整个系统进行配置时生成,并且保持相当长时间固定不变。当一个分组到达某节点时,该节点只需根据分组上的地址信息,便可从固定的路由表中查出对应的目的节点及所应选择的下一节点。

固定路选算法的优点是简便易行,在负载稳定、拓扑结构变化不大的网络中运行效果很好。它的缺点是灵活性差,无法应付网络中发生的阻塞和故障。

（2）分散通信量法

分散通信量法是事先在每个节点存储一个路由表。路由表中给出几个可供采用的输出链路,并且对每条链路赋予一个概率。当一个分组到达该节点时,此节点即产生一个从 0.00 到 0.99 的随机数,然后按此随机数的大小,查找出相应的输出链路。

（3）扩散算法

扩散算法又称为洪泛路由选择法,这是一种最简单的路由算法。一个网络节点从某条线路收到一个分组后,再向除该条线路外的所有线路重复发送收到的分组。结果,最先到达目的节点的一个或若干个分组肯定经过了最短的路径,而且所有可能的路径都被尝试过。这种方法可用于诸如军事网络等健壮性要求很高的场合。即使有的网络节点遭到破坏,只要源节点、目的节点间有一条信道存在,则路由洪泛选择法仍能保证数据的可靠传送。另外,这种方法也可用于将一个分组从数据源传送到所有其他节点的广播式数据交换中,它还可被用来进行网络的最短路径及最短传输延迟的测试。缺点是转发中存在很大的盲目性,在网络中出现大量的报文或报文分组重复,造成整个网络的通信量剧增。

2. 动态策略

动态策略的路由算法又称为适应型路由选择算法,它是依靠当前网络的状态信息进行决策。这种策略能较好地适应网络流量、拓扑结构的变化,有利于改善网络的性能。但由于算法复杂,会增加网络的负担。常用的几种动态路由选择策略如下。

（1）孤立路由选择法

孤立路由选择法中,节点仅根据自己搜集到的有关信息作出路由选择的决定,与其他节点不交换路由选择信息。这种算法虽然不能正确确定距离本节点较远的路由选择,但还是能较好地适应网络流量和拓扑结构的变化。这种方法一定程度上可以在所有输出链路中进行负载平衡,但是有时选择的那条链路可能并不属于到目的节点的正确方向上的链路,因此可将该算法与固定路由算法相结合进行改进。

（2）反向感知法

反向感知法是利用接收分组所带来的信息来反向推算从本节点发往这些节点时可能具有的传输时延,根据推算的结果修改当前的路由选择表。这种算法类似于司机通过向对面司机询问前方的路况来决定驱车路线。

（3）分布式路由选择法

分布式路由选择法是通过与相邻的节点定期或不定期的交换路由选择信息修改路由选择表。

（4）集中路由选择法

集中路由选择法是在网络中设立一个节点专门收集各节点定期发送来的信息,动态计算路由选择表,再发往网中的各个节点。这种方法类似于目前城市交通中各交通台发布路况信息,司机根据路况信息选择行车路线。集中路由选择动态收集整个网络的信息,具有很好的适应性,但是路由选择功能集中于一点,可靠性较差,大量路由选择信息向集中控制点汇聚,给集中控制点附近的节点带来很大的额外通信量。因此,集中路由选择的实时性不易保证,于是提出了集中路由选择与分布路选相结合的方式。

2.7.3　拥塞控制

在计算机网络中的链路容量、交换节点中的缓冲区和处理机等,都是网络的资源。在某段时间,如果对网络中某一资源的需求超过了该资源所能提供的容量,则说明这一资源在该段时间产生了拥塞。拥塞会导致部分或全网性能下降,甚至使整个网络操作停顿,无法继续进行,即产生死锁。图 2-27 描绘了这种症状。

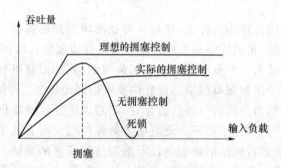

图 2-27　流量控制对拥塞的影响

图 2-27 的横坐标是输入负载,代表单位时间内输入网络的分组数目;纵坐标是吞吐量,代表单位时间内从网络输出的分组数目。具有理想流量控制的网络,在吞吐量饱和之前,网络吞吐量应等于输入负载。但当输入负载超过某一限度时,由于网络资源有限,吞吐量不再增长而保持为水平线,即吞吐量达到饱和。在理想的流量控制作用下,网络的吞吐量仍然维持在其所能达到的最大值。但实际网络的情况则不同,随着网络负载的增大,网络吞吐量的增长速率逐渐减小,即网络吞吐量还未达到饱和时,就已有一部分的输入分组被丢弃。值得注意的是,当网络负载继续增大到某一数值时,网络的吞吐量就下降到零,网络无法工作,形成所谓的死锁。

拥塞会导致恶性循环。如果路由器没有空余缓冲区,它必须丢掉新到来的分组,当扔掉一个分组时,发送该分组的路由器可能会因为超时而重传此分组,或许要重传许多次。由于发送方路由器在未收到确认之前不能扔掉该分组,故接收端的拥塞迫使发送者不能释放在通常情况下已释放了的缓冲区,这样,拥塞加重。

解决网络拥塞的办法是采用流量控制,拥塞控制的主要功能是防止网络因过载而引起吞吐量下降和时延增加,避免死锁以及在竞争的用户之间公平地分配资源。

计算机网络复杂系统中的问题,都可从控制论的角度进行解释。所有解决方案可分为两类:一类是开环,一类是闭环。开环的关键在致力于通过良好的设计来避免问题的出现,确保问题在一开始时就不会发生。一旦系统安装并运行起来,就不再作任何中间阶段的更正。

设计开环控制的工具的功能包括决定何时接收新的通信、何时丢弃分组以及丢弃哪些分组,还包括在网络的不同点作计划表。其共性在于,它们在作出决定时并不考虑当前网络的状况。

闭环解决方案建立在反馈环路的概念之上。属于闭环控制的有以下 3 种措施：

（1）监控网络系统以便检测到拥塞发生在何时、何地；

（2）将发生拥塞的消息传给能采取动作的站点；

（3）调整网络系统的运行以解决出现的问题。

拥塞的出现表示载荷超过了资源的承受能力，可以有两种解决办法：一是增加资源或载荷，例如，子网可以启用拨号电话网以临时提高两点间的带宽；若不可能提高通信容量，或容量已到了极限，则解决拥塞问题的另一办法就是降低载荷，有很多办法可用于降低载荷，包括拒绝为某些用户服务、给某些用户或全部用户的服务降级以及让用户可以预测的方式来安排他们的需求等。

2.8　传输层和高层协议

传输层在通信子网的基础上为运行在不同主机上的应用进程提供逻辑通信；会话层在运输层提供的服务上加强了会话管理、同步和活动管理；表示层解决了如何描述数据结构并使之与具体的机器无关的问题；应用层为用户的应用进程访问 OSI 环境提供服务。

2.8.1　传输层

1. 传输层的作用与功能

传输层介于通信子网和资源子网之间，如图 2-28 所示。从通信和信息处理的角度看属于面向通信部分的最高层，但从网络功能或用户功能来划分，又属于用户功能中的最低层。传输层对高层用户屏蔽了通信子网的细节，使高层用户看不见实现通信的物理链路，看不见数据链路采用的控制规程，也看不见下面到底有几个子网以及这些子网的互联状况，使高层用户感觉不到通信子网的存在，同时弥补了通信子网提供的服务的差异和不足，为主机进程之间提供可靠的端到端通信。

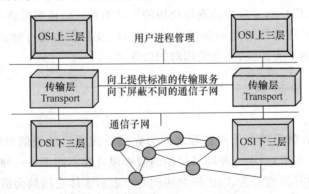

图 2-28　传输层在协议层次中的位置

网络层是由电信公司提供服务（至少广域网是如此）。用户无法解决网络层服务质量低劣的问题，唯一可行的方法是在网络层上再增加一层传输层以改善服务质量。

传输层的功能就是弥补用户对网络的要求和网络可向用户提供的服务之间的差异。因此网络层实现了主机之间的逻辑通信,而传输层提供了进程间的逻辑通信,并对网络层的服务进行增强,例如实现两个主机进程之间数据通信的差错控制、流量控制以及数据包的正确排序等功能。就这些功能而言,传输层与数据链路层有些相似,但数据链路层解决的是相邻节点间的数据传输可靠性问题,而传输层解决的是通信子网之上的两个主机进程之间的数据传输可靠性问题。

2. 传输层协议

传输层协议主要定义传输层 PDU 格式、交换时序,以及任何实施差错校验、分段/合段、分流/合流、复用/解复用、窗口和流量控制等方法。

根据传输实体使用的不同类型网络服务,传输层协议共分 5 类,不同的传输协议用于不同的环境,网络服务越差,要求的传输协议越复杂。

(1) TP0(简单类):提供最简单的数据传输能力,仅支持分段/合段功能,要求网络本身可提供较高质量的服务,适用于网络连接具有可接受的低差错率和可接受的低故障通知率的 A 型网络;

(2) TP1(基本差错恢复类):在 TP0 基础上,增加拼接/分割、差错恢复的能力,可对网络检测出来的差错进行恢复,满足用户可靠传输的要求,适用于网络连接具有可接受的低差错率和不可接受的高故障通知率的 B 型网络;

(3) TP2(复用类):在 TP0 基础上,增加复用/解复用、拼接/分割的能力,通常在用户使用高质量的网络并要求低通信费用时选用,适用于 A 型网络;

(4) TP3(差错恢复和复用类):结合 TP1 和 TP2 的能力,满足用户低成本、高可靠性的要求,适用于 B 型网络;

(5) TP4(差错检测和恢复类):在 TP3 基础上,增加差错检测和分流/合流的能力,通常在服务质量较差的网络上选用,保证数据传输的可靠性,适用于网络连接对传输层服务用户来说具有不可接受的高差错率的 C 型网络。

需指出的是不同的协议类之间不能进行有效的通信。因此在建立传输连接时,应当根据具体的网络和用户的要求协商选择使用的协议类别。协议类的使用不仅仅取决于主机所附接的网络,还应兼顾通信对象所在的网络,以及数据传输可能经过的网络。原则上,应该实现所有的 5 类协议,并在使用时加以选择。

2.8.2　高层协议

1. 会话层

所谓一次会话,就是两个用户进程之间为完成一次完整的通信而建立的会话连接。设定会话层的目的在于:由于一种网络提供的服务很可能不同于另一种网络提供的服务,这就需要提供一种有效的方法,以组织并协调两个表示实体之间的会话,管理它们之间的数据。会话层的任务主要是在传输连接的基础上提供增值服务,对端用户之间的对话进行协调和管理。会话层提供的服务大约有两类:一是在两个表示实体之间建立起一种关系,使它们进行相互联系并具有撤销这种联系的能力,称为会话连接服务;二是控制两个表示实体之间的数据交换,称为会话服务。在会话层及以上的高层中,数据传送的单位不再另外命名,统称为报文。

会话层的工作包含有确认联机的通信协议为何,通信模式是采用全双工、半双工还是单工的方式,以及传输工作如何调试、如何复原、如何结束等。会话层完成的主要功能如下。

(1) 会话连接管理

会话连接管理是会话层服务中的核心功能,是使一个应用进程在一个完整的活动或事件处理中,通过传输层提供的服务与远端的另一个对等进程建立、维护一条畅通的通信信道,为两个通信的应用进程利用交换对话单元提供手段。

(2) 数据交换管理

数据交换管理包括交互管理和会话同步。交互管理是指会话双方使用单工方式、半双工方式或全双工方式的控制过程;会话同步是指为使会话过程能按顺序可靠地进行所采取的同步措施。交互管理和会话同步都通过使用"令牌"来完成,令牌是会话连接的一个属性,它表示了会话服务用户对某种服务的独占使用权。令牌有数据令牌,指在单工或半双工方式下,会话实体拥有数据发送的权利;释放令牌,是会话实体拥有释放会话连接权利;次同步令牌,是会话实体具有在会话单元中插入次同步的权利;主同步/活动令牌,是会话实体具有控制活动的开始与结束以及在活动中插入主同步点的权利。会话单元是会话的基本交换单位,为了在连续数据流中分出会话单元,会话层设立了主同步点,它用于在连续的数据流中划分出会话单元,一个主同步点是一个会话单元的结束和下一个会话单元的开始。为了在一个会话单元内组织数据交换,还设立了次同步点。

(3) 活动管理

活动管理是会话同步概念的一个扩展,为会话提供了可以将整个会话分解成若干离散活动的方法。一个会话连接中可以分成几个活动,每个活动又由若干会话单元组成。活动可以被中断,经过一段时间后,可以在原来的会话连接或新的会话连接上恢复。

(4) 异常情况报告

在会话实体内出现不可预测的差错时,会话实体向会话服务的用户发出会话服务提供者异常报告;在会话用户发现一些异常情况时,会话用户也会向会话实体发出会话用户异常报告。

2. 表示层

表示层的主要工作是:在发送方,表示层将应用层发送的数据转换成可识别的中间格式;在接收方,表示层将数据的中间格式转换成应用层可以理解的格式。表示层向上对应用层服务,向下接收来自会话层的服务。它的目的是对应用层送入命令和内容加以解释说明,并赋予各种语法应有的含义,使从应用层送入的各种信息具有明确的表示意义。表示层的服务包括:

(1) 连接管理

连接管理包括利用会话层服务建立表示连接,管理在这个连接之上的数据传输和同步控制,以及正常或异常地终止这个连接。

(2) 语法转换

由于各种计算机都可能有各自的数据描述方法,所以不同类型计算机之间交换的数据一般需经过格式转换才能保证其意义不变。

除上述数据表示的转换外,数据的压缩与解压缩、出于安全和保密考虑而进行的数据加密和解密服务也在表示层完成。

(3) 语法协商

表示层要为应用层提供服务。应用层采用相互承认的抽象语法,抽象语法是对数据一般结构的描述。表示层中描述的抽象语法(数据结构)与传输语法之间的映射关系称为表示上下文。语法协商就是根据应用层的要求选用合适的表示上下文。

3. 应用层

应用层是直接面向用户的一层,是计算机网络与本地操作环境和应用系统间的界面。它为应用进程访问 OSI 环境提供条件,同时为应用进程提供服务。它向应用进程提供的服务是 OSI 的所有层所提供服务的总和。目前,在应用层中已经制订了许多非常有用的应用层协议,其中包括文件传输、文件存取和管理,公共管理信息协议,虚拟终端协议,事务处理,远程数据库访问,目录服务等。

习　题

1. 请简单介绍计算机网络的拓扑结构。
2. 请解释协议 、接口、服务、服务类型定义。
3. 什么是网络协议?网络协议的 3 个要素是什么?各有什么含义?
4. 试简述传输介质的特性。
5. 试简述数据编码方法的分类。
6. 简述数据链路层的主要功能。
7. 简述拥塞的成因、拥塞控制的目标、拥塞控制的方法。
8. 试说明传输层的作用。

第3章　局域网技术

3.1　局域网的概念

自 20 世纪 70 年代末以来,随着微型计算机逐渐得到广泛应用,计算机局域网 LAN 技术得到飞速发展,并在计算机网络中占有重要地位。

局域网是指在一个较小的地理范围内,利用物理通信信道将若干独立的设备连接起来,以适中的数据速率实现各独立设备之间直接通信的数据通信网。定义中指出局域网是一个通信网,只包含一般计算机网络协议的低两层的功能。只有配上高层协议和软件才能组成实用的局域网。

局域网主要由硬件系统、软件系统构成。

1. 硬件系统

硬件系统主要包括网络服务器,工作站,网络设备,传输介质。

(1) 网络服务器(Server)

网络服务器是整个网络的控制核心。根据它在网络中所承担的任务和作用,可分为文件服务器、打印服务、通信服务器、数据库服务器和 Web 服务器等。文件服务器接收客户端提出的数据处理和文件存取请求,向客户端提供各种服务。打印服务器接收来自客户的打印任务,按要求完成打印。通信服务器负责网与网之间的连接和通信,提供与多种调制解调器的连接接口。

(2) 工作站(Workstation)

工作站是网络的前端窗口,用户通过工作站来访问网络的共享资源。局域网中,工作站是计算机输入输出终端,对工作站性能的要求主要根据用户需求而定。

(3) 网络设备

网络设备是用于实现网络之间连接的设备,主要有网络接口卡 NIC (Network Interface Card)、收发器 (Transceiver)、中继器 (Repeater)、集线器 (Hub)、交换机(Switch)、网桥(Bridge)和路由器(Router)等。其中有些硬件,如网卡、网桥、交换机、路由器上均有固化的软件对其工作进行控制。

(4) 传输介质

传输介质是网络通信的载体。传输介质的性能特点对信息传输速率、通信的距离、连接的网络节点数目和数据传输的可靠性等均有很大的影响。必须根据不同的通信要求,合理地选择传输介质。局域网的常用传输介质主要有:同轴电缆、双绞线、光纤、红外线、无线电波。

2. 局域网软件系统

软件系统主要包括网卡驱动程序和网络操作系统。

（1）网卡驱动程序

网卡功能的实现必须有其相应的驱动程序支持。网卡驱动程序以常驻内存方式驻留内存，供上层软件与网卡之间的通信使用。

（2）网络操作系统

网络操作系统是一组相关程序的集合。在网络环境下其作为用户与网络资源之间的接口，实现对网络的管理和控制。网络操作系统实现基本的网络功能，代表着整个网络的水平。

3. 局域网的主要特点

从应用的角度，局域网具有以下主要特点。

（1）局域网覆盖的地理范围有限（0.1～25 km），用户个数有限，主要适用于公司、机关、工厂、学校等内部网络。

（2）局域网具有高数据传输速率（1～10 000 Mbit/s）和低误码率（10^{-8}～10^{-11}）。

（3）局域网的传输介质较多，既可用通信线路（电话线），又可用专门的线路（如双绞线、同轴电缆和光纤等）。

（4）局域网侧重共享信息的处理，广域网侧重共享位置准确无误及传输的安全性。

（5）局域网一般属于一个单位所有，易于建立、维护和扩展，造价较低。

（6）决定局域网特性的主要技术要素是网络拓扑结构、传输介质和介质访问控制方法。

（7）局域网从介质访问控制方法的角度可以分为共享介质局域网和交换局域网两类。

（8）局域网能进行广播和组播。

局域网的技术要素包括局域网的体系结构和标准、传输介质、拓扑结构、数据编码、介质访问控制和逻辑链路控制等。随着局域网技术的发展，局域网的定义、分类、技术特征和性能参数都发生了巨大的变化。

局域网采用分组广播技术，将网络中所有节点连接到共享的传输介质上，使得任何一个节点发出的数据包其他节点都能收听到。共享信道的分配技术是局域网的核心技术，并与网络的拓扑结构和传输介质紧密相关。

3.2 局域网网络协议

20 世纪 60 年代末至 70 年代初广域网迅速发展，网络体系结构也相对成熟，到 80 年代初，局域网的标准化工作也得到迅速发展。IEEE 802 委员会成立于 1980 年 2 月，任务是制定局域网的国际标准，802 委员会共有 16 个分委员会，主要的分委员会有以下几个：

（1）802.1 —— 局域网概述和体系结构；

（2）802.2 —— 逻辑链路控制 LLC；

（3）802.3 —— CSMA/CD（以太网）；

（4）802.4 —— Token Bus（令牌总线）；

（5）802.5 —— Token Ring（令牌环）；

（6）802.6 —— DQDB（分布队列双总线——MAN 标准）；

（7）802.8 —— FDDI（光纤分布数据接口）；

（8）802.10 ——局域网安全标准；

（9）802.11 —— 无线 LAN。

在确定局域网的体系结构时，应考虑到局域网的两个特点：一是传输媒体是共享的，因而不存在中间节点和交换的问题；二是数据以帧寻址的方式工作。因为物理连接及位流在媒体上传输都需要物理层，物理层显然是必需的。局域网的物理层规定了传输介质及其接口的电气特性、机械特性、接口电路功能以及信号的编码与译码和信号速率等。

由于局域网的种类繁多，其媒体接入控制的方法也各不相同。为了使局域网中的数据链路层不致过于复杂，将局域网的数据链路层划分为两个子层，即与物理介质相关的介质访问控制（MAC，Medium Access Control）子层和逻辑链路控制（LLC，Logical Link Control）子层。数据链路层中与接入各种传输介质有关的问题都放在 MAC 子层处理，MAC 子层还负责在物理层的基础上进行无差错的通信。

MAC 子层的主要功能是：数据帧的封装与解封；MAC 协议的实现和维护；比特差错检测和寻址。数据链路层中与传输介质无关的部分都集中在 LLC 子层处理。

LLC 子层的主要功能是：逻辑连接的建立和释放；向高层提供服务接口；差错控制；帧编号。LLC 子层还包括某些网络的功能，如数据报、虚电路和多路复用等。这使得任何高层协议，如 TCP/IP、SNA 和有关的 OSI 标准等，都可以运行在局域网标准上。因此，和 OSI 参考模型相比，局域网的参考模型就只相当于 OSI 的低两层。网络层简化成了上层协议的服务访问点 SAP。网络服务访问点 SAP 则在 LLC 子层与高层的交界面上。如图 3-1 所示，IEEE 802 局域网通过 LLC 子层与网络层接口处的服务访问点向网络高层提供服务。

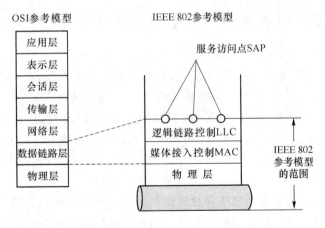

图 3-1　局域网体系结构与 OSI/RM 的对应关系

将数据链路层分成两个子层使得 MAC 子层向上提供统一的服务接口，实现底层的细节完全屏蔽，局域网对于 LLC 子层来说是透明的，只有到 MAC 子层才能看见所连接的是采用何种标准的局域网。也就是说，对于不同的物理网络，其 LLC 子层是相同的，数据帧的传送完全独立于所采用的物理介质和介质访问控制方法，网络层以上的协议可以运行于任何一种 IEEE 标准的局域网上。这种分层方法也使得 IEEE 802 标准具有良好的可扩充性,可以很方便地接纳新的传输介质以及介质访问控制方法。

局域网的链路层与传统的数据链路层的区别是:局域网链路支持多重访问,支持组播和广播;支持 MAC 介质访问控制功能;提供某些网络层的功能,如网络服务访问点、多路复用、流量控制、差错控制等。

局域网体系结构与 OSI/RM 的对应关系如图 3-1 所示。局域网标准未规定高层功能,高层功能往往与具体的实现有关,包含在网络操作系统(NOS)中,且大部分 NOS 的功能与 OSI/RM 或通行的工业标准协议兼容。由于 IEEE 802 局域网拓扑结构简单,一般不需中间转接,所以网络层的很多功能(如路由选择等)是没有必要的,而流量控制、寻址、排序、差错控制等功能可在数据链路层完成,故 IEEE 802 标准没有单独设立网络层。

局域网的体系结构说明在数据链路层相应的有两种不同的协议数据单元 PDU(Protocal Data Unit):LLC 帧和 MAC 帧。这两种帧的关系如图 3-1 所示。从高层来的数据加上 LLC 的帧头就成为 LLC 帧,再往下传送到 MAC 子层并加上 MAC 的帧头和帧尾,组成了 MAC 帧。物理层则将 MAC 帧当作比特透明地在数据链路实体间传送。

3.3　介质访问控制方式

介质(传输介质)访问控制方式又称为网络的控制方法,用于对网络中各节点之间的信息进行合理传输和信道进行合理分配。传统的局域网技术是建立在"共享介质"的基础上,网中所有节点共享一条公共通信传输介质,典型的介质访问控制方式有 3 种:带冲突检测的载波监听多路访问(CSMA/CD, Carrier Sense Multiple Access With Collision Detection)、令牌环(Token Ring)、令牌总线(Token Bus)。

3.3.1　带冲突检测的载波监听多路访问

世界上第一个 CSMA/CD 局域网由美国 Xerox 公司的 Palo Alto 研究中心于 1975 年研制成功,数据传输速率为 2.94 Mbit/s,以无源电缆作为总线,在一条 1 km 长的电缆上连接了 100 多个工作站,系统被称为以太网。之后,Xerox 与 DEC 和 Intel 联合制订了一个 10 Mbit/s 以太网标准——DIX 80,随后又修改为 DIX 82,该标准后来成为 IEEE 820.3 的基础。但正式发布的 IEEE 820.3 标准和以太网标准并不完全相同,因此把"以太网"同"IEEE 820.3 局域网"或"CSMA/CD"等同起来就不太严格了,不过在不涉及网络协议细节时,经常将 IEEE 820.3 局域网简称为以太网。

最初提出以太网的方案是基于寻找简便的方法将相距较近的计算机互联,实现方便和可靠地以较高速率进行数据通信的思路。因此早期的以太网是用一根总线将许多计算机相连,并认为这种连接方法既简单又可靠,因为总线上没有有源器件。在那个时代普遍认为有源器件不可靠,而无源的电缆线才最可靠。

总线的特点是采用广播通信的方式,即当一台计算机发送数据时,总线上所有计算机都能检测到这个数据,但并不总是希望使用广播通信。为实现总线上一对一的通信,可使每台计算机拥有一个与其他计算机都不同的地址。在发送数据帧时,在帧的首部写明接收计算机的地址,仅当数据帧中的目的地址与计算机的地址一致时,该计算机才能接收该数据帧。计算机对不是发送给自己的数据帧则一律丢弃。

D 接收 B 发送数据的示意图如图 3-2 所示。设计算机 B 向 D 发送数据。总线上每个工作的计算机都能检测到 B 发送的数据信号。但由于只有计算机 D 的地址与数据帧首部写入的地址一致,因此只有 D 才接收这个数据帧,而其他所有的计算机(A,C 和 E)都检测到不是发送给它们的数据帧,因此它们将丢弃这个数据帧而不接收。这样,具有广播特性的总线上就实现了一对一的通信。总线两端的匹配电阻是为了吸收在总线上传播的电磁波信号的能量,避免在总线上产生有害的电磁波反射。

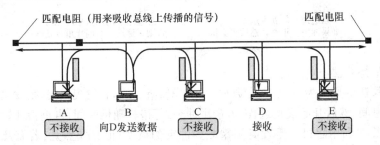

图 3-2　D 接收 B 发送数据的示意图

为简便通信过程,以太网采取两种重要的措施:

(1) 采用较为灵活的无连接的工作方式,即不必先建立连接就可以直接发送数据;

(2) 采用对发送的数据帧不进行编号,也不要求对方返回确认的方式。

采用以上两种措施的理由是信道的质量好,因信道质量产生差错的概率很小。当目的站收到有差错的数据帧(例如用 CRC 查出有差错)时,就丢弃此帧。纠错的过程由高层决定。例如,如果高层使用 TCP 协议,那么 TCP 就会发现丢失了一些数据,于是经过一定时间后,TCP 就将这些数据重新传递给以太网进行重传。但以太网并不知道这是一个重传的帧,而是当作一个新的数据帧来发送。

另一个重要问题就是如何协调总线上各计算机的工作。总线上若有一台计算机发送数据,总线的传输资源就被占用。因此,在同一时间只允许一台计算机发送信息,否则各计算机之间就会互相干扰,导致所有计算机都无法正常发送数据。

以太网采用的协调方法是使用一种特殊的协议,即载波监听多点接入/碰撞检测(CSMA/CD)。

CSMA/CD 是一种常见的采用争用的方法来决定对介质访问权的协议,这种争用协议只适用于逻辑上属于总线拓扑结构的网络。在总线网络中,每个节点都能独立地决定帧的发送,若两个或多个节点同时发送,将会产生冲突,导致所发送的帧都出错。因此,一个节点发送信息成功与否,在很大程度上取决于监测总线是否空闲,以及当两个不同节点同时发送的分组发生冲突后所使用的中断传输的方法。总线争用技术可分为载波监听多路访问 CSMA 和具有冲突检测的载波监听多路访问 CSMA/CD 两类。

1. 载波监听多路访问(CSMA)

载波监听多路访问技术,也称为先听后说(LBT,Listen Before Talk)。CSMA技术中要解决的一个问题是当监听到总线被占用时,如何确定再次发送的时间。如图3-3所示,常用的算法有非坚持算法、1-坚持算法、p-坚持算法 3 种。介质的最大利用率取决于帧的长度。帧长愈长,传播时间愈短,介质利用率愈高。

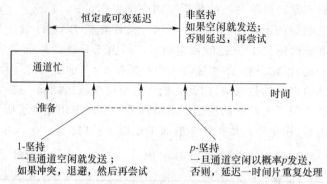

图 3-3　CSMA 坚持和退避

（1）非坚持算法

非坚持算法的规则为:若节点有数据发送,先监听总线,若发现空闲,则发送;若总线忙,等待一随机时间,然后开始发送过程;若产生冲突,等待一随机时间,再重新开始发送过程。

非坚持算法利用随机的重发时间来减少冲突的概率,但其缺点是:若有几个节点都有数据要传送,但由于大家都在延迟等待过程中,致使介质仍可能处于空闲状态,使用率降低。为避免介质利用率低的状况出现,可采用 1-坚持算法。

（2）1-坚持算法

1-坚持算法的规则为:若节点有数据发送,先监听总线,若发现空闲,则发送;若总线忙,则继续监听直至发现总线空闲,然后完成发送;若产生冲突,等待一随机时间,然后重新开始发送过程。

这种算法的优点是,只要总线空闲,节点就立即发送,避免了介质利用率的损失;其缺点是,若有两个或两个以上的节点有数据要发送,冲突不可避免。

（3）p-坚持算法

p-坚持算法的规则为:若节点有数据发送,先监听总线,若发现空闲,则以概率 p 发送数据,以概率 $q=1-p$ 延迟一个时间单位。一个时间单位通常等于最大传播时延的 2 倍。若下一个时间单位仍空闲,重复上述过程,直至数据发出或时间单位总线被其他节点所占用;若忙,则等待下一个时间单位,重新开始发送;若产生冲突,等待一随机时间,然后重新开始发送。

p-坚持算法是一种既能像非坚持算法那样减少冲突,又能像 1-坚持算法那样减少总线空闲时间的折中方案,关键在于 p 值的选择。该值的选择要考虑如何避免重负载下系统处于不稳定状态。假如总线繁忙时,有 N 个节点等待发送数据,一旦当前节点的发送完成,将要试图传输的节点的总期望数为 Np。如果选择 p 过大,使 $Np>1$,表明有多个节点试图发送,冲突就不可避免。最坏的情况是,随着冲突概率的不断增大,而使吞吐量降低到零。所以必须选择适当 p 值,使其满足 $Np<1$。当然 p 值选得过小,则总线利用率又会大大降低。

2. 具有冲突检测的载波监听多路访问(CSMA/CD)

在 CSMA 中,由于总线上不可避免地存在传输延迟,有可能多个节点同时监听到空闲并开始发送,从而导致冲突。

CSMA 的改进方案是在发送节点传输过程中仍继续监听,以检测是否存在冲突。如果发生冲突,总线上将产生超过发送节点本身发送的载波信号的幅度。节点一旦检测到冲突就立即停止发送,并向总线上发一串阻塞信号,用以通知总线上其他各有关节点。至此,通道容量就不致因白白传送已受损的帧而浪费,可以提高总线的利用率。这种方案称为载波监听多路访问/冲突检测协议(CSMA/CD),已广泛应用于局域网中。

CSMA/CD 的代价是用于检测冲突所花费的时间。对于基带总线而言,最坏情况是用于检测一个冲突的时间等于任意两个节点之间传播时延的 2 倍。从一个节点开始发送数据到另一个节点开始接收数据,也即载波信号从一端传播到另一端所需的时间,称为信号传播时延。信号传播时延(μs)=两站点的距离(m)/信号传播速度(200 m/μs)。

基带检测冲突的定时如图 3-4 所示。假定 A、B 两节点位于总线两端,当 A 节点发送数据后,经过接近于最大传播时延 $\alpha=0.5$ 时,B 节点正好也发送数据,此时冲突产生。发生冲突后,B 节点立即可检测到该冲突,而 A 节点需再经过一份最大传播时延 $\alpha=0.5$ 后,才能检测出冲突。即在最坏情况下,对于基带 CSMA/CD 来说,检测出一个冲突的时间等于任意两个站之间最大传播时延的 2 倍($2\alpha=1$)。

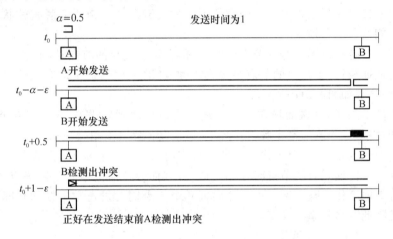

图 3-4　基带检测冲突的定时

由上述分析可知,为了确保发送数据节点在传输时能检测到可能存在的冲突,数据帧的传输时延至少要 2 倍于传播时延。换句话说,要求分组的长度不短于某个值,否则在检测出冲突之前传输已经结束,但实际上分组已被冲突所破坏。

节点在监测到冲突并发完阻塞信号后,须等待一段随机时间,然后再用 CSMA 的算法发送。为了决定这个随机时间,一个通用的算法称为二进制指数退避算法。这个算法按后进先出的次序控制,即未发生冲突或很少发生冲突的帧,具有优先发送的概率,而发生过多次冲突的帧,发送成功的概率反而小。算法的过程是,先确定基本退避时间(如 $2L$),再定义 $k=\min[$重传次数$,10]$,然后从离散的整数集合$[0,1,\cdots,2^k-1]$中随机的取出一个数,记为 r,重传所需的时延就是 r 倍的基本退避时间。当重传达 16 次仍不能成功时,则丢弃该数据并向高层报告。

以太网就是采用 CSMA/CD 机制,并利用二进制指数退避和 1-坚持算法的网络。这种网络在低负载且总线空闲时,需发送帧的节点就能立即发送;在重负载时,仍能保证系统稳定。由于在介质上传播的信号衰减,为了正确地检测出冲突信号,以太网限制电缆的最大长度为 500 m。

3.3.2　令牌环介质访问控制

CSMA 的访问存在冲突问题,产生冲突的原因是由于各节点是随机地发起通信。为了解决冲突问题,可采用有控制地发起通信方式。令牌方式就是一种按照一定顺序在各节点中传递令牌,且谁得到令牌谁才有发言权的方式。令牌访问原理用于环形网络构成令牌环介质访问控制。该介质访问控制方式已由 IEEE 802 委员会建议成为局域网控制协议标准之一,即 IEEE 802.5 标准。

令牌环是环型的拓扑结构,在令牌的传递逻辑上也是环型的。网络正常工作时,令牌按某一方向沿着环路经过环路中的各个节点单方向传递。握有令牌的节点具有发送信息数据的权利,当它发送完所有数据或者持有令牌最大时间结束时,就需交出令牌。

所谓令牌,就是一种特殊的帧,它既无目的地址,也无源地址。如图 3-5(a)所示,当各站都无信息发送时,此时的令牌为空令牌,其形式为"01111111"。如图 3-5(b)所示,当某个站(如 A 站)需发送信息时,它必须等到空令牌通过该站时将它截获,并将空令牌改成忙令牌,即"01111110",紧跟着忙令牌把数据帧发送到环上。由于令牌是忙状态,所以其他各站都不能发送信息帧。

每个节点都随时检测经过本节点的帧,当信息帧经过目的节点时,由于帧的目的地址与该节点的地址相符,于是目的节点会接收该帧,此时一面拷贝全部有关信息,一面继续转发该帧,该过程如图 3-5(c)所示。

如图 3-5(d)所示,发送的帧在环上循环一周后再回到发送站,由发送站将该帧从环上移去,同时将忙令牌改为空令牌发送环上,以便其他站能有机会发送信息帧。

令牌环的缺点是,当环路上接入的节点较多时,即使只有两个节点进行通信,也要等待令牌从源节点传递到目的节点时才能发送帧,因而等待时间较长。其优点是在重载时环路仍能有效地工作。整个网络中不会出现几个节点同时发送数据帧的状况,因此不会因为冲突而降低网络效率。

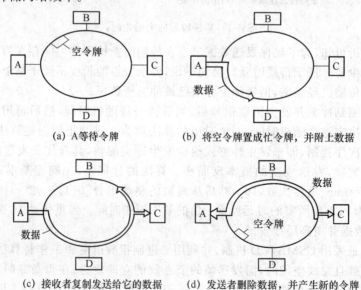

| (a) A等待令牌 | (b) 将空令牌置成忙令牌,并附上数据 |

| (c) 接收者复制发送给它的数据 | (d) 发送者删除数据,并产生新的令牌 |

图 3-5　环型网示意图

3.3.3　令牌总线介质访问控制

令牌环访问控制在重负载下利用率高,性能对传输距离不敏感,可公平访问。但环形网结构复杂,以及在检错和可靠性等方面存在问题。而令牌总线介质访问控制是在综合 CSMA/CD 和令牌环两种介质访问控制优点基础上形成的一种介质访问控制方法。令牌总线控制方式主要用于总线型或树型网络结构中。

令牌总线介质访问控制是将局域网物理总线的节点构成一个逻辑环,每个节点都在一个有序的序列中被指定一个逻辑位置,序列中最后一个节点的后面又跟着第一个节点,每个节点都知道其前节点和后节点的标识。

令牌总线访问控制示意图如图 3-6 所示。在物理结构上它是一个总线结构局域网,但是在逻辑结构上,又成了一种环形结构的局域网。和令牌环一样,节点只有取得令牌才能发送帧,而令牌在逻辑环上依次(A→B→C→D→E→A)循环传递。

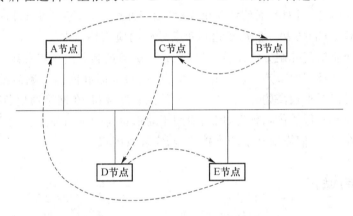

图 3-6　令牌总线访问控制示意图

在正常运行时,当节点发送完所有数据或者持有令牌最大时间结束时,令牌被传递给逻辑序列中的下一个节点。从逻辑上看,令牌按地址的递减顺序传送至下一个节点,但从物理上看,带有目的地址的令牌帧被广播到总线上所有的节点,非目的节点将不是发给它的帧丢掉,直到目的节点识别出符合它的地址将该令牌帧接收。应该指出,总线上节点的实际顺序与逻辑顺序并无对应关系,且总线上的节点并不一定在逻辑环中,MAC 协议具有向逻辑环中增加节点和从环中删除节点的功能。

只有收到令牌帧的节点才能将信息帧送到总线上,这就避免了 CSMA/CD 访问方式中冲突的产生。由于不可能产生冲突,令牌总线的信息帧长度只需根据要传送的信息长度来确定,没有最短帧的要求。而对于 CSMA/CD 访问控制,为了使最远距离的节点也能检测到冲突,需要在实际的信息长度后添加填充位以满足最短帧长度的要求。

令牌总线控制的另一个特点是节点间有公平的访问权。取得令牌的节点有报文要发送则可发送,随后将令牌传递给下一个节点,如果取得令牌的节点没有报文要发送,则立刻把令牌传递到下一节点。由于节点接收到令牌的过程是按顺序依次进行的,因此其对所有节点都有公平的访问权。

令牌总线控制的优越之处还体现在:每个节点传输之前必须等待的时间总量总是确

定的,因为每个节点发送帧的最大长度可以限制。当所有节点都有报文要发送时,最坏的情况是,等待取得令牌和发送报文的时间等于全部令牌和报文传送时间的总和;如果只有一个节点有报文要发送,则最坏情况是,等待时间是全部令牌传递时间的总和。对于应用于控制过程的局域网,等待访问时间是一个很关键的参数。可以根据需求,选定网中的节点数及最大的报文长度,从而保证在限定的时间内任意节点都可以取得令牌。

从网络拓扑结构看,CSMA/CD 与令牌总线都是针对总线拓扑的局域网设计的,而令牌环是针对环型拓扑的局域网设计。如果从介质访问控制方法性质的角度看,CSMA/CD 属于随机介质访问控制方法,而令牌总线、令牌环则属于确定型介质访问控制方法。

CSMA/CD 介质访问控制方法算法简单,易于实现。目前有多种超大规模集成电路可以实现 CSMA/CD 方法,这对降低 Ethernet 成本、扩大应用范围非常有利。该控制方式采用的是一种用户访问总线时间不确定的随机竞争总线的方式,适用于办公自动化等对数据传输实时性要求不严格的应用环境,且在网络通信负荷较低时表现出较好的吞吐率与延迟特性。但是,当网络通信负荷增大时,由于冲突增多,网络吞吐率下降、传输延迟增加,因此 CSMA/CD 方法一般用于通信负荷较轻的应用环境中。

与随机型介质访问控制方法比较,确定型介质访问控制方法令牌总线、令牌环的特点是,令牌总线、令牌环网中节点两次获得令牌之间的最大时间间隔是确定的,因而适用于对数据传输实时性要求较高的环境,如生产过程控制领域;且在网络通信负荷较重时表现出很好的吞吐率与较低的传输延迟,因而适用于通信负荷较重的环境。但令牌总线、令牌环的不足之处在于,它们需要复杂的维护功能,实现较困难。

3.4　交换局域网

由于传统共享介质局域网的共享特性,网络系统的效率随着网络节点数目的增加和应用的深入而大大降低。为了提高带宽,传统局域网采用网络微段化的方法,但该方法使网络结构和网络管理变得十分复杂且成本提高,而且也不能根本解决网络带宽的问题。将交换技术引入局域网,可以使局域网的各个端口并行、安全、同时地相互传送信息,且交换以太网的带宽可以随着网络用户的增加而扩充,于是较好地解决局域网的带宽问题。

3.4.1　交换局域网原理

由于传统共享介质局域网的共享特性,即当网络中连接的节点越多时每个节点所得到的带宽就越小,所以共享式局域网不能提供足够的带宽。如对 10 Mbit/s 带宽的以太网而言,若网上只有一个节点,则该节点可以使用全部带宽 10 Mbit/s。但如果网上连接了 10 个节点,那么 10 Mbit/s 网络带宽则由 10 个节点共享,每个站点所能获得的平均带宽仅为 1 Mbit/s。

传统局域网为了提高带宽,往往使用路由器进行网络分割,将一个网络分为多个网段,每个网段有不同的子网地址、不同的广播域,以减少网络上的冲突、提高网络带宽,这种方法称为网络微段化或微化网段。网络微段化把一个较大的网分为几个或几十个甚至几百个网段,这就使网络结构和网络管理变得十分复杂同时成本提高,而且也不能根本解决网络带宽的问题。

将交换技术引入局域网,可以使局域网的各个端口并行、安全、同时地相互传送信息,且交换以太网的带宽可以随着网络用户的增加而扩充,较好地解决共享式局域网所带来的网络效率低、不能提供足够的网络带宽和网络不易扩展等一系列问题。它从根本上改变了共享式局域网的结构,解决了带宽瓶颈问题。目前已有交换以太网、交换令牌环、交换 FDDI 和 ATM 等交换局域网,其中交换以太网应用最为广泛。交换局域网已成为当前局域网技术的主流。

交换局域网是指以数据链路层的帧或更小的数据单元(信元)为数据交换单位,以交换设备为基础构成的网络。交换局域网把"共享"变为"独享",网络上的每个节点都独占一条点到点的通道,独占带宽。每台计算机都有一条 100 Mbit/s 带宽的传输通道,它们都独占 100 Mbit/s 带宽。网络的总带宽通常为各个交换端口带宽之和。所以在交换式网络中,随着用户的增多,网络带宽在不断增加而不是减少,即使是网络负载很重也不会导致网络性能下降。交换局域网从根本上解决了网络带宽问题,能满足用户对带宽的需求。

交换局域网的核心设备是局域网交换机,它可以在它的多个端口之间建立多个并发连接。为了保护用户的已有投资,局域网交换机一般是针对某类局域网(例如 802.3 标准的 Ethernet 或 802.5 标准的 Token Ring)设计。

3.4.2　交换以太网

交换以太网在传统以太网技术的基础上,用交换技术替代原来的 CSMA/CD 技术,从而避免了由于多个节点共享并竞争信道而发生的碰撞,减少了信道带宽的浪费,同时还可以实现全双工通信,极大提高了信道的利用率。

交换以太网的核心部件是以太网交换机。以太网交换机可以有多个端口,每个端口可以单独与一个节点连接,也可以与一个共享介质式的以太网集线器(Hub)连接。

如果一个端口只连接一个节点,那么这个节点就可以独占整个带宽,这类端口通常被称作"专用端口";如果一个端口连接一个与端口带宽相同的以太网,那么这个端口将被以太网中的所有节点所共享,这类端口被称为"共享端口"。交换以太网的结构如图 3-7 所示。

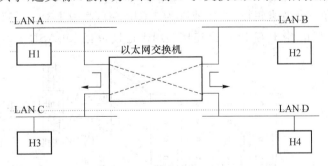

图 3-7　交换以太网的结构示意图

在图 3-7 的组网结构中,以太网交换机所连接的 4 个局域网中的任意 2 个局域网(如局域网 A 与局域网 C)在通信的同时,另外 2 个局域网(局域网 B 与局域网 D)也可以同时通过交换机通信,这对于共享式集线器是无法实现的。从而,可以把这 4 个局域网看作是一个大的新局域网,但是它的冲突域却没有扩大,仍然保持在原来各自的冲突域(局域网 A～D)。而同样规模的共享式以太网的冲突域是整个局域网范围内,因此交换式以太网的性能要优于共享式以太网。

交换以太网采用存储转发技术或直通技术来实现信息帧的转发。存储转发技术是将需发送的信息帧完全接收并存放到输入缓存后再发送至目的端口;而直通技术是在接收到信息帧时与交换式集线器中的目的地址表相比较,查找到目的地址后就直接将信息帧发送到目的端口。

存储转发技术要求交换机在接收到全部数据包后再决定如何转发。这样一来,交换机可以在转发之前检查数据包的完整性和正确性。其优点是:没有残缺数据包转发,减少了潜在的不必要的数据转发。但转发速率比直接转发技术慢,所以,存储转发技术比较适应于普通链路质量的网络环境。

直通转发技术是指交换机一旦解读到数据包目的地址,就开始向目的端口发送数据包。通常,交换机在接收到数据包的前 6 个字节时,就已经知道目的地址,从而可以决定向哪个端口转发这个数据包。直通转发技术的优点是:转发速率快、减少延时和提高整体吞吐率。其缺点是:交换机在没有完全接收并检查数据包的正确性之前,就已经开始了数据转发。这样,在通信质量不高的环境下,交换机会转发所有的完整数据包和错误数据包,这实际上是给整个交换网络带来了许多垃圾通讯包,交换机会被误解为发生了广播风暴。总之,直通转发技术适用于网络链路质量较好、错误数据包较少的网络环境。

有一些交换机可以同时使用存储转发和直通转发两种技术,当网络误码率比较低时采用直通技术,当网络误码率较高时则采用存储转发技术。这种交换机被称为自适应交换机。

3.4.3 以太网交换机

交换以太网系统的核心是交换型集线器,又称以太网交换机,常简称为交换机。交换以太网以交换机为核心连接节点或网段。网段是指多个节点构成的一个共享传输介质的集合,一般是一个共享型集线器连接若干个节点构成一个网段。交换机的结构如图 3-8 所示,这种设备有一个高速底板(工作速率为 1 Gbit/s),底板上有 4～32 个插槽,每个插槽可连接一块插入卡,卡上有 1～8 个连接器用于连接带有 10BASE-T 网卡的主机。

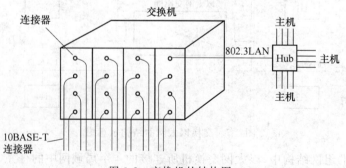

图 3-8 交换机的结构图

交换机的工作原理是首先检测从端口来的数据包的源和目的 MAC(介质访问层)地址,然后与系统内部的动态查找表进行比较,若数据包的 MAC 地址不在查找表中,则将该地址加入查找表中,并将数据包发送给由协议所确定的目的端口。

如图 3-9 所示的交换机有 6 个端口,其中端口 1、4、5、6 分别连接了节点 A、节点 B、节点 C 与节点 D,那么交换机的“端口号/MAC 地址映射表”就可以根据以上端口号与节点 MAC 地址的对应关系建立起来。如果节点 A 与节点 D 同时要发送数据,那么它们可以分别在 Ethernet 帧的目的地址字段(DA)中添上该帧的目的地址。

例如,节点 A 要向节点 C 发送帧,那么该帧的目的地址 DA=节点 C;节点 D 要向节点 B 发送帧,那么该帧的目的地址 DA=节点 B。当节点 A、节点 D 同时通过交换机传送 Ethernet 帧时,交换机的交换控制中心根据“端口号/MAC 地址映射表”的对应关系找出帧的目的地址的输出端口号,那么它就可以为节点 A 到节点 C 建立端口 1 到端口 5 的连接,同时为节点 D 到节点 B 建立端口 6 到端口 4 的连接。这种端口之间的连接可以根据需要同时建立多条,也就是说可以在多个端口之间建立多个并发连接。

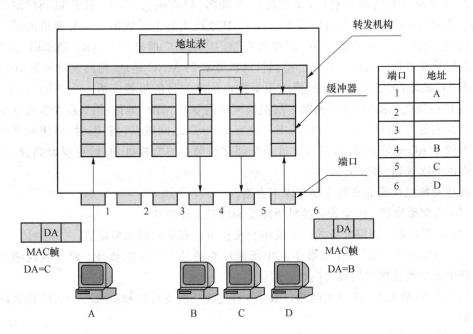

图 3-9　交换机的结构与工作过程

传统的交换技术是在 OSI 网络标准模型中的第 2 层——数据链路层——进行,可以理解为一个多端口网桥,因此称为第 2 层交换。目前,交换技术已经延伸到 OSI 第 3 层的部分功能即所谓第 3 层交换,简单地说,3 层交换技术就是 2 层交换技术与 3 层转发技术的集合。第 3 层交换在网络模型中的第 3 层实现了数据包的高速转发,解决了局域网中网段划分之后网段中子网必须依赖路由器进行管理的局面,以及传统路由器低速、复杂所造成的网络瓶颈问题。

从硬件上看,第 2 层交换机的接口模块都是通过高速底板进行数据交换。在第 3 层交换机中,与路由器有关的第3层路由硬件模块也插接在高速底板,这种方式使得路由模块可以与需要路由的其他模块间高速交换数据,从而突破了传统的外接路由器接口速率的限制。

在软件方面,第3层交换机对于数据包的转发(如 IP/IPX 包的转发)这些规律的过程通过硬件得以高速实现。对于第3层路由软件,如路由信息的更新、路由表维护、路由计算、路由的确定等功能,用优化、高效的软件实现。

假设两个使用 IP 协议的机器通过第3层交换机进行通信,机器 A 在开始发送时,已知目的 IP 地址,但尚不知道在局域网上发送所需要的 MAC 地址。要采用地址解析(ARP)来确定目的 MAC 地址。机器 A 把自己的 IP 地址与目的 IP 地址比较,从其软件中配置的子网掩码提取出网络地址来确定目的机器是否与自己在同一子网内。若目的机器 B 与机器 A 在同一子网内,A 广播一个 ARP 请求,B 返回其 MAC 地址,A 得到目的机器 B 的 MAC 地址后将这一地址缓存起来,并用此 MAC 地址封包转发数据,第2层交换模块查找 MAC 地址表确定将数据包发向目的端口。若两个机器不在同一子网内,如发送机器 A 要与目的机器 C 通信,发送机器 A 要向"缺省网关"发出 ARP 包,而"缺省网关"的 IP 地址已经在系统软件中设置。这个 IP 地址实际上对应第3层交换机的第3层交换模块。所以当发送机器 A 对"缺省网关"的 IP 地址广播出一个 ARP 请求时,若第3层交换模块在以往的通信过程中已得到目的机器 C 的 MAC 地址,则向发送机器 A 回复 C 的 MAC 地址;否则第3层交换模块根据路由信息向目的机器广播一个 ARP 请求,目的机器 C 得到此 ARP 请示后向第3层交换模块回复其 MAC 地址,第3层交换模块保存此地址并回复给发送机器 A。以后,当再进行 A 与 C 之间数据包转发时,将用最终的目的机器的 MAC 地址封装,数据转发过程全部交给第2层交换处理,信息得以高速交换,即所谓的一次选路、多次交换。

描述交换机性能的参数主要有以下方面。

(1) 机架插槽数:机架式交换机所能安插的最大模块数。

(2) 扩展槽数:固定配置式带扩展槽交换机所能安插的最大模块数。

(3) 最大可堆叠数:一个堆叠单元中所能堆叠的最大交换机数目。此参数说明了一个堆叠单元中所能提供的最大端口密度。

(4) 最小/最大 10 M 以太网端口数:一台交换机所支持的最小/最大 10 M 以太网端口数量。

(5) 最小/最大 100 M 以太网端口数:一台交换机所支持的最小/最大 100 M 以太网端口数量。

(6) 最小/最大 1 000 M 以太网端口数:一台交换机所能连接的最小/最大 1 000 M 以太网端口数量。

(7) 背板吞吐量(也称背板带宽)(Mbit/s):交换机接口处理器或接口卡和数据总线间所能吞吐的最大数据量。交换机的背板带宽越高,所能处理数据的能力就越强,但同时设计成本也会比较高。

(8) 包转发率:交换机每秒转发数据包的数量。

(9) 缓存(也称缓冲区):是一种应用于存储器上的队列结构。交换机用缓冲区来协调不同网络设备之间传输速度的不同。

(10) MAC 地址表:连接到局域网上的每个端口或设备都需要一个 MAC 地址,其他设备要用到此地址来定位特定的端口及更新路由表和数据结构。MAC 地址有 6 字节长,由 IEEE 来分配,又称物理地址。一个设备的 MAC 地址表大小反映了连接到该设备能支持的最大节点数。

(11) 最大电源数:一般情况下,核心设备都提供冗余电源供应,在一个电源失效后,其他电源仍可继续供电,不影响设备的正常运转。连接多个电源时,要注意用多路交流电供应,这样,在一路线路失效时,其他线路仍可供电。

(12) 服务质量(QoS,Quality of Service):传输系统的性能度量,反映了其传输质量以及服务的可获得性。它主要靠 RSVP(资源预留协议)及 802.1P 来保证。

3.4.4　全双工以太网

传统以太网是共享传输介质的半双工以太网,当有一个节点发送数据时,其他所有的节点必须进行监听,即介质任何时候都只能在一个方向上传输数据,要么发送数据,要么接收数据。

全双工以太网最初并不是物理层或 MAC 子层规范的一部分,但局域网技术的飞速发展使全双工以太网成为现实。首先是 10 BASE-T 标准和产品的出现为实现单独的发送和接收通道提供了可能;其次以太网交换技术的问世意味着介质不再由多个用户来共享。

交换技术是全双工以太网的必要前提,因为全双工要求只有两个节点的点对点连接,但交换以太网并不自动就是全双工操作。在不同的节点间以不同的速率进行通信时,流量控制是一个很重要的问题,共享以太网内部具有一种流量控制机制。如果发送方数据发送过快,超出了接收方的处理能力,接收方通过产生一次冲突或访问共享信道来阻止发送方进一步发送数据;另外当多个节点试图通过一个共享局域网发送数据时,局域网将变得繁忙,网络饱和,以太网本身就会表现出拥塞控制。

交换以太网采用一种称为反压力的流量控制机制来处理速率不同的节点之间的数据传输。交换机尽可能多地缓冲发送方发送给接收方的数据帧,一旦交换机的缓冲区满,就会通知发送方停止发送。通知的方式有两种:一种是交换机强行制造一次与发送方的冲突,使得发送方退避;另一种是插入一次载波检测信号使发送方的端口保持繁忙,使发送方感觉到好像交换机要发送数据一样。这两种方式都会使发送方在一段时间内停止发送,从而允许交换机去处理积压在缓冲区中的数据帧。

在全双工环境中,发送方和交换机使用不同的通道发送数据,因而无法允许交换机去产生一次冲突或去访问该通道而使发送方停止发送,发送方将一直发送到交换机的缓冲区溢出为止。为此 IEEE 制订了一个组合的全双工/流量控制标准,当交换机的缓冲区满时,向发送方发送一个 PAUSE 帧,发送方在收到 PAUSE 帧后将立即暂停或中断其发送。

全双工以太网技术与传统半双工以太网技术相比较,最大的特点就是:端口间两根双绞线或光纤上可以同时接收和发送帧,不再受 CSMA/CD 的约束,在端口发送帧时不会发生帧的碰撞。因此,连接端口的线缆长度仅受数字信号传输衰变的影响,而不像传统以太网半双工传输时还要受碰撞域的约束。此外,全双工技术也拓宽了网络系统的带宽,理论上系统带宽＝端口数×端口速率。当然,由于内部设计的限制,实际带宽要低于理论值。

3.4.5 虚拟局域网

交换技术的发展,允许区域分散的组织在逻辑上成为一个新的工作组,而且同一工作组的成员能够改变其物理地址而不必重新配置节点,这就是虚拟局域网技术(VLAN)。利用以太网交换机可以很方便地实现虚拟局域网。

在交换式以太网中,各节点可以分属于不同的虚拟局域网,不必拘泥于所处的物理位置,它们既可以挂接在同一个交换机中,也可以挂接在不同的交换机中。虚拟局域网技术使得网络的拓扑结构变得非常灵活,例如位于不同楼层的用户或者不同部门的用户可以根据需要加入不同的虚拟局域网。

在使用带宽、灵活性、性能等方面,虚拟局域网都显示出很大优势。虚拟局域网的使用能够方便地进行用户的增加、删除、移动等工作,提高网络管理的效率。虚拟局域网概念的引入使交换机承担了网络的分段工作,而不再使用路由器来完成。基于交换式以太网的虚拟局域网利用虚拟局域网技术,可以将由交换机连接成的物理网络划分成多个逻辑子网,也就是说,一个虚拟局域网中的节点所发送的广播数据包将仅转发至属于同一虚拟局域网的节点,而不必考虑具体的物理位置。

由于在相同虚拟局域网内的节点间传送的数据不会影响到其他虚拟局域网上的节点,因此减少了数据窃听的可能性,极大地增强了网络的安全性。通过把网络分成逻辑上的不同广播域,使网络上传送的数据包只与位于同一个虚拟局域网的端口之间交换。这样就限制了某个局域网只与同一个虚拟局域网内的其他局域网互联,避免浪费带宽,从而消除了传统的桥接/交换网络的固有缺陷——数据包经常被发送到并不需要的局域网中,因此改善了网络配置规模的灵活性,尤其是在支持广播/多播协议和应用程序的局域网环境中,会遭遇到如潮水般涌来的包。而在虚拟局域网结构中,可以轻松地拒绝其他虚拟局域网的包,从而减少网络流量。

基于交换式的以太网要实现虚拟局域网主要有 3 种途径:基于端口的虚拟局域网、基于 MAC 地址(网卡的硬件地址)的虚拟局域网和基于 IP 地址的虚拟局域网。

(1) 基于端口的虚拟局域网

基于端口的虚拟局域网是最实用的虚拟局域网,配置直观简单。纯粹用端口分组来定义虚拟局域网不会容许多个虚拟局域网包含同一个实际网段(或交换机端口)。其特点是一个虚拟局域网的各个端口上的所有终端都在一个广播域中,它们相互可以通信,不同的虚拟局域网之间进行通信须经过路由来进行。这种虚拟局域网划分方式的优点在于简单、容易实现,从一个端口发出的广播,直接发送到虚拟局域网内的其他端口,便于直接监控。其不足之处是灵活性不好。例如,当一个网络节点从一个端口移动到另外一个新的端口时,如果新端口与旧端口不属于同一个虚拟局域网,则用户必须对该节点重新进行网络地址配置,否则,该节点将无法进行网络通信。在基于端口的虚拟局域网中,每个交换端口可以属于一个或多个虚拟局域网组,比较适用于连接服务器。

(2) 基于 MAC 地址的虚拟局域网

在基于 MAC 地址的虚拟局域网中,交换机对节点的 MAC 地址和交换机端口进行跟踪,在新节点入网时根据需要将其划归至某一个虚拟局域网,而无论该节点在网络中怎样移动,由于其 MAC 地址保持不变,因此用户不需要进行网络地址的重新配置。这种虚拟局域网技术的不足之处是在节点入网时,需要对交换机进行比较复杂的手工配置,以确定该站点属于哪一个虚拟局域网。

(3) 基于 IP 地址的虚拟局域网

在基于 IP 地址的虚拟局域网中,新站点在入网时无须进行太多配置,交换机则根据各节点网络地址自动将其划分成不同的虚拟局域网。在 3 种虚拟局域网的实现技术中,基于 IP 地址的虚拟局域网智能化程度最高,实现起来也最复杂。

3.5　局域网组网方法

局域网的组网要解决 4 个问题:确定局域网的拓扑结构、传输介质的选择、网卡的选择与安装、上网计算机和传输介质的连接等。从目前情况来看,局域网的拓扑结构大体选用总线型局域网和以交换机为中心的星型交换局域网。这里仅大致讨论一下总线型局域网组网方法。确定了总线型局域网所选用的传输介质,也就确定了网卡的类型。

3.5.1　IEEE 802.3 物理层标准类型

IEEE 802.3 标准为了能支持多种传输介质,在物理层为每种传输介质制订了相应的标准,主要有:10BASE-5、10BASE-2、10BASE-T、10BASE-FP、10BASE-FB 与 10BASE-FL。这里"BASE"表示电缆上的信号是基带信号,采用曼彻斯特编码。"BASE"前面的数字"10"表示数据速率为 10 Mbit/s,而后面的数字"5"或"2"表示每一段电缆的最大长度为 500 m 或 200 m (实际为 185 m)。"T"代表双绞线,而"F"代表光纤。目前使用得最广泛的是双绞线传输媒体。

物理标准与 802.3 介质访问控制子层及 802.2 逻辑链路层控制子层的关系如图3-10所示。从图中可看出,以太网在逻辑链路控制 LCC 子层采用 802.2 标准,在介质访问控制 MAC 子层采用 CSMA/CD 方法,而物理层可以任意选取以上 6 种标准中的一种或多种的组合,构成以太网的物理结构。

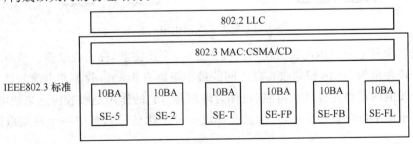

图 3-10　802.3 物理层标准与 MAC、LLC 子层关系

（1）10BASE-5 标准

10BASE-5 是 IEEE 802.3 物理层标准中最基本的一种。采用的传输介质是基带粗同轴电缆，连接处采用插入式分接头，将其触针小心地插入到同轴电缆的内芯。其工作速率是 10 Mbit/s，采用基带信号，最大支持段长为 500 m。

（2）10BASE-2 标准

10BASE-2 是 IEEE 802.3 第一个物理层补充标准。它采用的传输介质是基带细同轴电缆。其接头处采用工业标准的 BNC 连接器组成 T 型插座。它的价格比较低廉，安装比较方便，但是适用范围只有 200 m，并且每个电缆段内只能使用 30 台机器。

（3）10BASE-T 标准

10BASE-T 是 1990 年一个物理层补充标准。它采用双绞线和集线器（Hub）相连，所有节点都连接在 Hub 上。这种结构十分简单，并且很容易检测到电缆故障，但它最大有效长度是 100 m，即使是高质量的双绞线（5 类线），最大有效长度也只有 150 m。尽管如此，由于易于维护、价格低廉，10BASE-T 还是应用得十分广泛。

（4）10BASE-FP、10BASE-FB 与 10BASE-FL 标准

10BASE-F 采用光纤传输。采用这种方式的连接器和相关设备的费用比较昂贵，但是它有极好的抗干扰性，常用于办公大楼或相距较远的集线器之间的连接。

3.5.2　同轴电缆组网

使用同轴电缆组网所要解决的是同轴电缆的类型、电缆和上网计算机的连接等问题。使用波阻抗为 50 Ω 的宽带同轴电缆可以组成标准以太网 10BASE-5。如果要求扩大网络规模，可使用中继器来增加网段，但是从任意一个节点发出的数据信息到达另一个节点所经过的中继器个数不能超过 4 个，干线总数不超过 5 个，而且只能有 3 个连接节点，通过中继器连接后的粗缆网段最大长度不能超过 2 500 m。一个网段上最多允许 100 台节点，中继器也是一个节点。粗缆以太网的组网方式如图 3-11 所示。

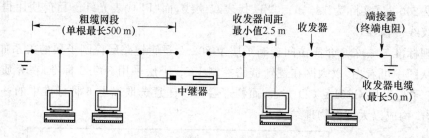

图 3-11　粗缆以太网组网示意图

干线上和每个节点相连接所使用的接插件（一个连接盒）称为收发器。节点与收发器之间的最长距离为 50 m，相邻收发器之间的最小距离为 2.5 m，收发器电缆的最大长度为 50 m。干线的两端要连接终端电阻（也称为端接器），它的作用是吸收传过来的电信号，防止在网络干线上造成波的反射（反射波会形成一种干扰信号），其中一个终端电阻要连接地线。

宽带同轴电缆价格比较贵，连接比较麻烦，所以可以使用波阻抗为 50 Ω 的基带同轴

电缆组成细缆以太网 10BASE-2。如果不使用中继器,最大细缆长度不能超过 185 m。如果使用中继器扩大网络规模,最多允许使用 4 个中继器,连接 5 条缆网段,通过中继器连接后的网段最大长度不能超过 925 m。其中只有 3 个网段可以连接节点,其他网段仅用于扩展距离,并且每个网段最多允许 30 个节点,中继器、网桥和路由器、服务器、工作站等都称为节点。

3.5.3　双绞线组网

目前在使用双绞线组成局域网时,都是以集线器为连接的核心,每个集线器上的节点连接为星型结构。所使用的双绞线在一条电缆内有 8 线和 16 线两种,其中 8 线最为常用。

符合 IEEE 10 Mbit/s 基带双绞线的标准的局域网称为 10BASE-T,是目前最为流行的以太网,这种局域网的组织网络示意图如图 3-12 所示。

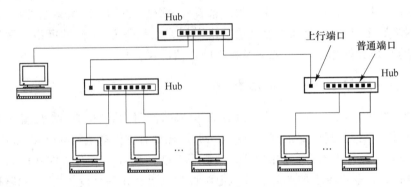

图 3-12　10BASE-T 双绞线以太网组网示意图

在此类网络中连网的双绞线长度不能超过 100 m,集线器的数量最多为 4 个,任意两节点之间的距离不能超过 500 m。集线器可级联扩充,集线器之间可用同轴电缆相连,最大间距为 100 m。若不使用网桥,网络上可以连接的节点多达 1 023 个。

使用集线器可以组成在物理拓扑结构上是星型的,但是在逻辑结构上是总线型、令牌总线型和环型的各种局域网。这只要在集线器内部的连接方法和介质访问控制技术上进行不同的搭配就可以实现。

3.6　局域网互联技术

由于每种网络技术都有特定的限制,如局部范围内的以太网适合于办公室环境,令牌环网适合于实时业务传送,令牌总线网则适合于流水线上的设备控制,不存在某种单一的网络技术适应所有的需求。通常根据实际的需求来确定网络的类型,并将不同网络类型的网络互联,满足实际的需要。

3.6.1　网络互联的基本概念

随着网络应用技术的发展,网络互联已成为网络中的一个重要的内容。所谓的互联是指将分布在不同地理位置的网络、设备相连接,以构成更大规模的互联网络系统,实现互联网络资源的共享。互联的网络和设备可以是同种类型的网络、异构网络以及运行不同网络协议的设备和系统。在互联网中,每个网中的网络资源都应成为互联网中的资源。对互联网络资源的共享服务与物理网络结构是分离的,对网络用户来说,互联网络结构对用户是透明的,互联网络应屏蔽各子网在网络协议、服务类型与网络管理等方面的差异。

网络互联可以分为如下几种类型:广域网对广域网(WAN-WAN)、局域网对局域网(LAN-LAN)、局域网对广域网(LAN-WAN)、局域网通过广域网对局域网(LAN-WAN-LAN)。其中,LAN-WAN-LAN 方式属于虚拟局域网方式的情况,这里暂不讨论。

计算机网络是一个复合系统,由于型号、线路类型、连接方式、同步方式、通信方式不同,其通信极为复杂,因此需要采用分而治之的方式,将非常复杂的网络通信问题化为若干个彼此功能相关的模块来处理。各模块之间呈现很强的层次性,不同层次的互连所解决的问题及实现的功能是不同的。OSI 七层协议参考模型的确定,为网络的互联提供了明确的指导。网络互联从通信协议的角度来看可以分成 4 个层次,物理层之间、数据链路层之间、网络层之间、传输层及以上高层协议之间。也就是说,不同的网络互联情况不仅涉及相关的互联设备,实际上也要涉及相应的通信协议。

3.6.2　网络互联设备分类

中继器、网桥、路由器和网关都是由通信部件和计算机共同构成,网桥、路由器和网关都具备计算机的功能,其内部都有 CPU、ROM 和 RAM,它们都执行存储于 ROM 中的程序。这些设备在硬件上没有本质的不同,调整一下硬件配置或改变软件就可以改变它们的功能。所以,目前市场上的产品有些是把两种功能组合在一个设备之中(如路桥器),有些则利用高档次设备来执行低端设备的功能。

1. 中继器

中继器可用于连接物理层协议相同的两个局域网网络。在中继器的两端,其速率、协议和地址空间都相同。由于网络节点间存在一定的传输距离,网络中携带信息的信号在通过一个固定长度的距离后,会因衰减或噪声干扰而影响数据的完整性,影响接收节点正确的接收和辨认,因此,为了保证有用数据的完整性并在一定范围内传送,要用中继器把所接收到的弱信号分离,并再生放大以保持与原数据相同。从理论上讲可以用中继器连接无限的介质段,然而实际上各种网络中都有具体的限制,在 IEEE 802.3 标准中,最多允许 4 个中继器连接 5 个网段。

中继器仅在网络的物理层起作用,它不以任何方式改变网络的功能,因此通过中继器连接在一起的两个网段实际上是一个网段。如果源节点发送一个帧给目的节点,中继器并不能阻止除目的节点外的其他节点接收该帧,其作用只是使节点接收到的帧更加可靠。

中继器的工作方式主要有两种:直接放大式和信号再生式。直接放大式只是一个简单的放大器,中继器在放大信号的同时也将噪声进行了放大,因此,噪声也将随信号一同传递到下一网段。直接放大式中继器主要应用于对链路质量要求不很高的场合,且级联的中继器数量很少,一般为 1～2 个,因为连续放大的噪声可能将数据信号淹没。

信号再生式具有信号再生功能,即中继器收到带有噪声的信号后,通过电路识别,取出有用的信号并将其整形、放大,然后将信号传递到下一个网段。在这个过程中,随信号传入中继器的上一网段中形成的噪声将被滤掉。信号再生式中继器主要应用于链路质量要求较高的场合,尤其是在 2～4 级级联的情况下,前面网段的噪声不会影响到后面的网段。

中继器放置在传输线路上的位置很重要。一般来说,小的噪声可以改变信号电压的准确值,但不会影响对某一位是"0"还是"1"的辨认。若让衰减了的信号传输得更远,则累计的噪声影响将会影响到对某位的"0"、"1"辨认,从而有可能完全改变信号的含义,这时原来的信号将出现无法纠正的错误。因而在传输线路上,中继器应放置在信号失去可读性之前,即在仍可辨认出信号原有含义的地方放置中继器,利用它重新生成原来的信号,恢复信号的原来面目。

2. 网桥

网桥能够互联两个采用不同数据链路层协议、不同传输速率、不同传输介质的网络,但要求两个互联网络在数据链路层以上采用相同或兼容的协议,因此是在数据链路层实现局域网互联的设备。换句话说,网桥可以实现网段之间的连接,也可在两个相同类型的网段之间进行帧中继。网桥可以访问所有连接节点的物理地址,处理对象是帧。网桥接收了完整的帧后,对帧进行校验,然后检查这个帧的目的地址,对照各个节点在局域网中地址分布的情况确定是否需要对该帧进行转发。当不需要对于来自一端的帧进行转发时,另一端感觉不到这个帧的存在,这就是进行了信息的隔离,这对于需要控制信息传输的局域网可以起到保护作用。这种隔离对于解决网络的故障同样有效。

网桥与中继器的区别在于:中继器不处理报文,它没有理解报文中任何东西的智能,只是简单的复制报文;而网桥可分析出两个相邻网段的地址。网桥具有使不同网段之间的通信相互隔离的作用,只对包含预期接收者网段的信号进行中继,即起到过滤信号包的作用。利用网桥可以控制网络拥塞,同时用来隔离出现问题的链路,但网桥在任何情况下都不能修改包的结构和内容,因此只能将网桥应用在使用相同高层协议(数据链路层以上)的网段之间。

网桥可以通过 MODEM 甚至是公用网进行局域网的远程连接,这一点是中继器所做不到的,根据这一点,网桥可以分为本地网桥和远程网桥;根据网桥是运行在服务器上还是另有一个独立设备,又可以分为内部网桥和外部网桥(内桥和外桥);当局域网上由源到目的地路由比较复杂时,根据路由是由网桥自动选择还是要有主机的参与,又可分为透明网桥和源选径网桥,市售的网桥基本上都是透明网桥。

3. 路由器

路由器工作在物理层、数据链路层和网络层上,当数据包要在不同协议、不同体系结构的网络之间进行传输时,路由器不仅可以进行路由选择,还可以进行数据包的格式转换以适应这种传送。

路由器如同网络中的一个节点,但同时连接到两个或更多的网络中,并拥有它们所有的地址。路由器从所连接的节点上接收存有目的网络和目的地址的报文,同时将它们传送到第 2 个连接的网络中。当一个接收报文的目的节点位于这个路由器所不连接的网络中时,路由器有能力决定哪一个连接网络是这个报文最好的下一个中继点。一旦路由器识别出一个报文所走的最佳路径,它将通过合适的网络将其传递给下一个路由器。下一个路由器再检查目的网络地址,找出它所认为的最佳路由,然后将数据包送往目的地址或所选路径上的下一个路由器。它将取消没有目的地的报文传输,对存在多个子网或网段的网络系统,路由器是很重要的部分。

路由器是在具有独立地址空间、数据速率和介质的网段间存储转发信号的设备。路由器连接的所有网段,其协议保持一致。

4. 网关

网关又被称为网间协议变换器,用以实现不同通信协议的网络之间(包括使用不同网络操作系统的网络之间的互联。由于在技术上与它所连接的两个网络的具体协议有关,因而用于不同网络间转换连接的网关是不相同的。

网关是比网桥和路由器更复杂的网络互联设备,不仅可实现局域网与主机、局域网与远程网之间的互联,还可实现不同网络操作系统网络之间的互联,为具有不同协议和报文组的两个网络之间传输数据提供条件。在报文从一个网段到另一网段的传送中,网关提供了一种将报文重新封装形成新的报文组的方式。

网关在很多情况下起着重要的作用。例如,使用 HTTP 的系统和使用 FTP 的系统之间要进行文件传输就需要使用网关,在使用网络电话(IP 电话)时,网络系统和公用电话系统之间也需要使用网关。

综上所述,网络互联从通信参考模型的角度可分为几个层次:在物理层使用中继器,通过复制位信号延伸网络的长度;在数据链路层使用网桥,在局域网之间存储或转发数据帧;在网络层使用路由器,在不同网络间存储转发分组信号;在传输层及传输层以上,使用网关进行协议转换,提供更高层次的接口。因此中继器、网桥、路由器和网关是不同层次的网络互联设备。网络互联层次与设备关系如表 3-1 所示。

表 3-1　网络互联设备在 OSI 七层模型的位置及功能

OSI 七层模型	互联设备	功能
应用层	网关	提供不同网络体系间的互联接口
表示层		
会话层		
传输层		
网络层	路由器、第 3 层交换机	在不同网络之间存储转发分组
链路层	网桥、第 2 层交换机	在局域网之间存储转发帧
物理层	中继器、集线器	在电缆间传输位流

3.7　局域网操作系统

网络操作系统是计算机软件和网络协议的集合,用以实现对网络资源的管理和控制,是在网络环境下用户与网络资源之间的接口,其目的是提供多种手段实现网络资源共享和相互通信,为用户屏蔽网络中不同节点存在的差别,实现对资源的最佳选择。

3.7.1　操作系统的发展

操作系统是计算机系统中的一个系统软件,负责管理和控制计算机系统中的硬件及软件资源,通过合理地组织工作流程、有效地利用计算机软硬件资源为用户提供一个功能强大、使用方便的工作环境,从而在计算机用户之间起到接口的作用。操作系统根据其结构特点可分为 3 个发展阶段:单块式、层次式、客户机/服务器式。相对于单机操作系统而言的网络操作系统是具有网络功能的计算机操作系统。

最初的操作系统是单块的(如 DOS),由一组可以任意互相调用的过程组成,但对系统的数据没有任何保护,且结构不清晰、安全性差,越来越不适应硬件的发展。

层次式操作系统,如 UNIX。目前大多数 CPU 都提供了若干不同的特权级,最高特权可执行所有命令,也称核心态;而对较低特权级有些指令就不能执行,这有利于保护系统资源,也称为用户态。操作系统本身处于核心态,用户程序不能直接访问核心数据,必须通过系统调用获得服务;而操作系统本身又分为若干层次,如系统服务、文件系统、内存及 I/O 设备管理。这种结构的优点是层次分明,增加或替换其中一层不影响其他各层。但整个操作系统处于核心态运行也会带来安全问题,而且与其他操作系统的兼容性较差。

客户机/服务器模式是以卡内基梅隆大学的 Mach 为代表的微内核结构的操作系统。此类操作系统有一个很小的内核(微内核)运行在核心态,它提供所有操作系统共用的操作,如线程调度、消息传递、虚拟存储以及设备驱动,而操作系统的其他部分则分成若干相对独立的进程,每一个进程实现一组服务,例如文件系统、应用程序接口 API 以及网络等,它们运行于用户态,称为服务器(Server)。而客户(Client)可以是一个应用程序,也可以是另一个 Server,它向服务器发出请求服务的申请,内核将消息传递给服务器,服务器执行相应的操作,其结果又通过内核返回给客户,这就是 Client/Server 运行模式。它的优点在于其将操作系统分成若干个小的且自包含的分支,每个分支运行在独立的用户态,即使某个操作器毁坏或崩溃也不影响其他分支,且分支扩展容易。

3.7.2　网络操作系统

初期的局域网标准只定义了低层(物理层、数据链路层)协议,实现局域网协议的硬件和驱动程序只能为高层用户提供数据传输功能,因此早期的局域网被定义为通信网络。一个局域网要能实现分布式进程通信、为用户提供完备的网络服务功能,就必须具备局域网高层软件。为此引出了局域网操作系统的概念,指出网络操作系统除了应具有通常操作系统应具有的处理机管理、存储器管理、设备管理和文件管理功能外,还应能提供高效、可靠的网络通信能力以及多种网络服务功能,如文件传输服务功能、电子邮件服务功能、远程打印服务功能等。总之,网络操作系统就是要为用户访问网络中的计算机资源提供服务。

网络操作系统(NOS,Network Operating System)是为网络用户提供所需的各种服务的软件和有关规程的集合,使网络上的计算机能够方便而有效地共享网络资源。所以说,网络操作系统是网络用户和计算机网络之间的接口。

局域网操作系统的演变过程如图 3-13 所示。由图 3-13 可知,局域网操作系统经历了由对等结构向非对等结构的演变,由以共享硬盘服务为基础转变为以共享文件服务为基础。由于计算机网络的主要功能是实现资源的共享,因此,从资源的分配和管理的角度来看,对等网络和非对等网络最大的差异就在于共享网络资源是分散到网络的所有计算机上,还是使用集中的网络服务器。对等网络采用分散管理的结构,非对等网络采用集中管理的结构。对于这两种结构的网络,网络中计算机使用的操作系统也各不相同。

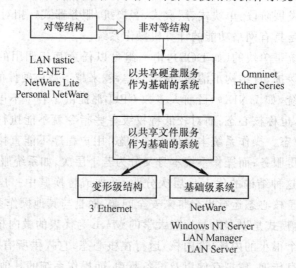

图 3-13　局域网操作系统的演变过程

1. 对等结构的局域网操作系统

对等结构的局域网操作系统的特点是:联网计算机地位平等,不存在明确的服务器与工作站的分工,安装在每个计算机的局域网操作系统软件都相同,联网计算机的资源在原则上都可以共享。每台联网计算机都是以前后台方式工作,前台为本地用户提供服务,后台为其他网络用户提供服务。网络中任何两个计算机之间都可以直接实现通信。

对等结构局域网操作系统的优点是结构简单,可以提供共享硬盘、共享打印机、电子邮件、共享屏幕与共享 CPU 服务。而缺点是每台联网节点既要完成工作站的功能,又要完成服务器的功能;计算机除了要完成本地用户的信息处理任务外,还要承担较重的网络通信管理和共享资源管理任务。这将加重联网计算机的负荷,使其信息处理能力明显降低。因此,对等结构局域网操作系统支持的信息系统一般规模都比较小。

2. 非对等结构的局域网操作系统

针对对等结构的缺点,提出了非对等结构局域网操作系统的设计思想,即将联网计算机分为两类:网络服务器（Server）与网络工作站（Workstation）。在此结构中,联网的计算机有明确分工。网络服务器采用高配置、高性能计算机,以集中方式管理局域网的共享资源,为网络工作站提供服务。网络工作站常简称为工作站,一般采用配置较低的微型机,主要为本地用户访问本地资源与访问网络资源提供服务。非对等结构局域网操作系统软件包括两部分,一部分运行在服务器上,另一部分运行在工作站上。由于服务器集中管理网络资源与服务,因此是局域网的逻辑中心。安装与运行在网络服务器上的局域网操作系统的功能与性能,直接决定着网络服务功能的强弱以及系统性能的安全性,是局域网操作系统的核心部分。

3.8　Windows NT 网络操作系统

Windows NT 是 Microsoft 推出的面向工作站、网络服务器和大型计算机的网络操作系统,也称做 PC 操作系统。它与通信服务紧密集成,提供文件和打印服务,能运行客户机/服务器应用程序,内置了 Internet/Intranet 功能,已逐渐成为企业组网的标准平台。本文的介绍以 Windows NT Server 4.0 为基础。

3.8.1　Windows NT 的特点

Windows NT Server 4.0 的特点如下。

(1) 界面友好性

Windows NT 具有友好的界面。Windows 界面的一致性避免了用户多次学习不同的、繁杂的命令,一上手就可以使用。

(2) 体系结构的开放性

Windows NT 采用开放式体系结构,因此其兼容性、移植性较高。Windows NT 4.0 具有与大多数操作系统及软硬件的兼容性。在操作系统方面,Windows NT 4.0 支持原有的 FAT 文件系统,因此可以和使用 FAT 文件系统的 DOS、Windows 3.x、Windows 95 等操作系统统一安装,而且支持在 DOS、Windows 下的应用程序,还可以运行基于 OS/2 操作系统的 OS/2 1.x 的应用程序及基于 UNIX 操作系统的 POSIX 应用程序。在硬件方面,Windows NT 4.0 支持所有在其硬件兼容列表(HCL)中的硬件,在 HCL 中包括了现有的大多数硬件。

Windows NT 中与硬件有关的部分都单独放在硬件抽象层 HAL 中,这样通过 HAL Windows NT 可以屏蔽各种硬件之间的差异,即要在一种新的处理器上实现 NT 时,只需重写 HAL 即可。

(3) 可靠性

在可靠性上,Windows NT 的访问保护机构能够防止因软件错误对系统其他进程所造成的损坏,系统不间断电源管理程序能够防止断电对系统所造成的损坏。系统还具有数据恢复能力,NT 文件系统能够从各种磁盘错误中恢复。另外,Windows NT 4.0 采用专门的内存管理器对内存进行严格管理,应用程序只能通过内存管理器来管理内存,不能直接访问内存,使得一个应用程序出现的问题不会影响其他应用程序运行。

(4) 安全性

Windows NT 4.0 符合美国政府制定的 C2 级安全标准,这种安全标准体现在诸如用户登录身份验证、访问存取控制、安全审核等方面,另外还可以对用户的一些涉及系统安全性的活动进行追踪和审核。同时,NT 服务器提供的程序能够方便地实现对多个服务器的安全控制,从而大大减轻网络管理人员的劳动。

(5) 多任务与对称多处理器的支持性

Windows NT 4.0 具有的抢占、分时、优先级驱动等功能保证了操作系统完全占有系统资源的支配权,对多任务的完成提供了可靠的依据。Windows NT 4.0 同时支持对称多处理器,操作系统可以根据处理器之间的忙闲状态来合理分配任务、平衡处理器之间的负荷、提高系统的性能。

(6) 网络的集成性

Windows NT 内置了网络功能,不仅支持点对点的网络,而且支持 Client/Server 模式网络,不仅支持微软网络,还支持与其他网络的互操作性。Windows NT 4.0 支持 256 个远程客户的访问请求。

(7) 管理工具的多样性

Windows NT 为方便用户管理,提供了专门的管理工具,如域用户管理器、磁盘管理器、性能监控器等。

3.8.2　Windows NT 的系统结构

基于 Windows NT 的特点,本节从系统结构的角度介绍操作系统的结构对功能和性能的影响。Windows NT 的系统结构可分为两大部分:系统用户态(Windows NT 保护子系统)和系统核心态(NT 执行体),其结构图如图 3-14 所示。

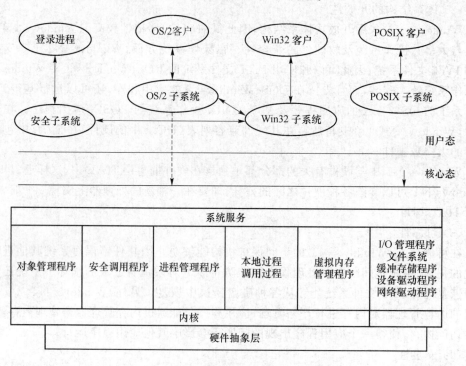

图 3-14　Windows NT 构架

(1) 系统用户态

系统用户态由客户进程及服务器进程所构成。该部分为特定的操作系统提供一个应用程序接口(API)。多个应用程序又可同时在一个用户态服务器上进行,其中的安全子系统完成对用户登录和权限的检查与控制功能,保证系统的安全性。

（2）系统核心态

Windows NT 的内核非常小，但它是一个完整的操作系统，由一些组件按层构成，这些组件分别完成不同的功能。

（3）系统服务

系统服务为用户应用及环境子系统提供支持，在该服务下，操作系统的基本函数被集成为 3 个分层的构件：执行服务、微核及 HAL。

（4）微核

微核提供最基本的如线程调用、一级中断处理及安排过程调用等操作系统服务。

（5）硬件抽象层

硬件抽象层是核心模式下由 Microsoft 或硬件制造商提供的硬件操作例程的核心模式库，其隐藏了特定平台的硬件接口细节，为操作系统提供虚拟硬件平台，使其具有与硬件无关性，可在多种平台上进行移植。

Windows NT 是真正的 32 位网络操作系统，它之所以被越来越广泛地应用到各个领域主要因为该网络操作系统具有如下的功能。

（1）采用全新的 Windows 图形用户界面

Windows NT 摒弃了传统的命令行用户界面，采用 Windows 图形用户界面，增加了与用户的友好交流，极大地方便了用户。

（2）支持多种文件系统

Windows NT 支持 FAT、NTFS 及 HPFS 等多种文件系统，可以实现多种应用程序的运行。

（3）可实现与其他网络操作系统的互操作

Windows NT 作为客户不仅可以访问其他厂商（如 Novell NetWare、Banyan VINES、SUNNFS 等的服务器），而且 Windows NT 上的应用程序可直接访问网络中的其他文件系统（如 UNIX、VMS、Apple Maintosh 等）。

（4）提供了方便地建立分布式应用程序的机制

Windows NT 提供了方便地建立和运行客户/服务器模式应用程序的机制，主要包括远程过程调用 RPC（Remote Procedure Call）、命名管道（Named Pipes）以及多种应用程序接口。

（5）提供企业建立 Internet/Intranet 时的完整解决方案

Windows NT 内置了 Internet 信息服务器（IIS，Internet Information Server），因此只需安装 IIS 就可直接建立 WWW、Gopher、FTP 服务器而不再需要其他相关软件，为建立一个企业级网络提供了极大方便。

3.8.3　Windows NT 的网络结构

Windows NT 是内置网络功能，这些功能使得 Windows NT 的计算机能够和其他计算机共享文件、打印和其他程序。本节主要讨论 Windows NT 的网络功能。

Windows NT 的网络模型与 OSI 的对应关系如图 3-15 所示。在图 3-14 Windows

NT 构架中的 I/O 管理程序主要分为以下几层。

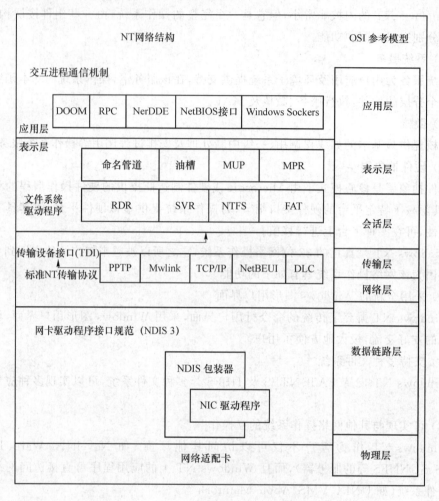

图 3-15　NT 网络模型与 OSI 的对应关系

（1）NDIS 兼容的网卡驱动程序通过在网卡和通信协议之间起作用，将基于 Windows NT 的计算机接入网络，并支持将多种协议绑定在一块网卡上。

（2）传输协议层使得计算机之间可靠的数据传输成为可能。

（3）文件驱动程序使得应用程序能够访问本地资源和网络资源。

从图 3-15 中可以看出，Windows NT 的网络体系结构是按层次进行组织，各层次之间的统一接口是通过边界层进行通信。在 Windows NT 结构模型中有两个主要的边界层次，即网卡驱动接口规范 NDIS 4.0 和传输驱动程序接口 TDI。NDIS 4.0 是一个允许多个网络适配器（网卡）和多个网络协议共存的标准，是 Windows NT 建立的设备驱动程序标准，基于 OS/2 NDIS 设备驱动程序所使用的标准 NDIS 2.0。TDI 提供了驱动程序的通用接口。边界层使得 Windows NT 的网络结构模型化，网络组件之间相互独立，易于组件的扩充与配置，并为开发者提供了一个创建分布式应用程序的平台。

3.8.4 Windows NT 的网络功能

Windows NT 是一种将网络功能集中在操作系统之中的网络操作系统,其 I/O 系统包括输入输出管理程序、文件系统、缓冲存储管理系统、设备驱动程序和网络驱动程序 5 个部分。

Windows NT 内装网络的工作流程是,首先用户态软件(例如 Win 32 I/O API)通过调用本机 NT I/O 服务子程序发出 I/O 请求(如向对方写盘),于是 I/O 管理程序为其创建一个 I/O 请求包,并将请求传送给文件系统驱动程序中的 Windows NT 重定向程序,重定向程序将请求包提交给传输驱动程序,传输驱动程序处理请求包,并将其放在网络上。这样,当请求到达 Windows NT 的目的地时,由传输驱动程序接收并复制数据到缓冲区,然后调用文件系统驱动程序,发出 I/O 命令写盘。由上述内装网络工作过程可以看出 Windows NT 的内装网络功能如下。

(1) 网络功能内置于操作系统内核

Windows NT 的网络功能不是操作系统的一个附加层,而是操作系统的一个有机的组成部分——内装网络。内装网络是指,Windows NT 的网络平台作为 NT 执行体的 I/O 系统中的一个组件而嵌入系统内部,这使得 Windows NT 无须安装其他网络软件,即可为用户提供文件共享、打印机共享、电子邮件和网络动态数据交换等功能。其次,内装网络意味着在 NT 中的网络组件将直接利用 Windows NT 的内部系统功能。NT 把网络重定向器和网络服务器设计成一个文件系统驱动器,并运行于核心态,它可以直接调用 NT 执行体其他部件的功能,例如可以调用缓冲存储管理器的功能以优化其数据传输性能。

(2) NT 网络部分的互操作性和网络级的兼容性

NT 网络部分与 LAN Manager 和 MS-NET 间的互操作性和兼容性可分为两种情况。如果 NT 作为 LAN Manager(或 MS-NET)的服务器,则可对网上的任何不同操作系统下的 LAN Manager(或 MS-NET)的客户提供与 OS/2 服务器(或 MS-NET 服务器)等同的服务。如果 NT 作为 LAN Manager(或 MS-NET)的客户,则可访问网上的任何 LAN Manager(或 MS-NET)服务器。

(3) 与其他网络系统的互操作性

作为客户可访问其他厂商的服务器,如 Novell NetWare、Banyan VINES、Sun NFS 等。Windows NT 上的应用程序可直接访问网上的其他文件系统,如 UNIX、VMS、Apple MACintosh 系统等。

(4) 提供方便地建立分布式应用程序的机制

NT 提供了方便地建立和运行客户/服务器模型的显式应用程序的机制,主要包括远程过程调用 RPC(Remote Procedure Call)和命名管道(Named Pipes)以及多种应用程序接口 API。

(5) 开放性

NT 的 I/O 系统中的各种驱动程序均可由动态连接库 DLL 在系统运行期间动态安装和卸载。

3.9　局域网测试

当局域网综合布线工程施工结束或网络硬件设备安装全部结束后,应当组织测试验收。为保证测试数据的科学、准确和公正性,网络的测试和验收应当严格使用技术先进的测试仪器。网络测试仪主要解决网络物理层和网络层的问题,现在的网络测试仪可以通过产生流量、生成负载等手段来检测网络性能状况;网络协议分析仪则解决网络层以上各层的问题。硬件测试的优点是速度快、操作方便、易于携带,对操作系统依赖性较小,但一般造价昂贵,主要由拥有这些仪器的公司进行第三方测试。

3.9.1　网络测试项目

在局域网中,有些技术参数对网络的正常运行起着十分重要的作用。为了使网络能保持良好的技术状态,并为可能出现的网络线缆故障、网络设备故障的分析与排除提供可靠的依据,根据国际现场测试标准 TSB-67 的要求,网络综合布线的测试项目包括以下内容。

（1）网络连通性

其一般包括硬件的连通性和软件的连通性两个方面。前者要求必须按照有关规定和标准进行正确地连接,后者要求必须正确地安装驱动程序。

（2）设备技术性能确认

这部分测试非常重要,主要是对设备的技术性能进行进一步确认,看其是否达到了应有的技术性能。

（3）网络健康

网络健康测试的内容主要包括:网络的利用率、数据传输的碰撞率、错误率、不合格的帧、传输延迟等,这些项目是网络正常运行的重要指标。除专用的网络测试仪外,一般的测试工具或软件很难准确、完整地对网络健康进行测试。

（4）衰减

通常指信号在一定长度的线缆中传输时的损耗,用分贝(dB)表示。衰减一般与以下4 个因素有关:线缆的长度、工作频率、温度、安装环境。

（5）近端串扰

这是 UTP 链路一个关键的性能指标,也是最难精确测量的一个指标。当电子穿过电缆时,他们中的一部分会离开他们正在向前传输的导线而着陆到相邻的导线上,这种现象被称为串扰。串扰值越大,说明线路性能越好;反之,说明线路性能较差。

（6）接线图

主要用于对网络链路的测试,确认链路一端与另一端线对排列的正确性。测试要求要确认链路线缆的线对正确,不能存在任何串扰。

（7）回流损耗

回流损耗是双绞线电缆由于阻抗不匹配所产生的反射,是对自身的反射。回流损耗会导致信号的波动,返回的信号将被双工的千兆网误认为是收到的信号而产生混乱。

（8）等效远端串扰

等效远端串扰是远端串扰和衰减信号的比值,实际上是信噪比的另一种表达方式,即对两个以上的信号朝同一方向传输时的描述。千兆网要求链路应具有很高的等效远端串扰值。

（9）综合远端串扰

综合远端串扰和综合近端串扰的指标正在制定过程中,因此不再详细介绍。

（10）信噪比/频带宽

信噪比又称为衰减串扰比,是指传输信号强度与感应脉冲噪声信号强度的比值,它直接影响误码率的大小。这一比值越高,说明通信信号强度越高,抗干扰的能力越强,误码率越低;反之,则说明通信信号强度越低,误码率越高。

（11）链路长度与传输时延

链路的长度可以用电子长度来估算,电子长度测量是基于链路的传输延迟和电缆的额定传播速率值而实现的。额定传播速率表示电信号在电缆中传输速度与在真空中传输速度之比值。

（12）特性阻抗

特性阻抗是线缆对通过的信号的阻碍能力。受直流电阻、电容、电感的影响,要求在整条电路中必须保持一个常数。通常,这个常数 γ 为 0.2 或 20% 。

注意:在以上 12 个测试项目中,对于千兆网而言,最重要的测试项目是等效远端串扰、时延偏差、回流损耗。这是因为:千兆以太网同时使用 4 对线传输数据,其并行传输技术对线对之间的串扰特性有很高的要求;千兆网还支持在每一对线上进行全双工传输,回流损耗严重时将使高速网络陷于瘫痪;千兆网技术还要求当数据流在链路上传输的时候,不同线对上的数据能够在大致接近的时间到达接收端。

3.9.2　局域网测试工具

网络测试工具多种多样,既有硬件测试设备,也有专门的测试软件。最简单的测试设备是数字万用表;较为专业的测试工具当数美国 Fluke 网络公司的局域网系列测试仪表,Micro TEST 公司的 OMNI Scanner/OMNI Fiber 电缆测试仪也是很专业的 LAN 测试仪器。Windows NT Server 4.0 中集成的系统性能监视器、网络监视器等软件,以及 Windows 98(1)/98(2) 和 Windows Me 中自带的 Ping、Win ipcfg、Tracert、Netstat、性能监视器等测试软件也是简便易行的测试工具。关于具体如何使用网络测试仪器来测试网络性能,可参考相关设备说明书,本书将不作介绍。

习　　题

1. 简述局域网的技术特点和局域网的主要优点。

2. 简述总线型拓扑结构特点。

3. 局域网中将数据链路层分为媒体访问控制子层(MAC)和逻辑链路控制子层(LLC)两个子层,说明两个子层的主要功能分别是什么。

4. 什么是以太网的争用？简述以太网的退避算法。

5. 简述共享介质局域网与交换局域网的区别。

6. 简述 CSMA/CD、令牌总线和令牌环介质访问控制的区别。

7. 简述 CSMA/CD 协议的工作原理。

8. 简述中继器、网桥、路由器、网关的作用和工作的层次。

第4章 工业以太网

现场总线控制系统(FCS)的发展改变了工业控制系统的结构,具有开放、分散、数字化、可互操作性等特点,有利于自动化系统与信息系统的集成。然而其在某些方面仍然存在缺陷,主要表现在迄今为止现场总线的通信标准尚未统一,这使得各厂商的仪表设备难以在不同的 FCS 中兼容。此外,FCS 的传输速率也不尽人意,在某些场合下无法满足实时控制的要求。由于上述原因,FCS 在工业控制中的推广应用受到了一定的限制。

以太网具有传输速度高、低耗、易于安装和兼容性好等方面的优势,由于它支持几乎所有流行的网络协议,所以在商业系统中被广泛采用。但是传统以太网采用总线式拓扑结构和多路存取载波侦听碰撞检测通信方式,在实时性要求较高的场合下,重要数据的传输过程会产生传输延滞,因此,产生了一种新型的、具有工程实用价值的工业以太网。

4.1 以太网和 TCP/IP

以太网是一种计算机局域网组网技术。IEEE 制订的 IEEE 802.3 标准给出了以太网的技术标准,规定了包括物理层的连线、电信号和介质访问层协议的内容。以太网的标准拓扑结构为总线型拓扑,但目前的快速以太网(100 BASE-T、1 000 BASE-T 标准)为了最大程度地减少冲突、最有效地提高网络速度和使用效率,使用交换机进行网络连接和组织,这样,以太网的拓扑结构成了星型,但在逻辑上,以太网仍然使用总线型拓扑。

以太网技术最早由 Xerox 开发,后经数字设备公司、Intel 公司联合扩展,于 1982 年公布了以太网规范。IEEE 802.3 就是以这个技术规范为基础制订的。IEEE 802.3 又称为具有 CSMA/CD 的网络。CSMA/CD 是 IEEE 802.3 采用的媒体接入控制技术,或称介质访问控制技术。因此,IEEE 802.3 以以太网为技术原型,本质特点是采用 CSMA/CD 的介质访问控制技术。以太网与 IEEE 802.3 略有区别,但在忽略网络协议细节时,人们习惯将 IEEE 802.3 称为以太网。

最初的以太网采用同轴电缆进行设备间的连接。电脑通过一个称作附加单元接口(AUI,Attachment Unit Interface)的收发器连接到电缆上。一根简单网线对于一个小型网络来说还是很可靠的,但对于大型网络,某处线路的故障或某个连接器的故障,都将造成以太网某个或多个网段的不稳定。

由于所有的通信信号都在共享线路上传输,即使信息只发给其中的一台电脑,发送的消息都将被所有其他电脑接收。虽然正常情况下,网络接口卡会滤掉不是发送给自己的信息,除非接收目标地址与本机的地址相一致时才会向 CPU 发出中断请求。但这种"一个说,大家听"的特征是共享介质以太网在安全上的弱点,因为以太网上的每个节点都可以选择是否监听线路上传输的所有信息。同时共享电缆也意味着共享带宽,所以在某些情况下以太网的速度可能会非常慢。

由于信号的衰减和延时,根据不同的介质,以太网段有相应的距离限制,但可通过以太网中继器实现对距离的扩展。以太网标准中规定一个以太网上只允许出现 5 个网段,最多使用 4 个中继器,而且其中只有 3 个网段可以挂接计算机终端。中继器可以将连在其上的两个网段进行电气隔离,增强和同步信号。大多数中继器都有自动隔离的功能,可以把有太多冲突或是冲突持续时间太长的网段隔离开来,这样其他的网段不会受到损坏部分的影响。中继器在检测到冲突消失后可以恢复网段的连接。

尽管中继器在某些方面隔离了以太网网段,电缆断线的故障不会影响到整个网络,但它向所有的以太网设备转发所有的数据,这严重限制了同一个以太网网络上可以相互通信的机器数量。为了减轻这个问题,采用了桥接的方法,桥接工作在数据链路层。通过网桥时,只有格式完整的数据包才允许从一个网段进入另一个网段,冲突和数据包错误则被隔离。通过记录分析网络上设备的 MAC 地址,网桥可以判断它们的具体位置,这样网桥将不会向非目标设备所在的网段传递数据包。

随着应用领域的拓展,星型的网络拓扑结构被证实是较为有效的结构,于是设备厂商们开始研制有多个端口的中继器。多端口中继器就是众所周知的集线器。集线器可以连接到其他的集线器或者同轴网络,此时接线更加方便,网络也更加可靠。

非屏蔽双绞线最先应用在星型局域网中,之后在 10 BASE-T 中也得到应用,并最终代替了同轴电缆成为以太网的标准。这项改进之后,RJ 45 电话接口代替了 AUI,成为电脑和集线器的标准接口,非屏蔽 3 类双绞线/5 类双绞线成为标准载体。集线器的应用避免了某条电缆或某个设备的故障对整个网络的影响,进一步提高了以太网的可靠性。

采用集线器组网的以太网尽管在物理上是星型结构,但在逻辑上仍然是总线型的,半双工的通信方式采用 CSMA/CD 的冲突检测方法。由于每个数据包都被发送到集线器的所有端口,所以带宽和安全问题仍然存在。集线器的总吞吐量受到单个连接速度的限制(10 或 100 Mbit/s)。当网络负载过重时,冲突也常常会降低总吞吐量。最坏的情况是,当许多用长电缆组网的主机传送很多非常短的帧时,网络的负载仅达到 50% 就会因为冲突而降低集线器的吞吐量。

大多数现代以太网用以太网交换机代替集线器。尽管布线同集线器以太网相同,但是交换式以太网比共享介质以太网有很多明显的优势,例如更大的带宽和更好地隔离异常设备。交换网络的典型应用是星型拓扑结构,尽管设备工作在半双工模式,但仍然是共享介质的多节点网络。10 BASE-T 和以后的标准是全双工以太网,不再是共享介质网络。

在交换式以太网中,交换机根据收到的数据帧中的 MAC 地址决定数据帧应发向交换机的哪个端口。因为端口间的帧传输彼此屏蔽,因此节点就不担心自己发送的帧在通过交换机时是否会与其他节点发送的帧产生冲突。

因为数据包一般只是发送到它的目的端口,所以交换式以太网上的流量要略微小于共享介质式以太网。尽管如此,交换式以太网依然是不安全的网络技术,因为它还很易被 ARP 欺骗或者因 MAC 满溢而瘫痪。

TCP/IP 协议是多台相同或不同类型计算机进行信息交换的一套通信协议。TCP/IP协议组的准确名称应该是 Internet 协议族,TCP 和 IP 是其中两个协议。而

Internet协议族 TCP/IP 还包含了与这两个协议有关的其他协议及网络应用,如用户数据报协议(UDP)、地址转化协议(ARP)和互连网控制报文协议(ICMP)。由于 TCP/IP 是 Internet 采用的协议组,所以将 TCP/IP 体系结构称为 Internet 体系结构。

以太网是 TCP/IP 使用最普遍的物理网络,实际上 TCP/IP 技术支持各种局域网络协议,包括令牌总线、令牌环、光纤分布式数据接口(FDDI)、串行线路 IP(SLIP)、点到点协议(PPP)、X2.5 数据网等。

由于 TCP/IP 是世界上最大的 Internet 采用的协议组,而 TCP/IP 底层物理网络多数使用以太网协议,因此,以太网加 TCP/IP 成为 IT 行业中应用最普遍的技术。

4.2　工业以太网

所谓工业以太网,是指技术上与商用以太网(IEEE 802.3 标准)兼容,但在产品设计时,在材质的选用、产品的强度、适用性以及实时性等方面能满足工业现场的需要。简言之,工业以太网是将以太网应用于工业控制和管理的局域网技术。

4.2.1　工业以太网技术

为了促进以太网在工业领域的应用,国际上成立了工业以太网协会(IEA,Industrial Ethernet Association),工业自动化开放网络联盟(IAONA,Industrial Automation Network Alliance)等组织,目标是在世界范围内推进工业以太网技术的发展、教育和标准化管理,在工业应用领域的各个层次运用以太网。美国电气电子工程师协会也正着手制订现场装置与以太网通信的标准。这些组织还致力于促进以太网进入工业自动化的现场级,推动以太网技术在工业自动化领域和嵌入式系统的应用。

工业以太网与 OSI 互联参考模型的对照关系如图 4-1 所示。

应用层	应用协议
表示层	
会话层	
传输层	TCP/UDP
网络层	IP
数据链路层	以太网 MAC
物理层	以太网物理层

图 4-1　工业以太网与 OSI 互联参考模型的分层对照

从图 4-1 可以看到,工业以太网的物理层与数据链路层采用 IEEE 802.3 规范,网络层与传输层采用 TCP/IP 协议组,应用层的一部分可以沿用上面提到的互联网应用协议。这些沿用部分正是以太网的优势所在。工业以太网如果改变了这些已有的优势部分,就会削弱甚至丧失工业以太网在控制领域的生命力。因此工业以太网标准化的工作主要集中在 ISO /OSI模型的应用层,需要在应用层添加与自动控制相关的应用协议。目前工业以太网技术的发展体现在以下几个方面。

1. 通信确定性与实时性

工业控制网络不同于普通数据网络的最大特点在于它必须满足控制作用对实时性的要求,即信号传输要足够快且满足信号的确定性。实时控制往往要求对某些变量的数据准确定时刷新。由于以太网采用 CSMA/CD 方式,网络负荷较大时,网络传输的不确定性不能满足工业控制的实时要求,因此传统以太网技术难以满足控制系统要求准确定时通信的实时性要求,一直被视为非确定性的网络。

然而,快速以太网与交换式以太网技术的发展,给解决以太网的非确定性问题带来了新的契机,具体内容可体现在以下几方面。

(1) 提高通信速率

目前以太网的通信速率从 10 Mbit/s、100 Mbit/s 增大到如今的 1 000 Mbit/s、10 Gbit/s,其速率还在进一步提高。相对于控制网络传统通信速率的几十千位每秒、几百千位每秒、1 Mbit/s、5 Mbit/s 而言,通信速率的提高是明显的,对减少碰撞冲突也是有效的。在相同通信量的条件下,提高通信速率可以减少通信信号占用传输介质的时间,从一个角度为减少信号的碰撞冲突、解决以太网通信的非确定性提供了途径。

(2) 控制网络负荷

减轻网络负荷也可以减少信号的碰撞冲突,提高网络通信的确定性。本来,控制网络的通信量不大,随机性、突发性通信的机会也不多,其网络通信大都可以事先预计,并对其作出相应的通信调度安排。如果在网络设计时能正确选择网络的拓扑结构、控制各网段的负荷量、合理分布各现场设备的节点位置,就可在很大程度上避免冲突的产生。研究结果表明,在网络负荷低于满负荷的 30% 时,以太网基本可以满足对控制系统通信确定性的要求。

(3) 采用以太网的全双工交换技术

采用星型网络拓扑结构,交换机将网络划分为若干个网段。以太网交换机具有数据存储、转发的功能,使各端口之间输入和输出的数据帧能够得到缓冲、不再发生冲突;同时,交换机还可对网络上传输的数据进行过滤,使每个网段内节点间数据的传输只限在本地网段内进行,不需经过主干网,也不占用其他网段的带宽,从而降低了所有网段和主干网的网络负荷。采用全双工通信也可以明显提高网络通信的确定性。半双工通信时,一条网线只能发送或者接收报文,无法同时进行发送和接收;而全双工设备可以同时发送和接收数据。在用 5 类双绞线连接的以太网中,若一对线用来发送数据,另外一对线用来接收数据,构成全双工交换以太网,则原本 100 M 的网络便可提供给每个设备 200 M 的带宽。因此采用全双工交换式以太网,能够有效地避免冲突,满足确定性网络的要求。

应该指出的是,控制网络中以太网的非确定性问题尚在解决之中,采取上述措施可以使其非确定性问题得到相当程度的缓解,但还不能说从根本上得到了解决,问题还在进一步研究解决之中。包括我国在内的许多国家都在积极开发工业以太网技术。

2. 稳定性与可靠性

以太网所用的接插件、集线器、交换机和电缆等均是为商用领域设计,而未考虑较恶劣的工业现场环境(如冗余直流电源输入、高温、低温、防尘等),故商用网络产品不能应用在有较高可靠性要求的恶劣工业现场环境中。

　　随着网络技术的发展,上述问题正在迅速得到解决。为了解决在不间断的工业应用领域、在极端条件下网络也能稳定工作的问题,美国 Synergetic 微系统公司和德国 Hirschmann、Jetter AG 等公司专门开发和生产了导轨式集线器、交换机产品,安装在标准 DIN 导轨上,并有冗余电源供电,接插件采用牢固的 DB9 结构。台湾四零四科技在 2002 年 6 月推出工业以太网产品工业以太网设备服务器,特别设计用于连接工业应用中具有以太网络接口的工业设备(如 PLC、HMI、DCS 系统等)。在 IEEE 802.3af 标准中,对以太网的总线供电规范也进行了定义。此外,在实际应用中,主干网可采用光纤传输,现场设备的连接则可采用屏蔽双绞线,对于重要的网段还可采用冗余网络技术,以此提高网络的抗干扰能力和可靠性。

3. 工业以太网协议

　　工业自动化网络控制系统不单单是一个完成数据传输的通信系统,而且还是一个借助网络完成控制功能的自控系统。它除了完成数据传输之外,往往还需要依靠所传输的数据和指令,执行某些控制计算与操作功能,由多个网络节点协调完成自控任务。因而它需要在应用、用户等高层协议与规范上满足开放系统的要求,满足互操作条件。

　　对应于 ISO/OSI 七层通信模型,以太网技术规范只映射为其中的物理层和数据链路层,而在其之上的网络层和传输层协议,目前以 TCP/IP 协议为主(已成为以太网之上传输层和网络层"事实上的"标准)。而对较高的层次如会话层、表示层、应用层等没有作技术规定。目前商用计算机设备之间是通过 FTP(文件传送协议)、Telnet(远程登录协议)、SMTP(简单邮件传送协议)、HTTP(WWW 协议)、SNMP(简单网络管理协议)等应用层协议进行信息透明访问,这些协议如今在互联网上发挥了非常重要的作用,但其所定义的数据结构等特性不适合应用于工业过程控制领域现场设备之间的实时通信。

4.2.2　工业以太网协议

　　为满足工业现场控制系统的应用要求,必须在以太网和 TCP/IP 协议之上建立完整、有效的通信服务模型,制订有效的实时通信服务机制,协调好工业现场控制系统中实时和非实时信息的传输服务,形成为广大工控生产厂商和用户所接收的应用层、用户层协议,进而形成开放的标准。为此,各现场总线组织纷纷将以太网引入其现场总线体系中的高速部分,利用以太网和 TCP/IP 技术以及原有的低速现场总线应用层协议,从而构成工业以太网协议,如 HSE、ProfiNet、EtherNet/IP 等。

1. HSE

　　高速以太网(HSE,High Speed Ethernet)是现场总线基金会在摒弃了原有高速总线 H2 之后的新作。FF 现场总线基金会明确将 HSE 定位成实现控制网络与互联网的集成,由 HSE 链接设备将 H1 网段信息传送到以太网的主干上并进一步送到企业的 ERP 和管理系统。操作员在主控室可以直接使用网络浏览器查看现场运行情况。现场设备同样也可以从网络获得控制信息。

　　HSE 与 OSI 通信模型的比较如图 4-2 所示。物理层与数据链路层采用以太网规范,不过这里指的是 100 Mbit/s 以太网;网络层采用 IP 协议;传输层采用 TCP、UDP 协议;

而应用层是具有 HSE 特色的现场设备访问 FDA(Field Device Access)。像 H1 那样在标准的七层模型之上增加了用户层。并按 H1 的惯例,HSE 把从数据链路层到应用层的相关软件功能集成为通信栈,称为 HSE Stack。用户层包括功能块、设备描述、网络与系统管理等功能。FF HSE 通过链接设备(Linking Device)将 FF H1 网络连接到 HSE 网段上。如图 4-3 所示,HSE 链接设备同时也具有网桥和网关的功能,网桥功能用来连接多个 H1 总线网段,使不同 H1 网段上的 H1 设备之间能够进行对等通信而无须主机系统的干预。HSE 主机可以与所有的链接设备和链接设备上挂接的 H1 设备进行通信,使操作数据能传送到远程的现场设备,并接收来自现场设备的数据信息,实现监控和报表功能。监视和控制参数可直接映射到标准功能块或者"柔性功能块"(FFB)中。

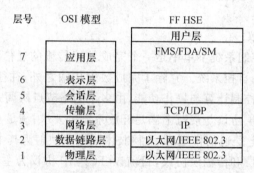

图 4-2　HSE 与 OSI 通信模型的比较图

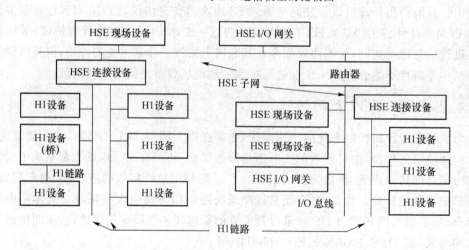

图 4-3　FF HSE 工业以太网系统结构

2. ProfiNet

Profibus 国际组织针对工业控制要求和 Profibus 技术特点,提出了基于以太网的 ProfiNet。ProfiNet 主要包含 3 方面技术:(1)基于通用对象模型(COM)的分布式自动化系统;(2)规定了 Profibus 和标准以太网之间的开放、透明通信;(3)提供了一个包括设备层和系统层、独立于制造商的系统模型。

通信协议模型如图 4-4 所示,采用标准 TCP/IP 与以太网作为连接介质,采用标准 TCP/IP 协议加上应用层的 RPC/DCOM 来完成节点之间的通信和网络寻址。可以同时挂接传统 Profibus 系统和新型的智能现场设备。如图 4-5 所示,现有的 Profibus 网段可以通过一个代理设备(Proxy)连接到 ProfiNet 网络当中,使整套 Profibus 设备和协议能够原封不动地在 ProfiNet 中使用。

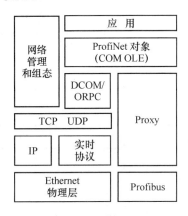

图 4-4　ProfiNet 网络通信模型

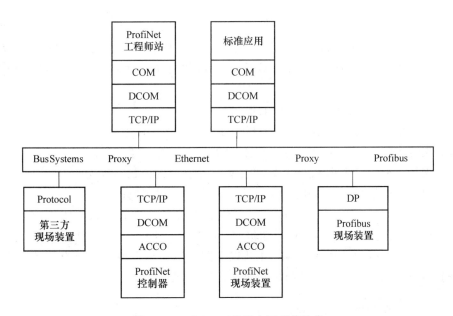

图 4-5　ProfiNet 工业以太网系统结构

　　传统的 Profibus 设备可通过 Proxy 与 ProfiNet 上面的 COM 对象进行通信,并通过 OLE 自动化接口实现 COM 对象之间的调用。

3. EtherNet/IP

Ethernet 表示采用 Ethernet 技术,也就是 IEEE 802.3 标准;IP 表示工业协议,以区别其他 Ethernet 协议。不同于其他工业 Ethernet 协议,EtherNet/IP 协议采用了已经被广泛使用的开放协议,也就是 CIP 协议(Control and Information Protocol)作为其应用层协议。所以,可以认为 EtherNet/IP 就是 CIP 协议在 Ethernet、TCP/IP 协议基础上的具体实现。这一关系如同 DeviceNet 就是 CIP 协议在控制器局域网(CAN 总线)上的具体实现一样。

　　图 4-6 为 EtherNet/IP 的分层模型图。EtherNet/IP 是以太网、TCP/IP 以及 CIP 的集成，EtherNet/IP 和 DeviceNet 以及 ControlNet 采用了相同的应用层 CIP 协议规范，只是在 OSI 协议七层模型中的低 4 层有所不同。EtherNet/IP 在物理层和数据链路层采用 Ethernet 技术，在传输层和网络层采用 TCP（UDP）/IP 技术。

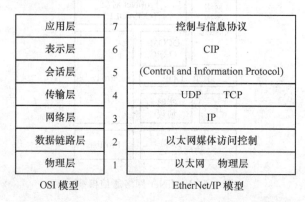

图 4-6　EtherNet/IP 的分层模型

　　由于在应用层采用了 CIP，EtherNet/IP 也具备 CIP 网络所共有的一些特点，包括：

　　（1）可以传输多种不同类型的数据，包括 I/O 数据、配置和故障诊断、程序上下载等；

　　（2）面向连接，通信之间必须建立连接；

　　（3）用不同的方式传输不同类型的报文；

　　（4）基于生产者/消费者模式，提供对多播通信的支持；

　　（5）支持多种通信模式，如主从、多主、对等或三者的任意组合；

　　（6）支持多种 I/O 数据触发方式，如轮询、选通、周期或状态改变；

　　（7）用对象模型来描述应用层协议，方便开发者编程实现；

　　（8）为各种类型的 EtherNet/IP 设备提供设备描述，以保证互操作性和互换性。

　　EtherNet/IP 协议支持显性和隐性报文，并且使用目前流行的商用以太网芯片和物理媒体。如图 4-7 所示，EtherNet/IP 工业以太网采用有源星型拓扑结构，一组装置点对点地连接到交换机，接线简单、故障查找容易、维护方便。

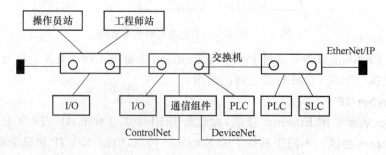

图 4-7　EtherNet/IP 工业以太网系统结构

4.2.3　工业以太网发展趋势

由于以太网具有应用广泛、价格低廉、通信速率高、软硬件产品丰富、应用支持技术成熟等优点,目前它已经在工业企业综合自动化系统中的资源管理层、执行制造层得到了广泛应用,并呈现向下延伸直接应用于工业控制现场的趋势。从目前国际、国内工业以太网技术的发展来看,工业以太网在制造执行层已得到广泛应用,并成为事实上的标准。未来工业以太网将在工业企业综合自动化系统中的现场设备之间的互联和信息集成中发挥越来越重要的作用。总的来说,工业以太网技术的发展趋势将体现在以下几个方面。

1. 工业以太网与现场总线相结合

工业以太网技术的研究近几年才引起国内外工控专家的关注。而现场总线经过十几年的发展,在技术上日渐成熟,在市场上也开始了全面推广,并且形成了一定的市场。就目前而言,工业以太网全面代替现场总线还存在一些问题,需要进一步深入研究基于工业以太网的全新控制系统体系结构,开发出基于工业以太网的系列产品。因此,近一段时间内,工业以太网技术的发展将与现场总线相结合,具体表现在:

(1) 物理介质采用标准以太网连线,如双绞线、光纤等;

(2) 使用标准以太网连接设备(如交换机等),在工业现场使用工业以太网交换机;

(3) 采用 IEEE 802.3 物理层和数据链路层标准、TCP/IP 协议组;

(4) 应用层(甚至是用户层)采用现场总线的应用层、用户层协议;

(5) 兼容现有成熟的传统控制系统(如 DCS、PLC 等)。

比较典型的应用如法国施耐德公司推出的"透明工厂"的概念,即将工厂的商务网、车间的制造网络和现场级的仪表、设备网络构成畅通的透明网络,并与 Web 功能相结合,与工厂的电子商务、物资供应链和 ERP 等形成整体。

2. 工业以太网技术直接应用于工业现场设备间的通信已成大势所趋

以太网通信速率的提高,全双工通信、交换技术的发展,为以太网通信确定性问题的解决提供了技术基础,从而消除了以太网直接应用于工业现场设备间通信的主要障碍,为以太网直接应用于工业现场设备间通信提供了技术可能。为此,国际电工委员会 IEC 正着手起草实时以太网标准,旨在推动以太网技术在工业控制领域的全面应用。在以太网技术应用于工业控制现场设备间通信的关键技术的研究中取得了以下成果。

(1) 以太网应用于现场设备间通信的关键技术获得重大突破。

针对工业现场设备间通信具有实时性强、数据信息短、周期性较强等特点和要求,经过认真细致地调研和分析,以下技术可以基本解决以太网应用于现场设备间通信的关键问题。

① 实时通信技术

采用以太网交换技术、全双工通信、流量控制等技术及确定性数据通信调度控制策略、简化通信栈软件层次、现场设备层网络微网段化等针对工业过程控制的通信实时性措施,解决了以太网通信的实时性。

② 总线供电技术

采用直流电源耦合、电源冗余管理等技术,设计了能实现网络供电或总线供电的以太网集线器,解决了以太网总线的供电问题。

　　③ 远距离传输技术

　　采用网络分层、控制区域微网段化、网络超小时滞中继以及光纤等技术解决以太网的远距离传输问题。

　　④ 网络安全技术

　　采用控制区域微网段化,各控制区域通过具有网络隔离和安全过滤的现场控制器与系统主干相连,实现各控制区域与其他区域之间的逻辑上的网络隔离。

　　⑤ 可靠性技术

　　采用分散结构化设计、EMC 设计、冗余、自诊断等可靠性设计技术等,提高基于以太网技术的现场设备可靠性,经实验室 EMC 测试,设备可靠性符合工业现场控制要求。

　　(2) 起草了 EPA 国家标准。

　　以工业现场设备间通信为目标,以工业控制工程师(包括开发和应用)为使用对象,基于以太网、无线局域网、蓝牙技术＋TCP/IP 协议,起草了《用于工业测量与控制系统的 EPA 系统结构和通信标准》(草案),并通过了由 TC 124 组织的技术评审。

　　(3) 开发基于以太网的现场总线控制设备及相关软件原型样机,并在化工生产装置上成功应用。

　　针对工业现场控制应用的特点,通过采用软硬件抗干扰、EMC 设计措施,开发出了基于以太网技术的现场控制设备,主要包括:基于以太网的现场设备通信模块、变送器、执行机构、数据采集器、软 PLC 等成果等。

　　据美国权威调查机构 ARC(Automation Research Company)报告指出,今后以太网不仅将继续垄断商业计算机网络通信和工业控制系统的上层网络通信市场,也必将领导未来现场总线的发展,以太网和 TCP/IP 将成为器件总线和现场总线的基础协议。美国 VDC(Venture Development Corp.)调查报告也指出,以太网在工业控制领域中的应用将越来越广泛,市场占有率的增长也越来越快,将从 2000 年的 11％增长到 2005 年的 23％。

　　由于以太网有"一网到底"的美誉,即它可以一直延伸到企业现场设备控制层,所以被人们普遍认为是未来控制网络的最佳解决方案。工业以太网已成为现场总线中的主流技术。

4.3　EtherNet/IP 技术

　　EtherNet/IP(Ethernet Industry Protocol)是适合与工业环境应用的协议体系,是由两大工业组织 ODVA (Open DeviceNet Vendors Association)和 ControlNet International 所推出的最新的成员。其和 DeviceNet 以及 ControlNet 一样,都是基于 CIP 协议的网络,是一种面向对象的协议,能够保证网络上隐性的实时 I/O 信息和显性信息(包括用于组态、参数设置、诊断等)的有效传输。EtherNet/IP 采用和 DeviceNet 以及 ControlNet 相同的应用层协议 CIP,因此,它们使用相同的对象库和一致的行业规范,具有较好的一致性。

　　EtherNet/IP 采用标准的 Ethernet 和 TCP/IP 技术来传送 CIP 通信包,通用、开放的应用层协议 CIP 加上已被广泛使用的 Ethernet 和 TCP/IP 协议就构成 EtherNet/IP 协议的体系结构,网络模型如图 4-8 所示。EtherNet/IP 协议采用 TCP/IP 协议发送显性报文,显性报文是指在每个信息包中不仅包含有具体应用程序数据,还包含有对这些数据的解释以及如何对这些数据进行处理的信息,例如组态、参数设置和诊断等信息。TCP 是一个面向连接的并能够为一台设备同另一台设备提供可靠通信的协议,它只能工作在单播(点对点)模式。同时,EtherNet/IP 还采用了标准的用户数据包协议/互联网协议(UDP/IP,它是 TCP/IP 协议的一部分),实现了性能更高、能够用于报文广播的功能,满足了工业自动化对数据实时性的要求,这一报文被称作隐性报文。UDP 是一个无连接的协议,它只提供了设备间发送数据报的能力,可以工作在单播和多播方式。由于 EtherNet/IP 协议充分利用了 TCP/IP 和 UDP/IP 协议的优点,将其融合在同一网络中,使得 EtherNet/IP 不仅能用于普通的信息处理,还能用于传输对时间有苛刻要求的控制信息。

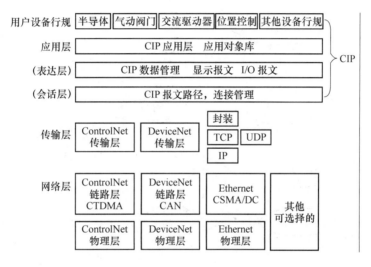

图 4-8　EtherNet/IP 网络模型图

虽然 TCP/IP 协议能为通过以太网及其他网络连接的设备提供一系列的服务,保证应用层的信息在节点间传送,但并不能保证节点间通信的有效性。有效的通信传输需要网络上的双方具有兼容的应用软件,使用相同的语言。这些应用软件需要能够理解从对方传来的信息的属性、服务等,因此它们就需要一个共同的基于 TCP/IP(UDP/IP)的方案,这样,连接在以太网上的各种设备才能够具有较好的一致性。在 EtherNet/IP 网络上,CIP 就是这样一种实现不同供应商产品能够互相交互的协议。

CIP 有两个主要目的,一是传输同 I/O 设备相联系的面向控制的数据,二是传输其他同被控系统相关的信息,如组态、参数设置和诊断等。CIP 协议规范主要由对象模型、通用对象库、设备行规、电子数据表、信息管理等组成。

图 4-9 为支持 CIP 协议的 EtherNet/IP 设备的对象模型,每一个设备都包括 CIP 对象库中的一部分对象,这些对象中,有些是必须实现的,有些是可供选择的。从 CIP 对象模型可以看到 CIP 协议采用未连接管理器和连接管理器两种方式来处理网络上的信息。EtherNet/IP 协议是基于高层网络连接的协议,一个连接为多种应用之间提供传送信息

的通道。未连接管理器为尚未连接的设备创立连接。每一个连接被建立时,这个连接就被赋予一个连接 ID,如果连接包括双向的数据交换,那就被赋予两个连接 ID。EtherNet/IP 使用 TCP/IP 和 UDP/IP 来封装网络上的信息,包括显式信息连接和隐式信息连接。显式报文适用于两个设备间多用途的点对点报文传递,是典型的请求——响应网络通信方式,常用于节点的配置、问题诊断等。显式报文通常使用优先级低的连接 ID,并且该报文的相关报文包含在显式报文数据帧的数据区中,包括要执行的服务和相关对象的属性及地址。隐式报文适用于对实时性要求较高和面向控制的数据,如 I/O 数据等。I/O 报文为一个生产应用和一个或多个消费应用之间提供适当的专用的通信路径。I/O 报文通常使用优先级高的连接 ID,通过一点或多点连接进行报文交换。报文的含义由连接 ID 指示,在 I/O 报文利用连接 ID 发送之前,报文的发送和接受设备都必须先进行配置,配置的内容包括源和目的对象的属性,以及数据生产者和消费者的地址。

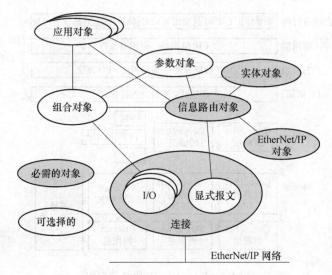

图 4-9　EtherNet/IP 对象模型

在发送 CIP 数据包以前必须对其进行封装,CIP 数据包给定一个报文首部,该首部的内容取决于所请求的服务属性。通过以太网连接的 CIP 数据包包括一个专用的以太网首部、一个 IP 首部、一个 TCP 首部和一个封装首部。封装首部包含的字段有控制命令、格式、状态信息和同步数据等,这允许 CIP 数据能通过 TCP 或 UDP 传送并确保在接收方进行解码。相对于 DeviceNet 或 ControlNet,这种封装的缺点是协议的效率比较低。以太网的报文头可能比数据本身还要长,从而造成网络负担过重。因此,EtherNet/IP 更适用于发送大块的数据(如程序),而不是 DeviceNet 和 ControlNet 的模拟或数字的I/O 数据。

EtherNet/IP 采用了生产者/消费者(Producer/Consumer)的通信模式,而不是传统的源/目的(Source/Destination)通信模式,来交换对时间要求苛刻的数据。在传统的源/目的通信模式下,源端每次只能和一个目的地址通信,源端提供的实时数据必须保证每一个目的端的实时性要求,同时一些目的端可能不需要这些数据,因此浪费了时间,而且实时数据的传送时间会随着目的端数目的多少而改变。而在 EtherNet/IP 所采用生产者/消费者通信模式下,数据之间的关联不是由具体的源、目的地址联系起来,而是以生产者和消费者的形式提供,允许网络上所有节点同时从一个数据源存取同一数据,因此使数据的传输达到了最优化,每个数据源只需要一次性地把数据传输到网络上,其他节点就可以选择性地接收这些数据,避免了浪费带宽,提高了系统的通信效率,能够很好地支持系统的控制、组态和数据采集。对于 EtherNet/IP 来说,这些是由 CIP 网络和传输层以及 IP 多点传送技术来完成的。

目前,由于 EtherNet/IP 不仅能够胜任普通信息的传输,还能传输对时间有苛刻要求的控制信息,能够满足大多数应用项目的要求,因此已成为最具通用性的网络之一。

以一个控制系统为例,对新旧两种方案进行对比。在传统方案中,信息层网络将可编程控制器与上层信息系统、MES 系统相连接。同时,可编程控制器还需要另外一个网络——专门的 I/O 总线,以便连接遍布整个车间的各种设备。最终用户需要对整个系统进行模块化构建、接线,采集远程的数据并进行处理。

在新的方案中,控制器采用 EtherNet/IP 协议直接连接到网络中,通过同一网络实现普通信息和 I/O 报文的传输。对于某些特定的应用项目,这样的网络结构不仅能够比传统的方案在性能上有所提高,而且还能获得更多的如下功能。

(1) 可以提供视频、音频等多媒体服务。例如,安装一个摄像头对车间生产进行远程监视。

(2) 更加方便、多样的网络拓扑形式。例如,将所有的控制设备和编程终端集中到一个虚拟局域网中,对于工程师来说,它们如同在同一个网络中;或者利用虚拟局域网对多个控制系统进行隔离。

(3) 为 IT 集成带来方便。例如,可以使 MES 系统与车间现场建立起无缝连接,实时查阅维护安排信息等内容。

(4) 远程管理。例如,通过对控制系统编程,让其在出现报警时将信息发送到维护人员的传呼机上。

(5) 互联网连接能力。例如,可以通过在线查看维护手册,对失灵的传感器进行调整。

(6) 安全管理更加灵活。例如,为了防止对某一特定 I/O 模块的访问,可以在相应端口的交换机上进行限制。

4.4　基于 EtherNet/IP 的系统设计

EtherNet/IP 系统的设计,主要包括硬件设计、软件设计和系统测试。

4.4.1　硬件设计

进行 EtherNet/IP 网络硬件设计的前提是已完成了网络的整体规划。在EtherNet/IP网络规划中需根据系统方案确定网络的类型,若 EtherNet/IP 网络在该系统中是用做传输非实时数据,则确定为信息网络;若是用做传递实时数据,则确定为控制网络。当网络类型确定后即可进行具体的硬件设计,当确定为信息网络后的系统的硬件设计步骤如下。

(1) 确定系统的拓扑结构。

(2) 根据拓扑结构确定系统中设备和交换机的位置。设备是指那些具有连入以太网功能的输入输出模块、HMI、PLC 等。

(3) 确定系统中网线的长度。在该过程中必需考虑交换机的位置,通常以太网的网段长度不超过 100 m,以确保网段的长度在限值以内。

(4) 根据设计任务书和初步设计中所选的控制器类型及环境条件(如温度、湿度、有无腐蚀性化学物质、振动、电磁干扰等)选择物理介质,主要包括以下几方面。

① 网线的选择。要确保网线能够在现场环境条件下正常工作。如果现场电磁干扰很厉害,或者布线要经过与干扰源距离很近的地方,应该使用屏蔽线。

② 连接器的选择。连接器通常选用 RJ 45 连接器。在某些环境条件下,需要选择有封装的连接器。

③ 集线器的选择。集线器有多种类型:线缆集线器、智能集线器、交换机(交换式集线器)。需注意的是要保证集线器上有足够数量的端口。

④ 其他设备的选择。根据应用的需要,EtherNet/IP 组网可能还需要中继器、网桥、路由器、桥接路由器、网关、服务器等网络设备。在设备的选择中需将控制器或通信模块的 TCP 连接的数量限制作为选型的因素加以考虑。

(5) 按照网络布线与安装规则构建 EtherNet/IP 网络,网络安装时要严格按照有关设备的说明来操作,要妥善处理隔离、接地、屏蔽等问题。

(6) 对系统的物理链接性能进行测试,保证网络物理介质的连接正常。

(7) 对系统的数据链接性能进行测试,保证网络通信时信号的准确传输。

当 EtherNet/IP 执行的是控制网络的功能,则系统的硬件设计步骤如下所示。

(1) 确定系统的拓扑结构。在工业以太网中,通常将控制区域分为若干个控制子域,根据实际系统的规模和情况,灵活采用星型、环型(包括冗余双环)、线型(或总线型)结构等网络拓扑形式,星型拓扑是最简单的结构。

(2) 根据拓扑结构确定系统中设备和交换机的位置。

(3) 确定系统中网线的长度。

(4) 对接地系统进行评估。

(5) 对现场环境进行分析,并根据 MICE(Mechanical、Ingress、Climatic、Chemicals)表格确定环境等级。MICE 表格是根据工业化综合布线的标准 ISO/IEC 24702 所定义的。MICE 表格制订了机械方面(Mechanical)、入口方面 (Ingress)、气候和化学方面(Climatic and Chemical)、抗电磁方面(Electromagnetic)的内容。每一方面都规定相应的等级 1 到等级 3。M1I1C1E1 等级(也就是 MICE 1 等级)就是商用环境下标准 RJ45 接插件要达到的防护性能要求。MICE 具体参数如表 4-1 所示。

表 4-1　MICE 等级列

机械方面	M1	M2	M3
冲击			
峰值加速度	40 m/s²	100 m/s²	250 m/s²
振动			
位移振幅(2～9 Hz)	1.5 mm	7.0 mm	15.0 mm
振幅加速度(9～500 Hz)	5 m/s²	20 m/s²	50 m/s²
张力	IEC 61918		
压力	45 N 轴向最小厚度超过 25 mm	1 100 N 轴向最小厚度超过 150 mm	2 200 N 轴向最小厚度超过 150 mm
动能	1 J	10 J	30 J
挠度	IEC 61918		
入口方面	I1	I2	I3
入口微粒(最大直径)	12.5 μm	50 μm	50 μm
浸泡	无	间歇液体喷射 ≤12.5 I/min ≥6.3 mm 喷口 >2.5 m 距离	间歇液体喷射 ≤12.5 I/min ≥6.3 mm 喷口 >2.5 m 距离 浸泡 (当≤30 min 时≤1 m)
气候和化学方面	C1	C2	C3
环境温度	−10 ～+60 ℃	−25 ～+70 ℃	−40～+70 ℃
温度变化率	每分钟 0.1 ℃	每分钟 1.0 ℃	每分钟 3.0 ℃
湿度	5%～85%(未冷凝)	5%～95%(冷凝)	
太阳辐射	700 W/m²	1 120 W/m²	1 120 W/m²
液体污染物	浓度×10⁻⁶		
氯化钠(盐/海水)	0	<0.3	<0.3
油(干风浓度)	0	<0.005	<0.005
硬脂酸钠(肥皂)	无	5×10⁴ 未形成胶体的水溶液	>5×10⁴ 形成胶体的水溶液
洗涤剂	无	Ffs	
导电性材料的变化状况	无	暂时	存在
气体污染物	平均值/峰值(浓度×10⁻⁶)	平均值/峰值(浓度×10⁻⁶)	平均值/峰值(浓度×10⁻⁶)
硫化氢	<0.003/<0.01	<0.05/<0.5	<10/<50
二氧化硫	<0.01/<0.03	<0.1/<0.3	<5/<15
三氧化硫	<0.01/<0.03	<0.1/<0.3	<5/<15
湿氯(湿度>50%)	<0.000 5/<0.001	<0.005/<0.03	<0.05/<0.3
干氯(湿度<50%)	<0.002/<0.01	<0.02/<0.1	<0.2/<1.0
氯化氢	−/<0.06	<0.06/<0.3	<0.6/<3.0

机械方面	M1	M2	M3
氟化氢	<0.001/<0.005	<0.01/<0.05	<0.1/<1.0
氨	<1/<5	<10/<50	<50/<250
氮氧化合物	<0.05/<0.1	<0.5/<1	<5/<10
臭氧	<0.002/<0.005	<0.025/<0.05	<0.1/<1
抗电磁方面	E1	E2	E3
静电放电-触点(0.667 μC)	4 kV		
静电放电-大气(0.132 μC)	8 kV		
射频辐射-幅度	3 V/m@80~1 000 MHz 3 V/m@1 400~2 000 MHz 3 V/m@2 000~2 700 MHz		
射频传导	3 V@150 kHz~80 MHz		10 V@150 kHz~80 MHz
电快速瞬变脉冲群骚扰	500 V	1 000 V	
浪涌(瞬间对地电势差)	500 V	1 000 V	
磁场(50/60 Hz)	1 A/m	3 A/m	30 A/m
磁场(60~20 000 Hz)	Ffs		

（6）根据环境等级选择物理介质，如网线、网桥、中继器等。例如，当前环境等级为 MICE.E3，若选择电缆仅满足 E1 的环境标准，则在网络布线过程中需考虑进行隔离，避免噪声产生的影响。并且为保证能够满足实时性要求，控制网络一般要求使用交换机，且一般选择网管型交换机，该网管型交换机必需满足以下 3 个条件。

① 每个端口的工作方式为全双工模式，以此减少对信道的争用。

② 遵循 IGMP Snooping 协议，该协议可实现自动将组播帧只发给那些请求这些帧的设备，防止组播帧发往那些未请求这些帧的设备。

通常 IP 通信在一个发送方和一个接收方之间进行称为单播。局域网中可以实现对所有网络节点的广播。但对于有些应用，需要同时向大量接收者发送信息，比如说应答的更新复制、分布式数据库以及多会场的视频会议等。这些应用的共同特点就是一个发送方对应多个接收方，接收方可能不是网络中的所有主机，也可能没有位于同一子网。这种通信方式介于单播和广播之间，被称为组播或多播。

IGMP(Internet Group Multicast Protocol)是 Internet 中进行组播成员管理的协议，通过此协议完成组播成员管理后，组播组的组播报文将只发送给组播成员，大大减少了 Internet 中广播报文的流量，从而达到减轻网络负载的目的。IGMP 协议运行在网络层，而 IGMP Snooping 运行在链路层。在第 3 层，路由器可以对组播报文的转发进行控制，但是在很多情况下，组播报文要不可避免地经过一些第 2 层交换设备，尤其是在局域网环境里。如果不对第 2 层设备进行相应的配置，则组播报文就会转发给第 2 层交换设备的所有端口，显然将浪费大量的资源。IGMP Snooping 可解决这个问题。当 2 层以太网交换机收到主机和路由器之间传递的 IGMP 报文时，IGMP Snooping 分析 IGMP 报文所带的信息，在 2 层建立和维护 MAC 组播地址表，以后从路由器下发的组播报文就根据

MAC 组播地址表进行转发。IGMP Snooping 只有在收到某一端口的 IGMP 离开报文或者某一端口的老化时间定时器超时的时候，才会主动向端口发 IGMP 特定组查询报文，除此之外，它不会向端口发任何 IGMP 报文。

③ 具有端口镜像功能。端口镜像允许用交换机的一个端口来监视由交换机的一个或多个端口所发送或接收的流量。这种特性方便对通信数据进行实时监控，是以太网常用的故障查找方法。

能提高网管型交换机网络控制能力的高级特性如下。

① 自动协商或手动设置端口速率及双工/半双工特性；

② VLAN：允许交换机将设备逻辑分组，且即使所有设备都共用一台物理交换机，也能隔离这些设备组之间的流量；

③ SNMP 协议：由一整套简单的网络通信规范组成，可以完成所有基本的网络管理任务，对网络资源的需求量少，具备一些安全机制；

④ 802.1D 生成树协议。

生成树协议定义在 IEEE 802.1D 中，是一种桥到桥的链路管理协议。它在防止产生自循环的基础上提供了路径冗余。为使以太网更好地工作，两个工作站之间只能有一条活动路径。该协议规定了网桥创建无环回 loup-free 逻辑拓扑结构的算法。换句话说，STP 提供了一个生成整个第 2 层网络的无环回树结构。

在设备的选择过程中需将通信模块的 CIP 连接数量范围作为选型的参考因素。

（7）进行系统性能预测，看系统性能是否能够满足应用需求。系统性能预测主要有两项内容：一是预测应用对带宽的需求，看系统的带宽是否能满足应用的需求；二是预测在隐式连接中，I/O 数据输入/输出的最大时间间隔能否满足应用的需求。

无论是应用对带宽的要求，还是 I/O 数据输入/输出的最大时间间隔，都主要取决于各个 I/O 数据的请求的数据包时间间隔（RPI）。所谓的 RPI 是数据对发送频率的要求，即要求数据每隔多长时间发送一次。例如，在一个隐式连接中，EtherNet/IP 扫描器要求设备每 20 ms 向它发送一次数据，则该连接的 RPI 为 20 ms。预测的步骤如下。

① 根据系统的结构框图，确定并计算出系统中涉及的不同类型的隐性连接个数和 EtherNet/IP 网络模块的数量。

② 计算每秒加载到 EtherNet/IP 模块的信息帧的个数。

③ 将计算的结果与模块的带宽进行比较，确定出系统是否能正常运行。需注意的是模块的带宽要在所有与该模块有关的显式连接和隐式连接中进行分配。由于每个隐式连接每次至少要传输两帧数据，因此每个隐式连接的带宽消耗是其 RPI 倒数的 2 倍。因为要保留 10% 的带宽用于显式通信，如果所有隐式连接占用的带宽总和是扫描器的 90% 以上，则系统带宽就不能满足应用的需要。

④ 系统带宽不能满足应用的需要，则应从以下几方面考虑对系统进行修改：

a）改变连接类型，例如将直接连接改为机架连接的方式；

b）对 I/O 模块的信息进行修改，例如对触发类型的修改；

c）增加 EtherNet/IP 模块或控制器模块；

d）对网络的带宽进行重新分配；

e）修改网络结构，减少系统通信量。

⑤ 修改完毕后按照上述①～③的步骤重新计算，看是否系统能正常运行，若不能，再参考步骤④对系统进行修改，直至系统能正常工作。至此，完成了对带宽的预测。

⑥ 估计 I/O 数据输入/输出的最大时间间隔能否满足应用的需求，如不能则参考步骤④对系统进行修改，增加系统的吞吐量，直至满足系统的运行条件。

（8）按照网络布线与安装规则构建 EtherNet/IP 网络。布线包括铜缆和光缆、连接器和线缆的铺设和管理系统，通过这些设备传输数据信号，如果此系统不能按要求进行操作，信息流将受到干扰，严重的会导致信息流的停止。在确定、设计和安装布线系统的细节上，需留意和防止关键的连接组件出现故障而导致工业网络停止运行。尤其需注意网络安全问题，控制网络与办公网络之间、控制网络与 Internet 之间，应该有必要的隔离。另外，对控制网络进行操作应该很小心，并进行严格的权限控制。同时，还须预留 20% 的端口数量，以便日后系统扩展。

（9）对系统的物理链接性能进行测试，保证网络物理介质的连接正常。

（10）对系统的数据链接性能进行测试，保证网络通信时信号的准确传输。

4.4.2 软件设计

网络上电后，需进行 EtherNet/IP 软件设计，其主要过程如下。

（1）将已安装网络组态软件、编程软件的计算机接入 EtherNet/IP 网络。

（2）使用罗克韦尔自动化的 BootP 软件配置设备的初始 EtherNet/IP 地址，也可利用网络组态软件（如罗克韦尔自动化的 RSLinx 或 RSNetWorx for EtherNet/IP）修改设备的 IP 地址。

（3）通过 RSNetWorx for EtherNet/IP 组态软件配置扫描器及所连接的目标设备的参数。若要进行隐式通信，需要事先编辑扫描器的扫描列表，把要传输的 I/O 数据加入 EtherNet/IP 扫描器的扫描列表中。

（4）使用组态软件进行网络上 I/O 组态（如 RSLogix 5000）。

（5）进行系统的连接优化，将不必要的连接删除，例如通过修改连接类型减少系统的连接数量。

（6）使用 PLC 编程软件（如 RSLogix 5000）编写特定的梯形图代码。针对显性信息和隐性信息采用不同的指令或格式进行信息的传输。在指令的编写中需注意在指令中规划的连接数量不能超出控制器或通信模块所能提供的最大连接数。

（7）将处理器设置为运行模式以激活输出。

4.4.3 网络测试

对网络的测试包含两方面的内容。

一是当硬件系统搭建完毕后，需对 EtherNet/IP 系统进行必要的测试，以确认传输介质的性能指标已达到了系统正常运转的要求，是硬件系统设计的最后内容。为保证通信介质的正确连接及良好的传输性能，主要测试的项目如下。

（1）接线图测试。接线图测试用于验证线缆链路中每一根针脚端至端的连通性，同时检查串绕问题。包括主要内容如下：是否与远端导通、两芯或多芯的短路、交错线对、反向线对、分岔线对、其他各种接线错误。

（2）长度测试。长度测试包含物理长度测试与电气长度测试。物理长度测试测量两个端点之间的电缆物理长度总和,通过测量电缆物理长度确定。电气长度测试测量由信号传输延迟导出、并依绞合的螺旋线(结构)和介质材料而产生的距离。

（3）弯曲程度测试。弯曲程度测试主要是对电缆弯曲半径的测试。布线标准要求必须监测电缆的最低弯曲半径,如果不能满足最低弯曲半径要求,电缆可能会损坏,电缆性能会下降。例如,在铜缆系统中,回波损耗过高通常表明在电缆走线中未能正确控制弯曲半径。在光纤系统中,则可能会导致高衰减。

（4）对电缆外壳损伤度、磨损度和抗疲劳性的测试。

（5）连接器是否安装防尘罩套。

（6）屏蔽罩是否悬浮。

（7）对每份设计文件进行标注,标注内容包括引出线、电缆等。

二是对网络系统健康性的测试,包括对所有连接和 I/O 信息的测试。EtherNet/IP 现场设备具有内置的 Web Server 功能,不仅能提供 WWW 服务,还能提供诸如电子邮件等众多的网络服务,其模块、网络和系统的数据信息可以通过网络浏览器获得,借助 IE 浏览的方式可方便地实现该项内容的测试。首先在 IE 浏览器中输入网络接口模块的 IP 地址,选择诊断信息浏览,如图 4-10~4-13 所示,即可观测到当前设备的所有诊断信息、网络状态、信息(Message)连接、I/O 连接的状态等,根据这些信息可对网络的整体性能进行合理、准确地评估。

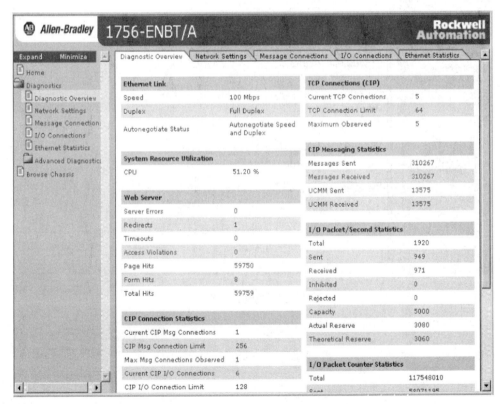

图 4-10　诊断信息概览

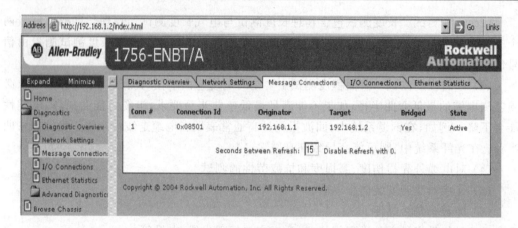

图 4-11　Message 连接信息

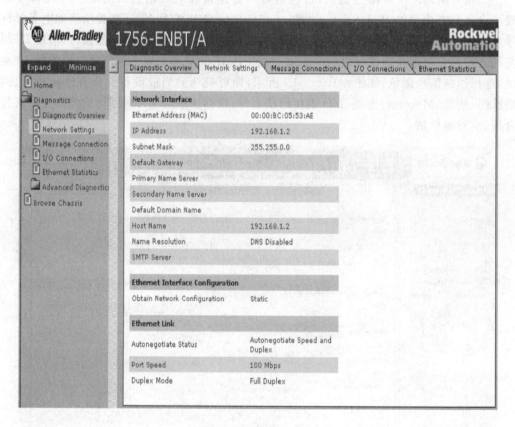

图 4-12　网络设置信息

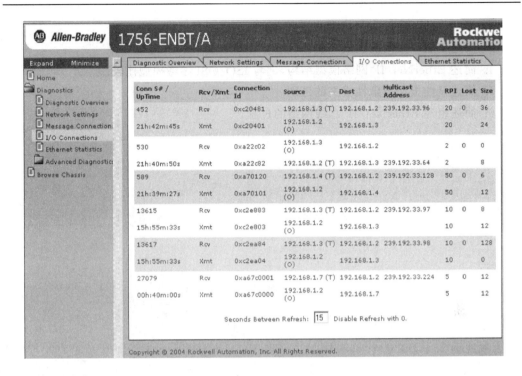

图 4-13　I/O 连接信息

4.5　EtherNet/IP 应用

目前，EtherNet/IP 已被很多大厂商所使用。

在汽车行业，美国通用汽车公司于 2003 年第 4 季度宣布：计划将 EtherNet/IP 这种标准化的工业以太网在其全球范围内的生产车间中推广，希望能够通过采用标准化的开放式网络，使装配厂的设计和运作高度统一。EtherNet/IP 网络不仅能够为通用汽车公司的控制器、机器人、过程控制设备提供实时数据通信，而且还能够为更高一层的商务系统提供相关信息。

在啤酒业，百威啤酒也成功应用了 EtherNet/IP 网络，实现了其跨越式发展。通过 EtherNet/IP 网络实现了以下基于"对象"技术的编程和设备组态：系统的快速启动，在设备组态完成后不到 1 小时即完成整个生产线的启动；设备统一的 IP 地址管理；与企业信息系统的一致和集成；无须附加软件即可远程监视和诊断等功能。EtherNet/IP 网络不仅能够为百威啤酒的控制器、机器人、过程控制设备提供实时数据通信，而且还能为更高一层的商务系统提供支持。

习　　题

1. 简述工业以太网产生的背景及定义。

2. 简述目前工业以太网技术的主要内容。

3. 简述工业以太网的发展趋势。

4. 简述 EtherNet/IP 网络模型结构,试与 ISO/OSI 参考模型比较。

5. 简述显性报文与隐性报文的区别。

6. 简述组建 EtherNet/IP 总线网络的过程。

第5章 CAN 总线技术

控制器局域网 CAN 是德国 Bosch 公司为解决现代汽车内部众多测量控制部件之间的数据交换问题,于 1986 年开发出的串行数据通信现场总线。与传统硬接线方式相比,由于 CAN 总线可以采用较少的信号线来连接汽车上各种电子设备,减少了安装和维护成本,同时增强了数据传输的可靠性。

5.1 CAN 总线简介

CAN 总线采用了许多新技术及独特的设计,与其他总线技术相比具有突出的可靠性、实时性和灵活性。其主要特点可归纳如下。

(1) CAN 总线的传输距离最远可达 10 km(此时通信速率低于 5 kbit/s),通信速率最高可达 1Mbit/s(此时传输距离最远为 40 m)。

(2) CAN 总线上的节点数可达 110 个。CAN 2.0A 报文标识符有 11 位,而 CAN 2.0B 的报文标识符几乎不受限制。

(3) CAN 总线上的任一节点均可在任意时刻主动向其他节点发起通信,且节点不分主从。

(4) CAN 总线上的节点发送的报文可分成不同的优先级,高优先级的数据可在 134 μs 内传输。

(5) CAN 总线的传输介质可根据应用需求灵活选择双绞线、同轴电缆或光纤。

(6) CAN 采用非破坏性总线仲裁技术。当多个节点同时向总线发送数据时,优先级较低的节点会主动退出发送,而优先级最高的节点可不受影响继续传输数据,即使在总线负荷繁重时也不会出现系统瘫痪、拥塞的情况。

(7) CAN 总线通过报文过滤即可实现点对点、一点对多点及全局广播等多种收发数据方式。

(8) CAN 总线上通信采用短帧结构,传输时间短、受干扰概率低,保证了数据传输出错率极低。采用错误检测、标定和自检等强有力的措施,具有极好的检错效果。具体检错措施包括位错误检测、循环冗余校验、位填充、报文格式检查和应答错误检测。

(9) CAN 芯片可设置为无任何内部活动的睡眠方式,以降低系统能耗,通过总线激活或者由系统的内部条件将其从睡眠状态下唤醒。

(10) CAN 节点在错误严重的情况下能够自动关闭输出,不影响总线上其他节点的正常工作。

CAN 总线已成为欧洲汽车制造业的主体行业标准,已成为汽车内部电子控制的主流总线。现代汽车内部装置采用电子控制,例如发动机的定时注油控制,加速、刹车控制及防抱死刹车系统(ABS)等,这些设备的测量与控制需交换数据,而采用硬接信号线的方式不仅烦琐、昂贵,而且故障率高。因此,世界上一些著名的汽车制造厂商,例如 Benz(奔驰)、BMW(宝马)、Porsche(保时捷)、Jaguar(美洲豹)、GM(通用汽车)等都已采用 CAN 总线实现汽车内部控制系统与检测和执行机构间的数据通信。

　　汽车内部总线可分为动力、照明、操作、显示、安全、娱乐等多个子系统。每个连接到总线上的节点称为电子控制装置(ECU)。图 5.1 为基于 CAN 的汽车内部总线的解决方案之一。根据各节点的实时性要求,设计了高、中、低速的 3 种速率不同的 CAN 通信网段,并通过网关集成。

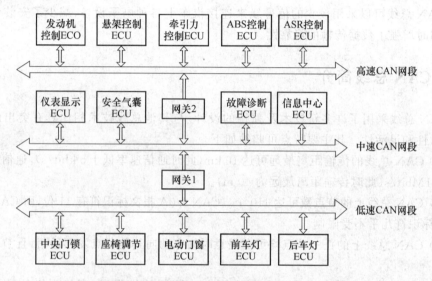

图 5.1　基于 CAN 的汽车内部总线的解决方案

　　虽然 CAN 总线最初是为汽车内部总线而设计,但目前应用领域很广,如在电梯制造、纺织机械制造商、医药系统、工厂自动化等领域均有应用。针对不同的应用领域,基于 CAN 规范开发出多种应用层协议,如 CANKingdom、DeviceNet、SDS、CAL 和 CANOpen 等。

5.2　CAN 技术规范

　　随着 CAN 的广泛应用,对其技术规范的标准化提出了要求。为此,1991 年 9 月发布了 CAN 规范 V2.0(CAN Specification Version 2.0)。该规范的制定兼顾了此前已广泛应用的一些芯片,如 82526、82C200 等。

　　CAN 规范 V2.0 包括 A 和 B 两部分。CAN 规范 V2.0A 沿用了曾在 CAN 规范 V1.2 中定义的 CAN 报文格式。CAN 规范 V2.0B 给出了标准和扩展两种报文格式,CAN 规范 V1.2 中定义的 CAN 报文格式在 2.0B 中称为报文的标准格式。1993 年 11 月,ISO 正式将 CAN 规范颁布为道路交通运输工具-数据信息交换-高速通信控制器局域网国际标准,即 ISO 11898。除了 CAN 规范本身外,CAN 的一致性测试也被定义为 ISO 16845 标准,用于描述 CAN 芯片的互换性。

　　制订 CAN 规范的目的是为了在 CAN 总线上的任意两个节点间建立兼容性。CAN

规范主要描述了物理层和数据链路层。CAN 总线上的设备既可与 2.0A 规范兼容，也可与 2.0B 规范兼容。本节将主要描述 CAN 2.0B 规范，并根据信息由物理层、介质访问控制子层至逻辑链路控制子层的传送过程对其进行深入分析。

5.2.1　CAN 的通信参考模型

根据 ISO/OSI 参考模型，CAN 被分为数据链路层和物理层，数据链路层再细划为逻辑链路控制子层（LLC）和介质访问控制子层（MAC），以保证设计透明和实现灵活。CAN 通信参考模型如图 5-2 所示。

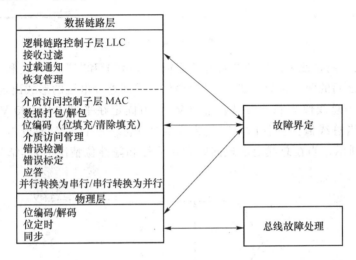

图 5-2　CAN 的通信参考模型

物理层规定了信号的传输方式，涉及到位定时、位编码/解码、同步的解释。CAN 规范未定义物理层的驱动器/接收器特性，允许根据具体应用设计用于收发的传输介质和信号电平。

MAC 是 CAN 规范的核心部分。该层主要负责制定传输规则，即控制帧结构、执行仲裁、错误检测、出错标定和故障界定。其中，故障界定是能够区分永久故障和短时扰动的自检机制。

LLC 用于报文过滤、过载通知以及恢复管理，为数据传输和远程数据请求提供服务，确认报文已被 LLC 子层接收。

5.2.2　CAN 的位值表示和传输距离

CAN 2.0B 规范中未定义物理层中驱动器/接收器特性、传输介质和信号电平等内容，以便于在具体应用中根据实际情况进行选择和优化。在 1993 年形成的国际标准 ISO 11898 对以双绞线为 CAN 总线传输介质特性进行了建议。目前双绞线是比较常用的 CAN 总线传输介质，但并不是唯一的传输介质。利用光电转换接口器件及光纤耦合器可建立基于光纤介质的 CAN 总线系统。

典型的 CAN 总线系统如图 5-3 所示。其中每个 CAN 节点 ECU 应包括微控制器、

CAN 控制器和 CAN 收发器。总线两端必须带有 120 Ω 终端电阻,用于抑制回波反射。

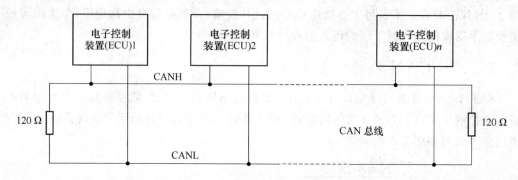

图 5-3　典型的 CAN 总线系统

CAN 总线上用显性和隐性两个互补的逻辑值表示"0"和"1"。V_{CANH} 和 V_{CANL} 是 CAN 收发器与总线之间的两个接口引脚,信号以两信号线间差分电压的形式出现,具有很强的抗干扰能力。当总线值为隐性时,V_{CANH} 和 V_{CANL} 值固定在平均电压 2.5 V,差分电压值 V_{diff} 约为 0 V;当总线值为显性时,V_{CANH} 为 3.5 V,V_{CANL} 为 1.5 V,差分电压值 V_{diff} 达到 2 V,如图 5-4 所示。当在总线上出现同时发送显性和隐性位情况时,其结果是总线数值为显性。

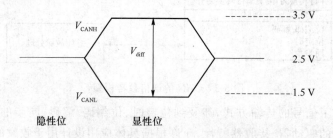

图 5-4　CAN 总线值表示

CAN 总线上任意两个节点间的最大传输距离与通信速率有关,表 5-1 列出 CAN 节点间最大传输距离与通信速率的关系。实际应用中,传输距离还将受到电磁干扰和传输介质特性等因素的影响。

表 5-1　CAN 总线在任意两节点间最大距离和位速率

通信速率/bit·s^{-1}	1 M	500 k	250 k	125 k	100 k	50 k	20 k	10 k	5 k
最大总线距离/m	40	130	270	530	620	1 300	3 300	6 700	10 000

5.2.3　位编码/解码

CAN 位流根据"不归零"(NRZ)方法来编码/解码。如图 5-5 所示,不归零码是指在整个位时间内,位的电平要么为显性,要么为隐性。采用 NRZ 法编码/解码的优势在于信号变换少,因此噪音信号小,便于在 MAC 子层采用逐位仲裁技术。但是,CAN 没有专用的时钟信号线,同步信息包含于总线上传输的数据之中,如果连续出现多个相同的总线值(显性或隐性),会造成报文发送端与接收端同步的不确定性(Non-determinant Synchronisation),需要采用位填充技术(Bit-Stuffing)进行解决。

在构成数据帧(帧类型参考 5.2.6 节)或远程帧的帧起始位、仲裁场、控制场、数据场和 CRC 序列均使用位填充编码/解码规则。当发送器在发送的位流中检测到 5 个连续相同值的位,便自动在位流里插入一反相位(S),如图 5-5 所示,该位又称为同步位,用于重同步(参考 5.2.4 节)。数据帧或远程帧的其余域,包括 CRC 定界符、应答场和帧尾,采用固定格式,不进行位填充。出错帧和超载帧也是固定格式,不进行位填充。除了解决不确定性问题外,位填充也是一种差错控制方法。

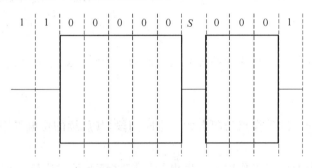

图 5-5　位填充规则

5.2.4　位定时与同步

在一个给定的 CAN 系统中,位速率应该是唯一且固定的。接收端和发送端的位速率必须保持一致,即两者应同步。下面将阐述 CAN 规范中对位速率和同步的相关定义。

1. 标称位速率

标称位速率就是一个理想发送器在没有重同步的情况下每秒发送位的数量。

2. 标称位时间

标称位时间与标称位速率是倒数关系,即标称位时间=1/标称位速率,表示发送一位所需要的时间。

如图 5-6 所示,标称位时间可分为 4 个互不重叠的时间段。包括同步段(SYNC_SEG)、传播段(PROP_SEG)、相位缓冲段 1(PHASE_SEG1)和相位缓冲段 2(PHASE_SEG2)。

采样点

图 5-6　标称位时间

(1) 同步段

同步段是每一位的位时间的起始段,用于同步总线上的收发节点。无论发送数据还是接收数据均始于同步段。但是,由于发送节点和接收节点间存在着传输和物理接口的延迟,节点发送出一位后,延迟一段时间后接收节点才能收到。因此,发送节点和接收节点对应同一位的同步段起始时刻会有一定的时延。

（2）传播段

传播段用于补偿在总线上的物理延迟时间。CAN 规范中非破坏性仲裁和帧内应答机制，都要求正在发送位流的节点能够同时接收到来自其他发送节点的显性位"0"，否则就会出现仲裁无效或者应答错误。传播段推迟那些可能较早采样总线上位流的采样点，保证由各个节点发送的位流到达总线上的所有节点之后才开始采样。传播段延迟时间是信号在总线上的传播时间、输入比较器延时和输出驱动器延时时间总和的 2 倍。

（3）相位缓冲段

相位缓冲段 1 和相位缓冲段 2 用于补偿边沿阶段的误差。这两个段可以通过重同步来延长或缩短。

（4）采样点

采样点是读取总线电平并转换为对应位值的一个时间点。采样点位于相位缓冲段 1 的结尾。

3. 报文处理时间

报文处理时间是以采样点为起点的一个时间段，其后续的位电平用于计算该位数值。

4. 时间量程

时间量程是由振荡器工作周期派生出的固定时间单元。从最小时间量程开始计算，时间量程的长度为：

$$时间量程＝m×最小时间量程（m 为预置比例因子）$$

预置比例因子可编程设置，其值范围为 1～32 的整数。

标称位时间中各时间段长度为：同步段为一个时间量程；传播段长度可编程为 1～8 个时间量程；相位缓冲段 1 可编程为 1～8 个时间量程；相位缓冲段 2 长度为相位缓冲段 1 和信息处理时间两者中最大值；信息处理时间长度小于等于 2 个时间量程。一个位时间的总长度可编程为 8～25 个时间量程。

在开发 CAN 节点时，趋向于在本地 CPU 和 CAN 通信器件使用同一振荡器。那么为了得到所需的位速率，位时间的可编程设置是必要的。当然，如果 CAN 器件被设计成无 CPU 的应用，那么位时间的可编程设置并非必要。另一方面，CAN 器件允许选择外部振荡器以便于调整到合适的位速率，因此对于这些器件，可编程设置也并非必须。

5. 硬同步

硬同步仅在总线空闲状态时通过发送一个下降沿（帧起始）来完成，此时无论有没有相位误差，所有节点内部位时间以同步段重新开始。强迫引起硬同步的跳变沿位于重新开始的位时间的同步段之内。

6. 重同步

在报文帧的随后位中，每当有从隐性到显性的跳变，并且该跳变落在了同步段之外，就会引起一次重同步。位填充机制会引起重同步。重同步可以根据跳变沿延长或者缩短位时间以调整采样点的位置，以保证正确采样。

如图 5-7 所示，跳变沿落在了同步段之后采样点之前，为正相位误差。接收器会认为这是一个慢速发送器发送的滞后边沿。此时节点为了匹配发送器的位速率，会延长自己的相位缓冲段 1(阴影部分)。

图 5-7　正相位误差

如图 5-8 所示,跳变沿落在了采样点之后同步段之前,为负相位误差,接收器会认为这是一个快速发送器发送的下一个位周期的提前边沿。同样,节点为了匹配发送器的位速率,会缩短自己的相位缓冲段 2(阴影部分),下一个位时间立即开始。

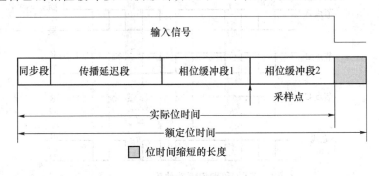

图 5-8　负相位误差

由此可以看出,重同步的结果使相位缓冲段 1 延长,或使相位缓冲段 2 缩短。相位缓冲段延长或缩短的数量有一个上限,此上限由重同步跳转宽度给定。重同步跳转宽度应设置为在 1 和最小值之间(此最小值为 4,PHASE_SEG1)。

7. 同步规则

硬同步和重同步是同步的两种形式,共同遵循以下规则。

(1) 在一个位时间里只允许一次同步。

(2) 仅当在采样点之前检测到的值与紧跟边沿后面的总线值不符时,才把边沿用于同步。

(3) 在总线空闲期间,只要有一由隐性转变到显性的边沿,就会执行硬同步。

(4) 符合规则(1)和规则(2)的所有其他从隐性转变为显性的边沿都可用于重同步。例外的情况是,如果只有隐性到显性的边沿用于重同步,一个发送显性位的节点将不会执行具有正相位误差的隐性转变为显性的边沿所引起的重同步。

5.2.5　介质访问控制方式

在实时处理系统中,通过 CAN 总线交换的报文具有不同优先级要求。例如,一个迅速变化的值,如发动机负载值必须频繁传送且要求延迟时间比一些实时性要求不高的值(如发动机温度值)要短。如果发动机负载值和温度值同时发送到 CAN 总线上,产生冲突后将如何仲裁?

介质访问控制协议负责整个总线仲裁。CAN 总线上采用"优先级仲裁"机制,即"带非破坏性逐位仲裁的载波侦听多址访问"(CSMA/NBA)。

CAN 数据帧中仲裁域是 11 位(标准帧)或 29 位(扩展帧)CAN 标识符。仲裁域中标识符按照从最高位到最低位的顺序发送。这样,总线上的位既可为显性位"0",也可为隐性位"1"。显性位和隐性位同时发送时采用线与(Wired And)机制,总线上呈现显性位。如图 5-9 所示,在仲裁域传送期间,每个发送器都侦听总线上的当前电平,并与已经发送的信号电平进行比较。如果值相等,那么该节点可以继续发送。如果发送了一个隐性位,而监视到一个显性位,则说明另一个具有更高优先级的节点发送了一个显性位,那么该节点失去仲裁权,立即停止下一位的发送。

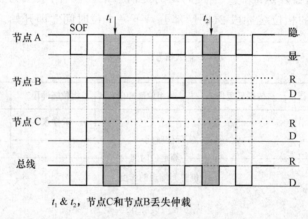

t_1 & t_2,节点C和节点B丢失仲载

图 5-9　CSMA/NBA 仲裁过程

由此可见,CAN 标识符数值最小的节点拥有最高的优先权,通过分配标识符可以优先发送重要数据。仲裁获胜的节点可不受影响继续传输数据;仲裁失败的节点会失去总线控制权,所有失去总线控制权的节点都会自动变成侦听者,直至总线重新空闲。

CAN 的 CSMA/NBA 介质访问控制方式不同于以太网的 CSMA/CD,总线上的发送请求报文按照重要性来排序处理,减少了在实时系统中的传输延迟,避免了总线负荷较重时出现拥塞。

5.2.6　CAN 报文传送与帧结构

CAN 总线上的信息以固定格式的报文来传输。在 CAN 规范中报文对应着数据链路层的数据传输单元——帧。如图 5-10 所示,根据标识符区长度不同,CAN 可分为标准帧和扩展帧两种不同的帧格式,分别支持 11 位标识符和 29 位标识符。

CAN 的报文传送过程中使用以下 4 种类型的帧。

• 数据帧(Data Frame):发送器通过发送数据帧将数据传送至接收器;
• 远程帧(Remote Frame):节点发出远程帧,请求发送具有相同标识符的数据帧;

- 错误帧(Error Frame):任何节点检测到总线错误立即发出错误帧;
- 过载帧(Overload Frame):过载帧用于在相邻的数据帧或远程帧间提供附加的延时。

另外,在传送过程中,多个数据帧或远程帧间需使用帧间空间分开。

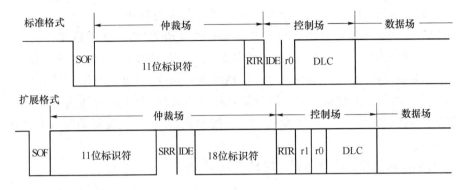

图 5-10　CAN 规范定义的帧结构

1. 数据帧

如图 5-11 所示,数据帧包括 7 个不同的位场,即帧起始、仲裁场、控制场、数据场、CRC 场、应答场和帧结束。

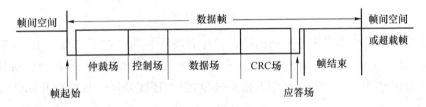

图 5-11　数据帧格式

(1) 帧起始(SOF)标识数据帧和远程帧的开始,由一个显性位构成。节点仅在总线处于空闲状态时允许发送数据。所有节点都必须同步于首先发送数据的节点的帧起始位由隐性变为显性的跳变沿。

(2) 仲裁场由标识符和远程发送请求位(RTR)组成,如图 5-12 所示。

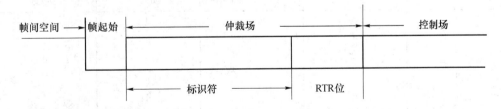

图 5-12　仲裁场格式

CAN 2.0A 规范中定义标识符的长度为 11 位,并按照从高位到低位的顺序发送,最低位为 ID.0,其中,最高的 7 位(ID.10~ID.4)不能全部是隐性位。

RTR 位在数据帧中是显性位,在远程帧中是隐性位。

CAN 2.0B 规范中,标准格式和扩展格式对应的仲裁场格式不同。在标准格式中,仲裁场由 11 位标识符和 RTR 组成,标识符位为 ID.28～ID.18;在扩展格式中,仲裁场由 29 位标识符和替代远程请求位 SRR、标识位(IDE)和远程发送请求位组成,标识符位为 ID.28～ID.0,分为基本 ID(ID.28～ID.18)和扩展 ID(ID.17～ID.0)。扩展格式将标准格式的 RTR 位改称 SRR 位,用于彼此区分。SRR 位应为隐性。

在 CAN 总线上允许标准格式和扩展格式的数据帧共存,带来的格式冲突问题的解决方法是:在发送扩展格式帧时,先发送基本 ID,其后随 SRR 位,此时总线上其他发送器同时发出标准格式帧,该位的总线值可能是显性或者隐性(数据帧或远程帧);然后,发送 IDE 位,如果此时总线上仍有发送器同时发送标准格式帧,该位的总线值为显性,发送扩展帧的发送器将丢失仲裁,若扩展帧通过了上述仲裁,该扩展帧发送器继续发送扩展 ID 和 RTR 位。

(3) 控制场包括保留位和数据长度码,共 6 位,如图 5-13 所示。

图 5-13　控制场格式

标准格式与扩展格式中的控制场结构和位置均不相同。在标准格式中,控制场包括数据长度代码(DLC)、IDE(为显性位)和保留位 r0。在扩展格式中,控制场包括数据长度和两个保留位 r0 和 r1。r0、r1 必须发送显性位,但是接收器认可显性位和隐性位的任何组合。

数据长度码 DLC 表示数据场的字节数。数据长度码共 4 位。数据长度码中数据字节数目编码如表 5-2 所列,其中 d 表示显性位,r 表示隐性位。数据字节数目允许值为 0～8。

表 5-2　数据字节数目编码

数据字节数目	数据长度码			
	DLC3	DLC2	DLC1	DLC0
0	d	d	d	d
1	d	d	d	r
2	d	d	r	d
3	d	d	r	r
4	d	r	d	d
5	d	r	d	r
6	d	r	r	d
7	d	r	r	r
8	r	d	d	d

（4）数据场由数据帧中要发送的数据组成，可以为 0～8 字节，每字节 8 位，高位（MSB）在先。

（5）CRC 场由 CRC 序列和后随的 CRC 界定符组成。CRC 场格式如图 5-14 所示。

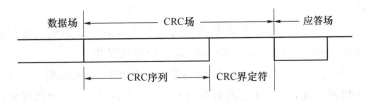

图 5-14　CRC 场格式

CRC 序列由循环冗余校验码求得的帧校验序列组成。该序列适用于位数低于 127 位的帧。为便于实现 CRC 计算，被除的多项式系数由无填充的位流给出。该位流由帧起始、仲裁场、控制场、数据场和在后面添加的 15 个"0"组成。此多项式被下列多项式除（系数以模 2 计算出）：

$$X^{15}+X^{14}+X^{10}+X^8+X^7+X^4+X^3+1$$

多项式除法所得余数即为发送出的 CRC 序列。为完成此运算，可以使用一个 15 位的移位寄存器 CRC_RG(14:0)。如果以 NXTBIT 标记该位流中下一位，则 CRC 序列可用如下的方法得出：

```
CRC_RG = 0;                                    //初始化移位寄存器
REPEAT
  CRCNXT = NXTBIT EXOR CRC_RG(14);
          CRC_RG(14:1) = CRC_RG(13:0);        //寄存器左移 1 位
  CRC_RG(0) = 0;
  IF CRCNXT THEN
          CRC_RG(14:0) = CRC_RG(14:0)EXOR(4599Hex);
  ENDIF
  UNTIL(CRC 序列起始或者存在一个 出错条件)
```

在发送或接收数据场的末位后，CRC_RG 的内容为 CRC 序列。

CRC 界定符位于 CRC 序列后面，为一个隐性位。

（6）应答场（ACK）包括应答间隙和应答界定符，如图 5-15 所示。

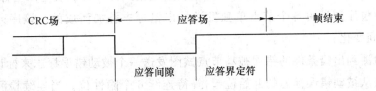

图 5-15　应答场格式

发送节点在应答场中发出两个隐性位。接收到正确报文的节点，将在应答间隙中发送一个显性位以响应发送节点。

应答界定符是应答场的第 2 位,且必须是隐性位。因此,应答间隙被两个隐性位(CRC 界定符和应答界定符)包围。

(7) 帧结束:每个数据帧和远程帧均以 7 个连续的隐性位作为结束标志。

2. 远程帧

接收节点可以向相应的数据发送节点发送远程帧来请求数据帧。远程帧由 6 个不同位场组成:帧起始、仲裁场、控制场、CRC 场、应答场和帧结束。

与数据帧不同的是,远程帧的 RTR 位为隐性。远程帧格式如图 5-16 所示,远程帧没有数据场,因此数据长度代码 DLC 的数值没有意义,可以是 0～8 中的任意值。

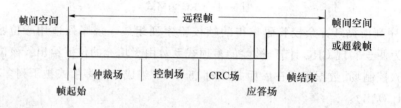

图 5-16　远程帧格式

3. 出错帧

出错帧由两个不同场组成,如图 5-17 所示。第一个场由来自各站的错误标志叠加而成,随后的第二个场是出错界定符。

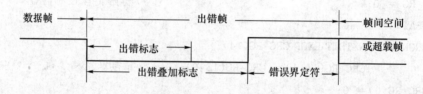

图 5-17　出错帧格式

错误标志具有两种形式:主动错误标志(Active Error Flag)和被动错误标志(Passive Error Flag)。主动错误标志由 6 个连续的显性位组成;而被动错误标志由 6 个连续的隐性位组成,可被来自其他节点的显性位覆盖。

一个检测到出错条件的错误主动节点通过发送一个主动错误标志进行标识。这一出错标志在格式上违背了由帧起始至 CRC 界定符的位填充规则,破坏了应答场或帧结束场的固定格式,因此总线上其他节点将检测到新的出错条件并开始发送出错标志。所以,监视到的显性位序列是由各个节点单独发送的出错标志叠加而成的。该序列的总长度在 6～12 位之间变化。

一个检测到出错条件的错误被动节点试图发送一个被动错误标志来标识错误。该错误被动节点从被动错误标志的开始位起,等待连续 6 个隐性位。当连续检测到 6 个隐性位后,被动错误标志即告完成。

出错界定符由 8 个隐性位组成。出错标志发送后,每个节点都发送一个隐性位并启动监视总线,直到检测到隐性位,然后开始发送剩余的 7 个隐性位。

4．超载帧

超载帧包括两个场：超载标志和超载界定符。如图 5-18 所示。

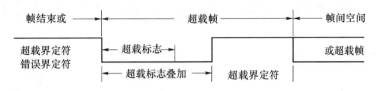

图 5-18　超载帧格式

以下 3 个超载条件都会引起超载帧的发送：

（1）接收器内部因素，即在接收下一个数据帧或远程帧前需要一个延时；

（2）在帧间空间间歇场的第 1 或第 2 位检测到显性位；

（3）如果 CAN 节点在错误界定符或超载界定符的第 8 位（最后一位）采样到一个显性位，则该节点会发送一个超载帧（不是出错帧），错误计数器不会增加。

由条件（1）引发的超载帧只允许在期望的帧间空间间歇场的第 1 位时间开始。由条件（2）和条件（3）引发的超载帧在检测到显性位的下一位开始。最多可以产生 2 个超载帧来延迟下一数据帧或远程帧。

超载标志由 6 个显性位组成，其全部形式对应于主动出错标志。超载标志破坏了帧间空间间歇场的固定格式，因此，其他节点都将检测到一个超载条件，并各自开始发送超载标志。如果在间歇场的第 3 位检测到显性位，则这个显性位将被理解成帧起始。

超载界定符由 8 个隐性位组成，与出错界定符的格式一致。节点在发送超载标志后，开始监视总线，直到监测到 1 个从显性到隐性的跳变。此时，总线上所有节点都已经完成超载标志的发送，且同时开始发送超载界定符的其余 7 个隐性位。

5．帧间空间

数据帧或远程帧通过帧间空间与前一个帧相互分隔，此时不管前一帧是何种类型（数据帧、远程帧、出错帧或超载帧）。在超载帧和出错帧的前面无须帧间空间，多个超载帧之间也无须帧间空间来分隔。

帧间空间包括间歇场和总线空闲场，如果发送前一报文是错误被动节点，则其帧间空间还包括一个暂停发送场。对于非错误被动节点，或作为前一报文接收器的节点，其帧间空间如图 5-19（a）所示；而发送前一报文是错误被动节点时，其帧间空间如图 5-19（b）所示。

间歇场由 3 个隐性位组成。在间歇场期间，所有节点都不允许启动发送数据帧或远程帧，只能用于标识超载条件。如果一个正在准备发送报文的 CAN 节点在间歇场的第 3 位检测到一个显性位，将被认做一个帧起始，并且在下一位时间，从报文标识符的最高位开始发送报文，而不再发送一个帧起始位，同时也不会成为报文接收器。

总线空闲时间可为任意长度。此时，总线是空闲的，因此任何需要发送报文的节点均可访问总线。在其他报文发送期间，暂时被挂起的等待发送报文在间歇场后第一位开始发送。此时总线上的显性位被解释为一个帧起始。

暂停发送场是在错误被动节点发送一个报文后，开始下一次报文发送或认可总线空闲之前,紧随间歇场后发送的 8 个隐性位。如果此时另一节点开始发送报文,该节点将成为报文接收器。暂停发送场降低了错误被动节点向总线发送报文的频率,减少了错误被动节点因自身故障干扰总线的可能性。

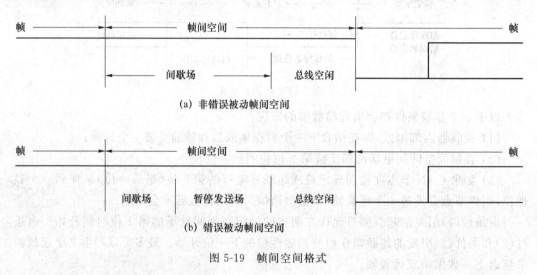

(a) 非错误被动帧间空间

(b) 错误被动帧间空间

图 5-19　帧间空间格式

5.2.7　报文确认和过滤

对于发送节点和接收节点来说,报文确认(Message Validation)时刻有所不同。对于发送节点而言,如果直到帧结束的末尾都没有出错,则确认该报文。如果一个报文受损,发送器将会按照优先级顺序自动重发报文。为了能够与其他报文竞争总线访问权,总线一旦空闲,必须马上重发。对于接收节点而言,如果直到帧结束的倒数第 2 位都没有出错,则确认报文。帧结束的最后一位被认为无关紧要,因此,即使该位的值是显性也不会导致一个格式错误。

在 CAN 总线上,一个节点发出的数据其他节点都能够接收到。但是,如果节点每次接收到数据都要以中断的方式与处理器进行数据交换,必将会造成处理器资源的巨大浪费,因此 CAN 规范中定义了报文过滤(Message Filtering)功能。报文过滤取决于 CAN 标识符。屏蔽寄存器的每位都可编程设置,为了实现报文过滤,允许把屏蔽寄存器中任何的标识符位设置为“无关”。通过该寄存器选择多组标识符,使之与相关的接收缓冲器相对应,即对于报文过滤,可将它们设置为允许或禁止。屏蔽寄存器的长度可以包含整个标识符,也可以是部分标识符。

5.2.8　错误处理和故障界定

CAN 规范中设有错误检测、错误处理和故障界定等措施,能够保证很低的数据出错率。

1. 错误检测

CAN 规范提供 3 种报文级的错误检测机制。

（1）CRC 检测

CRC 序列包括了发送节点计算出的 CRC 结果。接收节点计算 CRC 的方法与发送节点相同。如果接收节点的计算结果与接收到的 CRC 结果不相符，则检测到一个 CRC 错误。

（2）帧检测

如果一个固定格式的位场含有一个或多个非法位，则检测到一个格式错误。对于接收节点来说，帧末尾最后一位值是显性也不会导致一个格式错误。

（3）应答错误检测

只要在应答间隙期间所监视的位不是显性，发送节点就会检测到一个应答错误。

CAN 规范也提供两种位元级的错误检测机制。

（1）位错误检测

节点向总线发送每一位的同时也在侦听总线。如果所发送的位值与所侦听到的位值不相符，则在该位时间里检测到一个位错误。例外的情况是，在带位填充的仲裁域位流和应答位期间，发送隐性位而监视到显性位并不被认为发生位错误。一个正在发送被动出错标志的发送器检测到一个显性位时，也不认为是位错误。

（2）位填充检测

CAN 采用 NRZ 编码，即在连续 5 个相同位后，发送节点会自动插入一个反向的填充位，接收方应自动识别此填充位并将其删除，以获得实际的位流。因此，在应当使用位填充规则编码的报文场中出现了第 6 个连续相同的位电平时，将检测到一个位填充错误。

2．错误处理

检测到错误的节点通过发送出错标志（也就是出错帧）进行标识。对于错误主动节点，发送主动出错标志；对于错误被动节点，则发送被动出错标志。无论是位错误、填充错误、格式错误还是应答错误，只要被任一节点检测到，该节点就会在下一位的时间开始发送出错标志。而当检测到 CRC 错误时，出错标志将在应答界定符的后一位开始发送。

造成 CAN 出错的原因可能是总线上暂时的扰动，也可能是节点不可恢复的永久故障，针对这些原因，CAN 规范详细定义了用于故障界定的状态转换规则。CAN 总线上的故障状态有 3 种：错误主动、错误被动和脱离总线。

为了界定故障，在每个总线单元中都设有两种计数：发送出错计数和接收出错计数。这些计数按照下列规则进行（在规定的报文传送期间，可应用其中一个以上的规则）。

（1）当接收节点检测到错误时，接收出错计数值加 1；在发送主动出错标志或超载标志期间，接收节点检测到位错误时，接收出错计数不增加。

（2）当接收节点在发送错误标志后下一位时间检测到显性位时，接收节点的错误计数加 8。

（3）发送节点发出一个错误标志时，发送错误计数值加 8。其中有 2 个例外情况：一是发送节点为"错误被动"，并检测到一个应答错误（在应答间隙检测不到显性位），而且在发送其被动出错标志期间没有检测到显性位；二是发送节点因为仲裁期间发生的位填充错误而发送出错标志。在以上两种例外情况下，发送节点的错误计数不增加。

（4）发送节点发出一个主动错误标志或超载标志时，检测到位错误，则发送错误计数值加 8。

（5）接收节点发出一个主动错误标志或超载标志时，检测到位错误，则接收错误计数值加 8。

（6）任何节点在发送主动错误标志、被动错误标志或超载标志后，最多允许 7 个连续的显性位。在这些标志后面，如果检测到第 8 个连续的显性位，或者多于 8 个连续的显性位，则每个发送器的发送错误计数值都加 8，并且每个接收器的接收错误计数值也加 8。

（7）报文成功发送后（得到应答，并且直到帧结束时未出现错误），如果发送错误计数值非 0，则该值减 1。

（8）报文成功接收后（直到应答间隙接收无错误，且成功发送应答位），如果接收错误计数器值处于 1～127 之间，则接收错误计数器值减 1。如果接收错误计数器值为 0，则仍保持为 0。如果接收错误计数值大于 127，则将其值置于 119～127 之间的某个数值。

（9）当节点的发送错误计数器的值大于等于 128，或接收错误计数器的值大于等于 128 时，该节点进入错误被动状态，其最后一个错误条件仍使节点发送出一个主动出错标志。

（10）当发送错误计数器的值大于等于 256 时，节点进入脱离总线状态。

（11）当发送错误计数和接收错误计数两者均小于或等于 127 时，错误被动节点再次变为错误主动节点。

（12）在监测到总线上出现了连续 128 次 11 个隐性位后，脱离总线节点将变为两个错误计数器值均为 0 的错误主动节点。这种处理需要外界的干预，以决定一个脱离总线节点是否重新上线。

当错误计数器值大于 96 时，说明总线被严重干扰，这可以提供一种对总线的辅助测试方法。如果启动期间总线仅有一个节点在线，此节点发出报文后，将无法得到应答并检测到错误及重发该报文。因此，该节点将会变为被动出错节点，但不会进入脱离总线状态。

5.3　CAN 器件及节点开发

CAN 总线的广泛应用带动更多芯片厂商推出丰富价廉的 CAN 器件，如 CAN 控制器、CAN 收发器和 CAN 远程 I/O 等。本节将重点介绍 CAN 控制器和 CAN 收发器。

5.3.1　CAN 控制器

CAN 控制器以一块可编程芯片上的组合逻辑电路来实现数据链路层和部分物理层的功能，并提供了与微处理器的物理接口。微控制器通过对 CAN 控制器编程，并在此基础上建立应用层，实现接收和发送数据。

目前，一些知名的半导体厂商如 Intel、Philips、Motorola、TI 等都生产 CAN 控制器芯片。这说明 CAN 技术在实际应用中已得到人们认可，同时，各厂商间的竞争又进一步促进了 CAN 技术的迅速发展。CAN 控制器有 2 种类型：一种是独立于微处理器，另一种是与微处理器集成。前者在使用上比较灵活，功能较强大，可以与不同类型的单片机、微型计算机的各类标准总线连接。而后者在许多特定情况下，使电路设计更为简化和紧凑以提高效率。然而，不管是哪家哪类产品，都是严格遵照已制订的 CAN 规范。本节以

Philips 公司的 SJA1000 作为独立 CAN 控制器的代表详细介绍。

5.3.2 CAN 控制器 SJA1000

CAN 通信控制器 SJA1000 是 Philips 公司推出的一种独立式 CAN 总线控制器,以作为 PCA82C200 的替代产品。PCA82C200 支持 CAN 2.0A 协议,可实现基本 CAN 模式(BasicCAN)。而 SJA1000 可实现增强 CAN 模式(PeliCAN),支持 CAN 2.0B 协议,适用于汽车和一般工业环境。

SJA1000 的基本特性可归纳如下。

(1) 引脚、电气参数与 PCA82C200 独立 CAN 控制器兼容;

(2) 支持 CAN 2.0A 和 CAN 2.0B 协议;

(3) 对于标准和扩展帧都有单/双接收过滤器,包括接收屏蔽寄存器和接收编码寄存器;

(4) 可读/写访问的错误计数器,可编程的错误报警限值,最近一次错误代码寄存器;

(5) 对于每一种 CAN 总线错误的出错中断;

(6) 仲裁丢失中断,并带有详细丢失仲裁位置的信息;

(7) 允许单次发送,当出错或丢失仲裁时不重发;

(8) 只听模式(侦听 CAN 总线、无应答、无错误标志);

(9) 支持热插拔(对总线无干扰的传输速率检测);

(10) 自身发送报文接收(自接收请求);

(11) 24 MHz 时钟频率;

(12) 可与不同的微处理器接口;

(13) 可编程的 CAN 输出驱动器配置;

(14) 温度适应范围 −40~+125 ℃。

SJA1000 内部结构如图 5-20 所示,各个模块功能描述如下。

(1) 接口管理逻辑:用于解释来自 CPU 的命令,控制 SJA1000 的内部寻址,并向 CPU 提供中断和状态等信息。

(2) 发送缓冲器:CPU 和位流处理器之间的接口,能够存储发送到 CAN 总线上的一条完整报文,该缓冲器长度为 13 字节,由 CPU 写入、位流处理器读出。

(3) 接收缓冲器(RXB,长度 13 字节):接收过滤器和 CPU 之间的接口,能够存储从 CAN 总线上接收的报文。接收缓冲器作为接收 FIFO(RXFIFO,长度 64 字节)的一个窗口,可被 CPU 访问。由于接收 FIFO 的存在,CPU 可以在处理一个报文的同时接收其他报文。

(4) 接收过滤器:将接收到的标识符和接收过滤寄存器中预置值进行比较,以决定是否接收整个报文。如果接收测试通过后,报文就完整的保存到 RXFIFO。

(5) 位流处理器:一个队列(序列)发生器,用于控制发送缓冲器、RXFIFO 和 CAN 总线之间的数据流。除此之外,还执行错误检测、仲裁、填充和错误处理等功能。

(6) 位定时逻辑:用于监视 CAN 总线并处理位定时,硬同步于帧起始的跳变沿,并且在接收报文的过程中进行重同步;还提供了可编程的时间段用于补偿传播延时、相位变化(如由于振荡器漂移引起的相位变化),定义了采样时刻和在一个位时间内的采样次数。

（7）错误管理逻辑：负责错误界定，接收来自位流处理器的出错报告，并将错误统计传送给位流处理器和接口管理逻辑。

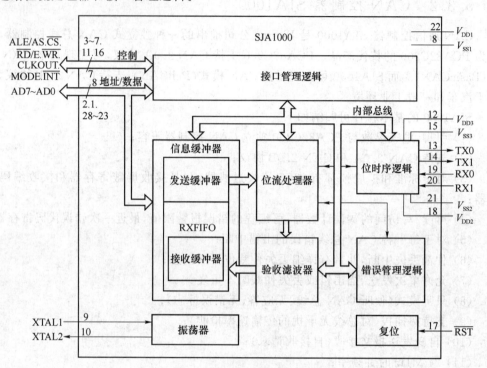

图 5-20　SJA1000 内部结构图

SJA1000 的引脚分布如图 5-21 所示，引脚功能描述如表 5-3 所示。

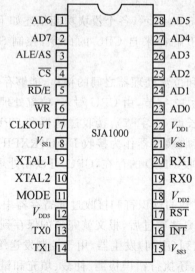

图 5-21　SJA1000 引脚分布

表 5-3　SJA1000 引脚描述

符　号	引　脚	功　能
AD7～AD0	2,1,28～23	地址/数据复用总线
ALE/AS	3	ALE 输入信号(Intel 模式),AS 输入信号(Motorola 模式)
$\overline{CS}$	4	片选输入,低电平允许访问 SJA1000
$\overline{RD}/E$	5	来自 CPU 端的 $\overline{RD}$ 信号(Intel 模式)或 E 使能信号(Motorola 模式)
$\overline{WR}$	6	来自 CPU 端的 $\overline{WR}$ 信号(Intel 模式)或 RD/$\overline{WR}$ 信号(Motorola 模式)
CLKOUT	7	SJA1000 产生并提供给 CPU 的时钟输出信号,由内部振荡器通过可编程的分频器得到;时钟分频寄存器的时钟关闭位可禁止该引脚的信号输出
V_{SS1}	8	逻辑电路地
XTAL1	9	时钟振荡放大器的输入,外部振荡器信号由此输入[1]
XTAL2	10	时钟振荡放大器的输出,当使用外部振荡器时该引脚必须保持开路[1]
MODE	11	模式选择输入:1 选择 Intel 模式,0 选择 Motorola 模式
V_{DD3}	12	输出驱动器的 5 V 电源
TX0	13	从输出驱动器 0 到物理总线的输出端
TX1	14	从输出驱动器 1 到物理总线的输出端
V_{SS3}	15	输出驱动器的地
$\overline{INT}$	16	中断输出,中断寄存器中位被置位,$\overline{INT}$ 引脚置低;$\overline{INT}$ 引脚为开漏输出,可与系统内其他 $\overline{INT}$ 中断输出实现"线与";该引脚为低电平将重新激活已进入睡眠模式的 SJA1000
$\overline{RST}$	17	复位输入,低电平有效;将 $\overline{RST}$ 引脚接 Vss(中间加电容),通过电阻连接到 V_{DD},可自动上电复位(例如 $C=1\ \mu F$,$R=50\ k\Omega$)
V_{DD2}	18	输入比较器的 5 V 电源
RX0,RX1	19,20	从物理的 CAN 总线输入到 SJA1000 输入比较器;显性电平将唤醒 SJA1000 的睡眠模式;如果 RX1 电平高于 RX0,则读回显性电平,反之读回隐性电平;如果时钟分频寄存器中的 CBP 位被置位,则旁路 CAN 输入比较器以减少内部延时(此时 SJA1000 要接外部收发电路),在这种情况下,只有 RX0 是活动的;RX0 引脚上的高电平为隐性电平,低电平为显性电平
V_{SS2}	21	输入比较器的地
V_{DD1}	22	逻辑电路 5 V 电源

注:(1)XTAL1 和 XTAL2 引脚必须经过 15 pF 的电容接到 V_{SS}。

5.3.3　BasicCAN 寄存器及功能说明

SJA1000 支持 BasicCAN 和 PeliCAN 两种模式。一般而言,对于总线上节点和消息种类不多的情况下,应尽量使用 BasicCAN 模式。DeviceNet 通信协议中也使用标准帧格式,每帧字节少可保证较高的通信速率。在此,结合 CAN 智能节点软件设计流程介绍 BasicCAN 模式。

SJA1000 有两种不同的寄存器访问模式,即:复位模式和工作模式。当硬件复位成功或进入脱离总线状态或通过软件设置 CR.0 为 1 时,SJA1000 会自动进入复位模式;通过将控制寄存器中的复位请求位清零,SJA1000 将进入工作模式。

SJA1000 有两种复位方式:硬件复位和软件复位。硬件复位是指在芯片的复位脚上提供一定宽度低电平(正常工作状态下为高电平),硬件复位需要足够的时间才能使控制寄存器中的复位请求位置 1;软件复位是指通过软件设置 CR.0 为 1 或由脱离总线引起的复位。

1. BasicCAN 地址分配表

对于 CPU 而言,CAN 控制器 SJA1000 是可编程外围芯片。因此,CPU 可以像控制扩展 RAM 一样操作 SJA1000 片内寄存器。

SJA1000 的地址区域包括控制段和报文缓冲器,如表 5-4 所示。

表 5-4　BasicCAN 模式下的 SJA1000 内部寄存器地址分配[1]

偏移地址	名　称	工作模式		复位模式	
		读	写	读	写
0	控制段	控　制	控　制	控　制	控　制
1		(FFH)	命　令	(FFH)	命　令
2		状　态	—	状　态	—
3		中　断	—	中　断	—
4		(FFH)	—	接收码	接收码
5		(FFH)	—	接收屏蔽码	接收屏蔽码
6		(FFH)	—	总线定时寄存器 0	总线定时寄存器 0
7		(FFH)	—	总线定时寄存器 1	总线定时寄存器 1
8		(FFH)	—	输出控制	输出控制
9		测　试	测　试[2]	测　试	测　试
10	发送缓冲器	ID(10~3)	ID(10~3)	(FFH)	—
11		ID(2~0)RTR 和数据长度码	ID(2~0)RTR 和数据长度码	(FFH)	—
12		字节 1	字节 1	(FFH)	—
13		字节 2	字节 2	(FFH)	—
14		字节 3	字节 3	(FFH)	—
15		字节 4	字节 4	(FFH)	—
16		字节 5	字节 5	(FFH)	—
17		字节 6	字节 6	(FFH)	—
18		字节 7	字节 7	(FFH)	—
19		字节 8	字节 8	(FFH)	—

偏移地址	名　称	工作模式		复位模式	
		读	写	读	写
20		ID(10～3)	ID(10～3)	ID(10～3)	ID(10～3)
21		ID(2～0)RTR 和数据长度码	ID(2～0)RTR 和数据长度码	ID(2～0)RTR 和数据长度码	ID(2～0)RTR 和数据长度码
22	接收缓冲器	字节 1	字节 1	字节 1	字节 1
23		字节 2	字节 2	字节 2	字节 2
24		字节 3	字节 3	字节 3	字节 3
25		字节 4	字节 4	字节 4	字节 4
26		字节 5	字节 5	字节 5	字节 5
27		字节 6	字节 6	字节 6	字节 6
28		字节 7	字节 7	字节 7	字节 7
29		字节 8	字节 8	字节 8	字节 8
30		(FFH)	—	(FFH)	—
31	时钟分频寄存器	时钟分频寄存器	时钟分频寄存器[3]	时钟分频寄存器	时钟分频寄存器[3]

注：

（1）注意：所有寄存器将在大于 31 的偏移地址区域内重复（8 位地址中的高 3 位不参与地址解码，因而偏移地址 32 相当于偏移地址 0）。

（2）测试寄存器只用于产品测试，请不要在正常操作中使用。

（3）部分位只有在复位模式中为可写。

CAN 控制器初始化期间设置控制段，用于配置通信参数，同时 CPU 通过控制段来管理 CAN 总线上的通信。CPU 和 SJA1000 之间交换状态、控制和命令也在控制段中完成。

报文在发送前必须写入发送缓冲器。同样，报文被成功接收后，CPU 从接收缓冲器读取报文并释放这部分缓存，使其可继续用于存储后续收到的报文。

2. 控制寄存器（CR）

控制寄存器的内容用于改变 SJA1000 控制器的行为，详细说明如表 5-5 所列。CPU 可以置位或清零控制寄存器的某一位。

表 5-5　控制寄存器各位功能描述

位	符　号	名　称	值	功能描述
CR.7～5	—	—	—	保留[1],[2],[3]
CR.4	OIE	溢出中断使能	1	使能。若数据溢出位(SR.1)置 1，则 CPU 会接收到 SJA1000 产生的中断信号
			0	禁止。CPU 不会从 SJA1000 收到溢出中断信号
CR.3	EIE	出错中断使能	1	使能。若出错状态或总线状态(SR.6 或 SR.7)变化，则 CPU 会接收到 SJA1000 产生的中断信号
			0	禁止。CPU 不会从 SJA1000 收到出错中断信号

位	符　号	名　称	值	功能描述
CR.2	TIE	发送中断使能	1	使能。当报文被成功发送或发送缓冲器又可访问(例如,中止发送命令后)时,则 CPU 会接收到 SJA1000 产生的中断信号
			0	禁止。CPU 不会从 SJA1000 得到发送中断信号
CR.1	RIE	接收中断使能	1	使能。当报文被无错接收时,则 CPU 会接收到 SJA1000 产生的中断信号
			0	禁止。CPU 不会从 SJA1000 得到接收中断信号
CR.0	RR	复位请求(4)	1	置位。SJA1000 检测到复位请求后,中止当前正在发送/接收的报文,进入复位模式
			0	清零。在复位请求位由 1 到 0 转变时,SJA1000 回到工作模式

注:

(1) 对控制寄存器的任何写访问都必须设置该位为逻辑 0(其复位值就是 0)。

(2) PCA82C200 中该位用于选择同步模式。在 SJA1000 中不再使用。

(3) 读 CR.5 位的值总是逻辑 1。

(4) 在硬件复位或总线状态位为 1(脱离总线)时,复位请求位被置为 1。如果该位被软件访问,其数值的变化将在内部时钟的下一个上升沿显示出来并生效。在外部硬件复位器件,CPU 不能把复位请求位置为 0。

3. 命令寄存器(CMR)

命令寄存器是只写存储器,各位含义如表 5-6 所列。如果 CPU 读取该寄存器,返回值为"1111 1111"。两条命令之间至少需要一个内部时钟周期(外部振荡器周期的 2 倍)的处理时间。

表 5-6　命令寄存器各位功能描述

位	符　号	名　称	值	功能描述
CMR.7～5	—	—	—	保留
CMR.4	GTS	睡眠(1)	1	睡眠。若无未处理的 CAN 中断和总线活动,SJA1000 芯片进入睡眠模式
			0	唤醒。SJA1000 从睡眠状态唤醒,正常工作
CMR.3	CDO	清除数据溢出(2)	1	清除。清除数据溢出状态位(SR.1)
			0	无动作
CMR.2	RRB	释放接收缓冲器(3)	1	释放。释放 RXFIFO 报文存储空间中的接收缓冲器空间
			0	无动作
CMR.1	AT	中止发送(4)	1	置位。若发送请求不在处理过程中,等待处理的发送请求将被取消
			0	无动作
CMR.0	TR	发送请求(5)	1	置位。报文被发送
			0	无动作

注:

(1) 将睡眠位(GTS)置 1,且没有总线活动,没有未处理的中断,SJA1000 将进入睡眠模式。如果 GTS 位被置 0 或总线有活动或 $\overline{\text{INT}}$ 引脚出现低电平,SJA1000 将被唤醒。

(2) 该命令位用于请求由数据溢出状态位指示的数据溢出状况。

(3) 在读出接收缓冲器的内容后,CPU 可以通过设置释放接收缓冲器位为 1 来释放 RXFIFO 中当前报文的内存空间。

(4) 中止发送位在 CPU 需要暂停先前的发送请求时使用。已经开始的发送无法停止。

(5) 如果发送请求在前面的命令中被置 1,不能通过将该位清零来取消发送,必须将中止发送位置 1 来取消发送。

4. 状态寄存器(SR)

状态寄存器反映了 SJA1000 的状态,各位的功能描述如表 5-7 所示。对 CPU 来说状态寄存器是只读存储器。

表 5-7　状态寄存器各位功能描述

位	符 号	名 称	值	功能描述
SR.7	BS	总线状态[1]	1	脱离总线。SJA1000 退出总线活动
			0	在线状态。SJA1000 参与总线活动
SR.6	ES	出错状态[2]	1	出错。至少接收或发送错误计数器中一个已达到或超过 CPU 报警限值
			0	正常。两个错误计数器的值都在报警限值以下
SR.5	TS	发送状态[3]	1	发送。SJA1000 正在发送报文
			0	空闲。没有要发送的报文
SR.4	RS	接收状态[3]	1	接收。SJA1000 正在接收报文
			0	空闲。没有要接收的报文
SR.3	TCS	发送完成状态[4]	1	完成。最近一次发送请求已被成功处理
			0	未完成。当前发送请求未处理完
SR.2	TBS	发送缓冲器状态[5]	1	释放。CPU 可向发送缓冲器写入报文
			0	锁定。CPU 无法访问发送缓冲器,有报文正在等待发送或正在发送
SR.1	DOS	数据溢出状态[6]	1	溢出。报文因 RXFIFO 内存储空间不够而丢失
			0	正常。自上一次执行清除数据溢出命令后无数据溢出发生
SR.0	RBS	接收缓冲器状态[7]	1	满。RXFIFO 内有一条或多条可用的完整报文
			0	空。无可用报文

注:

(1) 当发送错误计数器超过限值 255 时,总线状态为脱离总线,SJA1000 将复位模式位置 1,并在中断允许的情况下,产生一个出错报警中断。发送错误计数器将被置为 127,接收错误计数器将被清零。这种状态保持到 CPU 清零复位模式位。

(2) 根据 CAN 2.0B 规范,在接收或发送数据时检测到错误会影响错误计数。当至少有一个错误计数器达到或超过 CPU 报警限值(96)时,出错状态位被置 1。在中断允许的情况下,会产生出错报警中断。

(3) 如果接收状态位和发送状态位都是 0,则 CAN 总线是空闲的。如果都是 1,则 SJA1000 正在等待下一次空闲。

(4) 只要发送请求位被置为 1,发送完成位就会被置为 0(未完成)。发送完成位为 0 会一直维持到报文被成功发送。

(5) 若在发送缓冲器状态位是 0(锁定)时,CPU 尝试写发送缓冲器,则写入的字节不被接收且会在无任何提示的情况下丢失。

(6) 当报文已通过接收过滤器,SJA1000 需要有足够的 RXFIFO 空间来存储报文描述符和每个接收的数据字节。如果没有足够的空间来存储报文,它就会丢失,并且在报文变为有效时向 CPU 提示数据溢出。

(7) 在读出 RXFIFO 中所有报文和使用释放接收缓冲器命令释放内存空间后,该位被自动清零。

5. 中断寄存器(IR)

中断寄存器可用于识别中断源,各位含义如表 5-8 所示。寄存器内一位或多位被置位时,$\overline{\text{INT}}$(低电平有效)引脚被激活。CPU 读取该寄存器后,所有位清零,这导致 INT 引脚的电平抬起。中断寄存器对 CPU 来说是只读存储器。

表 5-8　中断寄存器各位功能描述

位	符 号	名 称	值	功能描述
IR.7~5	—	—	—	保留[1]
IR.4	WUI	唤醒中断[2]	1	置位。退出睡眠模式
			0	清零。CPU 的任何读访问将清除此位
IR.3	DOI	数据溢出中断[3]	1	置位。在数据溢出中断使能位为 1 时,数据溢出状态位由 0 变为 1,此位被置 1
			0	清零。CPU 的任何读访问将清除此位
IR.2	EI	出错中断	1	置位。出错状态位或总线状态位发生改变且出错中断允许时,此位被置 1
			0	清零。CPU 的任何读访问将清除此位
IR.1	TI	发送中断	1	置位。发送缓冲器状态从 0 变为 1 且发送中断允许位置位时,此位被置 1
			0	清零。CPU 的任何读访问将清除此位
IR.0	RI	接收中断[4]	1	置位。当接收 FIFO 不为空,且接收中断允许位置位时,此位被置 1
			0	清零。CPU 的任何读访问将清除此位

注:

(1) 读该位所得逻辑值是 1。

(2) 当 CAN 控制器参与总线活动或有 CAN 中断等待处理时,如果 CPU 尝试进入睡眠模式,则会产生唤醒中断。

(3) 溢出中断位(中断允许情况下)和溢出状态位同时被置 1。

(4) 接收中断位(当中断允许时)和接收缓冲器状态位同时被置 1。必须说明,即使 RXFIFO 中还有其他有效报文,在读访问时,接收中断位也被清除;在发出释放接收缓冲器命令时,如果接收缓冲器还有其他可用报文,接收中断(该中断被允许的情况下)会在下一个 t_{SCL} 被重置位。

6. 发送缓冲器(TXFIFO)

发送缓冲器的全部内容如表 5-9 所示。该缓冲器用于存储来自 CPU 要求 SJA1000 发送的报文,包括描述符区和数据区。仅当 SJA1000 处于工作模式时,CPU 对发送缓冲器进行读/写操作。在复位模式下读出的值总是 FFH。

表 5-9　发送缓冲器列表

偏移地址	区	名 称	位							
			7	6	5	4	3	2	1	0
10	描述符	标识符字节 1	ID.10	ID.9	ID.8	ID.7	ID.6	ID.5	ID.4	ID.3
11		标识符字节 2	ID.2	ID.1	ID.0	RTR	DLC.3	DLC.2	DLC.1	DLC.0
12	数据	TX 数据 1	发送数据字节 1							
13		TX 数据 2	发送数据字节 2							
14		TX 数据 3	发送数据字节 3							
15		TX 数据 4	发送数据字节 4							
16		TX 数据 5	发送数据字节 5							
17		TX 数据 6	发送数据字节 6							
18		TX 数据 7	发送数据字节 7							
19		TX 数据 8	发送数据字节 8							

（1）标识符

标识符共有 11 位（ID. 10～ID. 0）。ID. 10 是最高位，在仲裁过程中最先被发送到总线上，决定总线访问的优先级。标识符的值越低，其优先级越高。另外，标识符也用于接收器的接收过滤。

（2）远程发送请求

如果 RTR 位置 1，则发送一个远程帧。所发送的帧中没有数据字节，但仍须填写正确的数据长度码，该值取决于具有相同标识符的回应数据帧的长度。

如果 RTR 位置 0，则发送一个数据帧，该数据帧包含的数据字节的长度由数据长度码指定。

（3）数据长度码

数据长度码决定了报文数据域中的字节数。在发送远程帧时 RTR 位为 1，不考虑数据长度码。此时发送/接收的数据字节数为 0。但是，数据长度码必须正确设置，用以区分两个 CAN 控制器同时发送具有相同标识符的远程帧时不同的数据请求。

数据字节长度是 0～8，通过以下公式计算：

$$数据字节数 = 8 \times DLC. 3 + 4 \times DLC. 2 + 2 \times DLC. 1 + DLC. 0$$

为了保持兼容性，数据长度码不应超过 8。若设置值超过 8，则在数据帧中只发送 8 个数据字节，而该数据长度码不作修改。

（4）数据区

发送的数据字节数由数据长度码决定。要发送的第 1 位是地址 12 的数据字节 1 的最高位。

7. 接收缓冲器

接收缓冲器的标识符、远程发送请求位和数据长度码的含义和位置与发送缓冲器的类似，只不过地址范围在 20～29 之间，是 RXFIFO 中可访问的部分。

RXFIFO 共有 64 个字节的报文空间。RXFIFO 中可以存储的报文数取决于各条报文的长度。如果 RXFIFO 中没有足够空间来存储新报文，SJA1000 会产生数据溢出。当数据溢出发生时，将已删除部分写入 RXFIFO 的当前报文。这种情况将通过状态位或数据溢出中断（若中断允许且接收到的报文直到帧结束的倒数第 2 位都没有错误，即报文有效）反映到 CPU。如图 5-22 所示，这是一个在 RXFIFO 中存储报文的实例。

8. 接收过滤器

通过接收过滤器，CAN 控制器实现仅允许标识符和接收过滤器中预设值相一致的报文传给 RXFIFO，从而过滤掉无关报文，以减少对 CPU 资源的浪费。接收过滤器的工作原理如图 5-23 所示。SJA1000 中接收过滤器由 4 个接收码寄存器（ACR0，ACR1，ACR2 和 ACR3）和 4 个接收屏蔽码寄存器（AMR0，AMR1，AMR2 和 AMR3）组成。这 8 个寄存器在 SJA1000 的复位模式下可由主控制器设置。

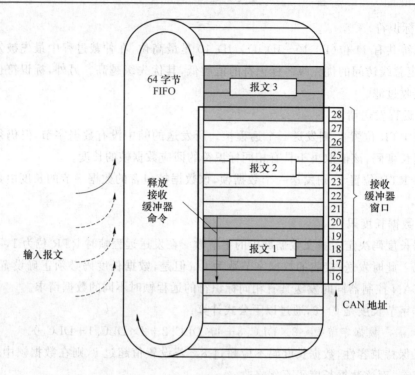

图 5-22　RXFIFO 报文存储实例

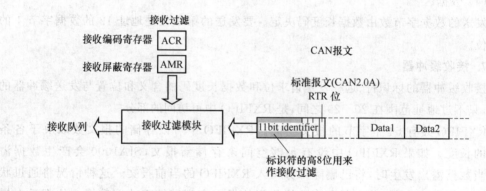

图 5-23　接收过滤器工作原理图

（1）接收码寄存器（ACR）

接收码寄存器的各位的含义如表 5-10 所示。

表 5-10　ACR 的位分配（偏移地址 4）

位序	BIT 7	BIT 6	BIT 5	BIT 4	BIT 3	BIT 2	BIT 1	BIT 0
含义	AC.7	AC.6	AC.5	AC.4	AC.3	AC.2	AC.1	AC.0

在复位模式下，可读/写访问接收码寄存器。如果报文通过了接收过滤器且接收缓冲器有空间，那么分别将描述符和数据按顺序写入 RXFIFO。接收完整的报文后，就会发生下列情形：

- 接收缓冲器状态位置 1(非空);
- 如果接收中断允许位置 1,则接收中断位置 1。

(2) 接收屏蔽码寄存器(AMR)

接收屏蔽码寄存器的内容如表 5-11 所示。

表 5-11　AMR 的位分配(偏移地址 5)

位序	BIT 7	BIT 6	BIT 5	BIT 4	BIT 3	BIT 2	BIT 1	BIT 0
含义	AM. 7	AM. 6	AM. 5	AM. 4	AM. 3	AM. 2	AM. 1	AM. 0

在复位模式下,可读/写访问该寄存器。接收屏蔽码寄存器确定接收码寄存器中对应的哪些位在接收过滤中是"相关"(AM. X=0)或"无关"(AM. X=1)。所有 AMR 为 0 的位,ACR 和 CAN 标识符的对应位必须相同才算验收通过;所有 AMR 为 1 的位,ACR 对应位的验收滤波功能则予以屏蔽,CAN 标识符的相关位与验收结果无关。

例　某节点的 ACR 和 AMR 内容分别为 ACR=01110010,AMR=00111000。

在 AMR 中,AM. 5、AM. 4、AM. 3 的位值均为 1,因此总线上传输报文的标识符中高 8 位的对应位(ID. 8、ID. 7、ID. 6)可以是任意值。但是,其他位(ID. 3、ID. 4、ID. 5、ID. 9 和 ID. 10)必须等于 ACR 对应位的值。

9. 其他重要寄存器

(1) 总线定时寄存器 0(BTR0)

总线定时寄存器 0 定义了波特率预置比例因子(BRP)和同步跳转宽度(SJW)的值,如表 5-12 所示。在复位模式下,可读/写访问该寄存器。在工作模式下,如果是 PeliCAN 模式,该寄存器是只读的;如果是 BasicCAN 模式,该寄存器读取值为 FFH。

表 5-12　总线定时寄存器 0(BTR0)的各位说明(偏移地址 6)

位序	BIT 7	BIT 6	BIT 5	BIT 4	BIT 3	BIT 2	BIT 1	BIT 0
含义	SJW. 1	SJW. 0	BRP. 5	BRP. 4	BRP. 3	BRP. 2	BRP. 1	BRP. 0

① 波特率预置比例因子

BRP 使得系统时钟 t_{SCL} 的周期可以编程设置,进而决定了 CAN 系统的位定时。CAN 系统时钟由如下公式计算:

$$t_{SCL}=2\times t_{CLK}\times(32\times BRP.5+16\times BRP.4+8\times BRP.3+$$
$$4\times BRP.2+2\times BRP.1+BRP.0+1)$$

式中:t_{CLK}=XTAL 的振荡周期=$1/f_{XTAL}$

② 同步跳转宽度

为了补偿不同 CAN 总线控制器的时钟振荡器间的相位偏移,任何总线控制器必须在当前传送的相关信号边沿处重新同步。同步跳转宽度定义了每一位时间可被重同步过程缩短或延长的时间长度,以时钟周期的数目来计算的公式如下:

$$t_{SJW} = t_{SCL} \times (2 \times SJW.1 + SJW.0 + 1)$$

（2）总线定时寄存器 1（BTR1）

总线定时寄存器 1 定义了每个位时间的长度、采样点的位置和每个采样点的采样次数，具体分配如表 5-13 所示。在复位模式下，该寄存器可以被读/写访问。在工作模式下，如果选择的是 PeliCAN 模式，此寄存器是只读的；如果选择的是 BasicCAN 模式，读回值为 FFH。

表 5-13　总线定时寄存器 1（BTR1）的各位分配（偏移地址 7）

位序	BIT 7	BIT 6	BIT 5	BIT 4	BIT 3	BIT 2	BIT 1	BIT 0
含义	SAM	TSEG2.2	TSEG2.1	TSEG2.0	TSEG1.3	TSEG1.2	TSEG1.1	TSEG1.0

① 采样位（SAM）

SAM 置 1 时，总线采样 3 次，适用于低/中速总线（SAE A 级和 B 级），可有效过滤总线上的毛刺。SAM 为 0（单倍）时，总线采样 1 次，适用于高速总线（SAE C 级）。

② 时间段 1（TSEG1）和时间段 2（TSEG2）

TSEG1 和 TSEG2 决定了每个位时间包含的时钟周期的数目和采样点的位置，如图 5-24 所示，其中：

$$t_{SYNCSEG} = 1 \times t_{SCL}$$

$$t_{TSEG1} = t_{SCL} \times (8 \times TSEG1.3 + 4 \times TSEG1.2 + 2 \times TSEG1.1 + TSEG1.0 + 1)$$

$$t_{TSEG2} = t_{SCL} \times (4 \times TSEG2.2 + 2 \times TSEG2.1 + TSEG2.0 + 1)$$

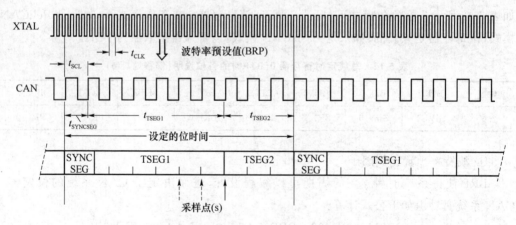

图 5-24　位周期包含时钟周期数目和采样点位置

（3）输出控制寄存器（OCR）

输出控制寄存器允许由软件对输出驱动器进行不同配置，表 5-14 说明了寄存器功能。在复位模式下，可读/写访问该寄存器。在工作模式下，如果是 PeliCAN 模式，该寄存器是只读的；如果是 BasicCAN 模式，该寄存器读值为 FFH。

表 5-14　输出控制寄存器 OCR 的各位说明(偏移地址 8)

位序	BIT 7	BIT 6	BIT 5	BIT 4	BIT 3	BIT 2	BIT 1	BIT 0
含义	OCTP1	OCTN1	OCPOL1	OCTP0	OCTN0	OCPOL0	OCMODE1	OCMODE0

当 SJA1000 处于睡眠模式时,TX0 和 TX1 引脚输出隐性电平。在复位模式下,输出 TX0 和 TX1 悬空。

表 5-15 列出了输出控制寄存器设置的发送输出级的工作模式。

表 5-15　OCMODE 位的说明

OCMODE1	OCMODE0	说　明
0	0	双相输出模式
0	1	测试输出模式[1]
1	0	正常输出模式
1	1	时钟输出模式

注:

(1) 测试输出模式中,RX 引脚上的电平会在系统时钟的下一个上升沿反映到对应的 TX 上,TN1、TN0、TP1 和 TP0 依照 OCR 的内容配置。

① 正常输出模式

正常输出模式中位序列 TXD 通过 TX0 和 TX1 发送。被 OCTPX、OCTNX 编程的驱动器特性和被 OCPOLX 编程的输出极性决定了输出驱动器引脚 TX0 和 TX1 的电平。

② 时钟输出模式

在该模式中,TX0 引脚与正常模式相同;但是,TX1 上的数据流被时钟信号 TXCLK 代替,如图 5-25 所示。发送时钟(同相)的上升沿标志着一位的开始,时钟脉冲宽度是 $1 \times t_{SCL}$。

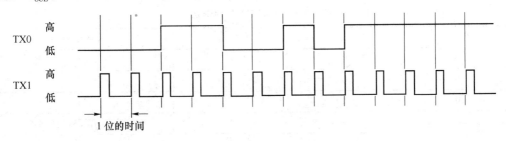

图 5-25　双相输出模式实例

③ 双相输出模式

与正常输出模式不同,该模式通过电平跳变表示每一位。该模式适用于总线控制器不允许位流含有直流分量的情况。在隐性位期间,所有输出无效(悬空),显性位通过 TX0 和 TX1 交替变化的电平发送。例如,第 1 个显性位在 TX0 上发送,第 2 个显性位在 TX1 上发送,第 3 个显性位在 TX0 上发送,以此类推。双相输出模式实例如图 5-26 所示。

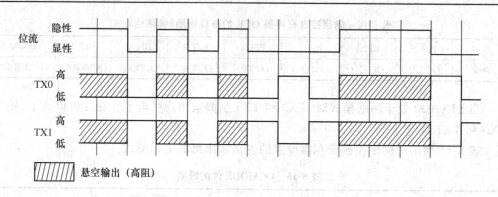

图 5-26　双相输出模式实例

（4）时钟分频寄存器（CDR）

为 CPU 提供时钟信号的 CLKOUT 的频率由时钟分频寄存器控制，且能够关闭 CLKOUT 的输出。除此之外，还控制着 TX1 上的专用接收中断脉冲、旁路接收比较器、BasicCAN 或 PeliCAN 模式选择。硬件复位后寄存器默认为 Motorola 模式 12 分频（05H），Intel 模式 2 分频（00H）。CDR 各位功能说明如表 5-16 所示。

软件复位（复位请求/复位模式）或总线关闭时，此寄存器不受影响。

表 5-16　时钟分频寄存器 CDR 各位功能说明（偏移地址 31）

位序	BIT 7	BIT 6	BIT 5	BIT 4	BIT 3	BIT 2	BIT 1	BIT 0
含义	CAN mode	CBP	RXINTEN	0	Clock Off	CD.2	CD.1	CD.0

① CD.2~CD.0（外部 CLKOUT 频率控制）

在复位模式和工作模式下，均可访问 CD.2~CD.0 位，用于控制外部 CLKOUT 引脚上的频率。可选频率如表 5-17 所示。

表 5-17　CLKOUT 频率选择[1]

CD.2	CD.1	CD.0	时钟频率
0	0	0	$f_{osc}/2$
0	0	1	$f_{osc}/4$
0	1	0	$f_{osc}/6$
0	1	1	$f_{osc}/8$
1	0	0	$f_{osc}/10$
1	0	1	$f_{osc}/12$
1	1	0	$f_{osc}/14$
1	1	1	f_{osc}

注：(1) f_{osc} 是外部振荡器 XTAL 频率

② Clock Off（时钟关闭位）

在复位模式下，可访问时钟关闭位。通过将该位置 1 关闭 SJA1000 的外部 CLKOUT 引脚输出。此时，CLKOUT 引脚在睡眠模式下为低，非睡眠模式下为高。

③ RXINTEN（专用接收中断输出控制）

在复位模式下，可访问专用接收中断输出控制位。通过将该位置 1 以允许 TX1 用做专用接收中断输出。当已接收的报文成功通过接收过滤器时，就会在 TX1 引脚输出（在帧结束的最后一位期间）长度为一个位时间的接收中断脉冲。发送输出级应该工作在正常输出模式，可通过输出寄存器编程设定输出极性和驱动。

④ CBP 位（CAN 输入控制）

在复位模式下，可访问 CBP 位。通过将该位置 1 旁路 CAN 输入比较器，适用于 SJA1000 外接发送接收电路的情况。此时，将减少 SJA1000 的内部延时，并可能增加最大总线长度。如果 CBP 被置位，仅使用 RX0。没有使用的 RX1 输入应连到一个确定的电平（例如 Vss）。

⑤ CAN mode（CAN 模式）

在复位模式下，可访问 CAN 模式位以确定 SJA1000 的 CAN 模式。若 CDR.7 为 0，SJA1000 工作于 BasicCAN 模式；若 CDR.7 为 1，SJA1000 工作于 PeliCAN 模式。

10. 寄存器复位值

SJA1000 检测到复位请求位为 1 后，将中止当前报文的接收/发送而进入复位模式。当复位请求从 1 转变到 0，SJA1000 返回到工作模式。表 5-18 列出 SJA1000 在复位模式下各寄存器的状态。

表 5-18　SJA1000 在复位模式下寄存器状态值[1]

寄存器	位	符　号	名　称	值	
				硬件复位	软件设置 CR.0 或脱离总线引起的复位
控制 CR	CR.7	—	保　留	0	0
	CR.6	—	保　留	×	×
	CR.5	—	保　留	1	1
	CR.4	OIE	溢出中断允许	×	×
	CR.3	EIE	出错中断允许	×	×
	CR.2	TIE	发送中断允许	×	×
	CR.1	RIE	接收中断允许	×	×
	CR.0	RR	复位请求	1（复位模式）	1（复位模式）
命令 CMR	CMR.7	—	保　留	注[2]	
	CMR.6	—	保　留		
	CMR.5	—	保　留		
	CMR.4	GTS	睡　眠		
	CMR.3	CDO	清除数据溢出		
	CMR.2	RRB	释放接收缓冲器		
	CMR.1	AT	中止传送		
	CMR.0	TR	发送请求		

续　表

寄存器	位	符　号	名　称	值	
				硬件复位	软件设置 CR.0 或脱离总线引起的复位
状态 SR	SR.7	BS	总线状态	0(总线开启)	×
	SR.6	ES	出错状态	0(无错)	×
	SR.5	TS	发送状态	0(空闲)	0(空闲)
	SR.4	RS	接收状态	0(空闲)	0(空闲)
	SR.3	TCS	发送完成状态	1(完成)	×
	SR.2	TBS	发送缓冲器状态	1(释放)	1(释放)
	SR.1	DOS	数据溢出状态	0(无溢出)	0(无溢出)
	SR.0	RBS	接收缓冲器状态	0(空)	0(空)
中断 IR	IR.7	—	保　留	1	1
	IR.6	—	保　留	1	1
	IR.5	—	保　留	1	1
	IR.4	WUI	唤醒中断	0(复位)	0(复位)
	IR.3	DOI	数据溢出中断	0(复位)	0(复位)
	IR.2	EI	错误中断	0(复位)	×(3)
	IR.1	TI	发送中断	0(复位)	0(复位)
	IR.0	RI	接收中断	0(复位)	0(复位)
接收码 AC	AC.7~0	AC	接收码	×	×
接收屏蔽 AM	AM.7~0	AM	接收屏蔽码	×	×
总线定时寄存器0 BTR0	BTR0.7	SJW.1	同步跳转宽度1	×	×
	BTR0.6	SJW.0	同步跳转宽度0	×	×
	BTR0.5	BRP.5	波特率预置比例因子5	×	×
	BTR0.4	BRP.4	波特率预置比例因子4	×	×
	BTR0.3	BRP.3	波特率预置比例因子3	×	×
	BTR0.2	BRP.2	波特率预置比例因子2	×	×
	BTR0.1	BRP.1	波特率预置比例因子1	×	×
	BTR0.0	BRP.0	波特率预置比例因子0	×	×

寄存器	位	符　号	名　称	值	
				硬件复位	软件设置 CR.0 或脱离总线引起的复位
总线定时寄存器 1 BTR1	BTR1.7	SAM	采样	×	×
	BTR1.6	TSEG2.2	时间段 2.2	×	×
	BTR1.5	TSEG2.1	时间段 2.1	×	×
	BTR1.4	TSEG2.0	时间段 2.0	×	×
	BTR1.3	TSEG1.3	时间段 1.3	×	×
	BTR1.2	TSEG1.2	时间段 1.2	×	×
	BTR1.1	TSEG1.1	时间段 1.1	×	×
	BTR1.0	TSEG1.0	时间段 1.0	×	×
输出控制 OC	OC.7	OCTP1	输出控制晶体管 P1	×	×
	OC.6	OCTN1	输出控制晶体管 N1	×	×
	OC.5	OCPOL1	输出控制极性 1	×	×
	OC.4	OCTP0	输出控制晶体管 P0	×	×
	OC.3	OCTN0	输出控制晶体管 N0	×	×
	OC.2	OCPOL0	输出控制极性 0	×	×
	OC.1	OCMODE1	输出控制模式 1	×	×
	OC.0	OCMODE0	输出控制模式 0	×	×
发送缓冲器 TXFIFO	—	TXB	发送缓冲器	×	×
接收缓冲器 RXFIFO	—	RXB	接收缓冲器	×(4)	×(4)
时钟分频器 CDR	—	CDR	时钟分频寄存器	00H(Intel) 05H(Motorola)	×

注：

（1）表中×表示这些寄存器或位值不受复位影响,括号中是功能说明。

（2）读命令寄存器的结果总是"1111 1111"。

（3）总线关闭时错误中断位被置位(在此中断被允许情况下)。

（4）RXFIFO 的内部读/写指针被复位成初始值。连续的读 RXB 会得到一些无效的数据(原报文内容)。发送一个报文时,该报文被并行写入接收缓冲器,但不产生接收中断且接收缓冲区不被锁定。所以,即使接收缓冲器为空,最近一次发送的报文也可能从接收缓冲器读出,直至它被下一条发送或接收到的报文覆盖。

当硬件复位时,RXFIFO 的指针指到物理地址为 0 的 RAM 单元。而用软件置 CR.0=1 或因总线关闭的缘故,RXFIFO 的指针将被复位到有效 FIFO 的开始地址;该地址在第一次释放接收缓冲器命令后,不同于 RAM 地址 0。

5.3.4　CAN 驱动器 82C250/82C251

CAN 驱动器 82C250/82C251 作为 CAN 控制器与物理总线之间的接口器件,能够提供对总线的高速差动发送和接收能力。82C250 的主要特性如下：

- 高速（最高可达 1 Mbit/s），且可连接 110 个节点；
- 具有一定的抗瞬间干扰，保护总线的能力；
- 采用斜率控制，降低射频干扰；
- 有过热保护功能；
- 总线与电源及地之间的短路保护；
- 低电流待机模式；
- 未上电节点不会干扰总线；
- 与 ISO 11898 标准完全兼容。

1. 82C250 功能描述

82C250 的功能框图如图 5-27 所示，其引脚功能和基本性能参数分别如表 5-19 和表 5-20 所示。

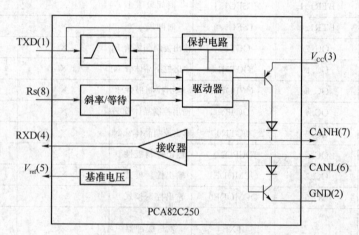

图 5-27　82C250 的功能框图

表 5-19　82C250 引脚功能

符　号	引　脚	功能描述
TXD	1	发送数据输入端
GND	2	接地
Vcc	3	电源
RXD	4	接收数据输出端
Vref	5	参考电压输出
CANL	6	低电平 CAN 电压输入/输出
CANH	7	高电平 CAN 电压输入/输出
Rs	8	斜率电阻输入

表 5-20　82C250 基本性能参数

符　号	参　数	条　件	最小值	典型值	最大值	单　位
V_{CC}	电源电压		4.5	—	5.5	V
I_{CC}	电源电流	显性位,$V_1=1$ V	—	—	70	mA
		隐性位,$V_1=4$ V	—	—	14	mA
		待机模式	—	100	170	μA
V_{CAN}	CANH,CANL 脚直流电压	$0<V_{CC}<5.5$	—8	—	+18	V
ΔV	差动总线电压	$V_1=1$ V	1.5	—	3.0	V
$V_{diff(r)}$	差动输入电压(隐性位)	非待机模式	—1.0	—	0.4	V
$V_{diff(d)}$	差动输入电压(显性位)	非待机模式	1.0	—	5.0	V
t_{PD}	传输延迟	高速模式	—	—	50	ns
t_{amb}	工作环境温度		—40	—	+125	℃

　　82C250 驱动器内部带有限流电路,避免造成发送输出级对电源、地或负载短路。即使短路时造成功耗增加,但不会损坏输出级。

　　如果结温超过 160 ℃,那么两个发送器输出端的极限电流将减少。由于发送器是功耗的主要部分,因而限制了芯片的温升,82C250 器件的其他部分将继续工作。82C250 采用双线差分驱动,有助于抑制恶劣电气环境下的瞬变干扰。

　　引脚 8(Rs)可用于选择 3 种不同的工作模式:高速、斜率控制和待机。如表 5-21 所示。

表 5-21　Rs 端选择的 3 种不同工作模式

Rs 管脚上的强制条件	工作模式	Rs 上的电压或电流
$V_{Rs}>0.75V_{CC}$	待机模式	$I_{Rs}<10\ \mu$A
$-10\ \mu$A$<I_{Rs}<-200\ \mu$A	斜率控制	$0.4V_{CC}<V_{Rs}<0.6V_{CC}$
$V_{Rs}<0.3V_{CC}$	高速模式	$I_{Rs}<-500\ \mu$A

　　在高速模式下,发送器输出晶体管以尽可能快的速度导通和关闭,不采用任何措施限制上升和下降的斜率。此时,建议采用屏蔽电缆以避免出现射频干扰问题。选择高速工作模式只需将引脚 8 接地。

　　在斜率控制模式下,上升和下降的斜率可以通过由引脚 8 接地的电阻进行控制。这种模式可以降低射频干扰,适用于速率较低或长度较短的总线,且使用非屏蔽双绞线。斜率正比于引脚 8 上的电流输出。

　　在待机模式下,发送器被关闭,接收器转至低电流。如果检测到显性位,RXD 将转至低电平。微控制器应通过引脚 8 将驱动器变为正常工作状态来对这个条件作出响应。由于在待机模式下接收器是慢速的,因此将丢失第 1 个报文。选择低电平待机模式需要将引脚 8 接高电平。

2. 82C250 和 82C251 的区别

　　PCA82C250 的额定电源电压是 12 V,而 PCA82C251 的额定电源电压是 24 V,而且它们的引脚和功能兼容,符合相关标准(如 ISO 11898 标准和 DeviceNet 规范),能够在同一总线系统中通信。

与 82C250 相比,82C251 有更高的击穿电压,在额定电源电压范围内驱动低至 45 Ω 的总线负载,在隐性电平下的拉电流更小,总线输出特性有一定改善,所以建议在普通的工业应用中使用 PCA82C251。

5.3.5 CAN 智能节点设计

随着 CAN 总线的广泛应用,越来越多的企业、公司以及高校、研究机构研究和开发 CAN 节点。CAN 智能节点可由集成 CAN 控制器的微处理器或独立 CAN 控制器与微控制器接口构成。本节详细介绍独立 CAN 控制器与微控制器接口构成 CAN 智能节点的方案。

1. 硬件设计

CAN 智能节点采用 89S51+SJA1000+82C251 的典型结构,如图 5-28 所示。

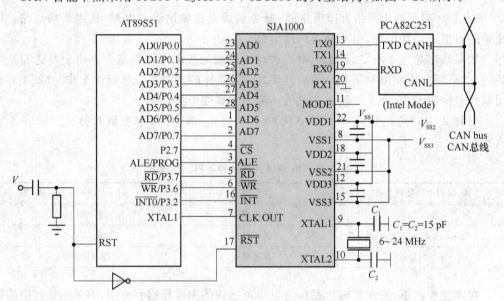

图 5-28 CAN 节点硬件结构图

(1)电源。SJA1000 中有 3 组电源引脚,分别为内部不同的数字和模拟电路供电。设计时需注意将电源分开以保证更好的抗干扰特性。

V_{DD1} / V_{SS1}:内部逻辑(数字)

V_{DD2} / V_{SS2}:输入比较器(模拟)

V_{DD3} / V_{SS3}:输出驱动器(模拟)

(2)复位。SJA1000 的 XTAL1 管脚上必须连接稳定的振荡器时钟。引脚 17 的外部复位需要被同步并由内部延长到 15 个 t_{XTAL},保证 SJA1000 所有寄存器的正确复位。

(3)振荡器和时钟。SJA1000 可以使用片内振荡器或片外时钟源工作。CLKOUT 管脚可被配置为主控制器时钟频率。如果不需要 CLKOUT 信号,可以置位时钟分频寄存器(Clock Off=1)将其关闭。

2. 软件设计

CAN 总线智能节点的通信程序设计主要包括 CAN 节点初始化、报文发送和报文接收 3 部分。CAN 总线上各个节点不分主从,因此通信程序流程基本能够通用。

(1) 初始化程序向 SJA1000 控制器内的寄存器写入控制字,确定 CAN 控制器的工作方式、通信速率、报文滤波等。此时,SJA1000 必须在复位模式下,由 CPU 运行初始化程序,配置各个寄存器,初始化流程如图 5-29 所示。

在复位模式下,主控制器需配置寄存器包括如下部分。

① 模式寄存器(MOD,仅 PeliCAN 模式)

选择以下应用模式:

- 接收过滤器模式;
- 自我测试模式;
- 只听模式。

② 时钟分频寄存器(CDR)

配置内容包括:

- 选择使用 BasicCAN 或 PeliCAN 模式;
- 是否使能 CLKOUT 管脚;
- 是否旁路 CAN 输入比较器;
- TX1 输出是否被用作专门的接收中断输出。

③ 接收码和接收屏蔽寄存器

用于定义接收码和接收屏蔽码。

④ 总线定时寄存器

用于定义总线上的位速率、位周期的采样点以及一个位周期里采样的数目。

⑤ 输出控制寄存器

用于定义 CAN 总线输出管脚 TX0 和 TX1 的输出模式(正常输出模式、时钟输出模式、双相位输出模式、测试输出模式)和输出管脚配置(悬空、下拉、上拉、推挽)。

(2) 数据发送程序

SJA1000 自动完成将数据从 CAN 控制器发送缓冲器发送到总线的过程。发送程序仅需将需要发送的数据送入 SJA1000 发送缓冲器,然后将命令寄存器中的发送请求标志位置位。

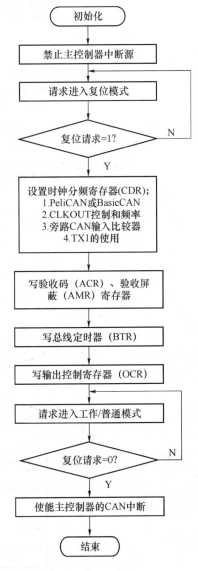

图 5-29　初始化流程图

数据发送可通过中断和查询两种控制方式实现。

① 中断控制。采用中断控制发送,需编写主程序和中断服务程序。主程序用于控制报文发送,当发送缓冲区满时,将数据暂存到临时存储区内。中断发送程序负责将临时存

储区内的暂存数据发送出去。主程序流程图如图 5-30 所示，中断服务程序流程图如图 5-31所示。

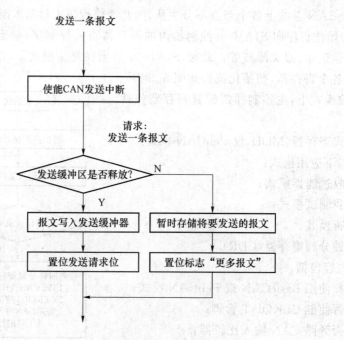

图 5-30 中断控制发送服务流程图

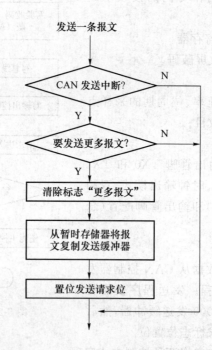

图 5-31 中断控制发送中断服务程序流程图

当 SJA1000 正在发送数据时,发送缓冲器写锁定。在将数据送入发送缓冲器前,主控制器必须检查状态寄存器中发送缓冲器状态标志位(TBS)。

②查询控制。采用查询控制发送的流程如图 5-32 所示,此时 SJA1000 的发送中断应被屏蔽。

(3)数据接收程序

SJA1000 自动完成将数据从总线上接收到 CAN 接收缓冲器的过程。接收过滤器判断所接收报文正确后,自动保存在接收缓冲器内。CPU 通过读操作将数据保存到本地存储器以释放接收缓冲器,并对数据进行相应处理。

数据接收可通过中断请求或查询两种控制方式实现。

①查询控制。首先,禁止 CAN

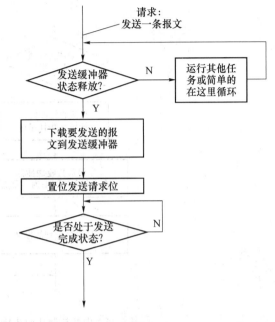

图 5-32　查询控制报文发送程序流程图

的接收中断。主控制器循环读取 SJA1000 的状态寄存器,检查接收缓冲状态标志位(RBS),查看是否接收到报文,程序流程如图 5-33 所示。

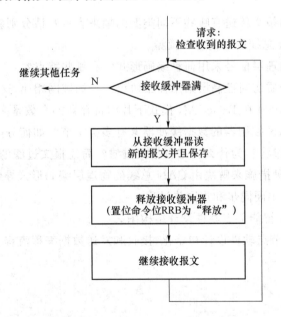

图 5-33　查询控制报文接收程序流程图

②中断控制。中断控制接收主程序只需使能 CAN 的接收中断。图 5-34 是中断控制接收中断服务程序流程,CAN 控制器的接收中断优先级高于外部中断接收请求。

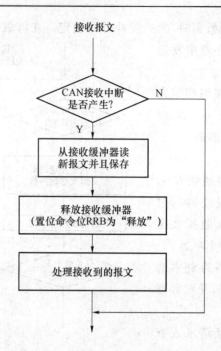

图 5-34　中断控制接收中断服务程序流程

习　　题

1. CAN 总线的报文传送有哪些不同类型的帧来表示？请分别叙述其结构。

2. 请简述 CAN 总线的通信参考模型。

3. CAN 总线物理层信号采用何种编码形式？有哪些特点？

4. CAN 总线介质访问控制层采用什么协议？与局域网相比,这种协议有什么特点？

5. 独立的 SJA1000 在 BasicCAN 模式下片内寄存器的个数是多少？

6. SJA1000 CAN 控制器的数据缓冲器共有多少字节？如何分配？

7. 什么是报文过滤？为什么要进行报文过滤？简述报文过滤的过程。

8. 必须采用何种措施来解决由 CAN 总线的物理层编码形式导致的不确定性同步问题？详述 CAN 协议中硬同步和重同步过程。

9. 试给出 CAN 智能节点硬件设计结构图。

10. 详述 CAN 节点软件设计初始化、接收和发送数据编程流程。

第6章　DeviceNet 现场总线

DeviceNet 是一种基于 CAN 的通信技术，主要用于构建底层控制网络，在车间级的现场设备（传感器、执行器等）和控制设备（PLC、工控机）间建立连接，从而避免了昂贵和繁琐的硬接线。

DeviceNet 作为开放式现场总线标准，其技术规范公开。任何个人或制造商都能以少量的复制成本从开放 DeviceNet 供货商协会（ODVA，Open DeviceNet Vendors Association）获得 DeviceNet 协议规范。2000 年，DeviceNet 成为国际标准，是 IEC 62026 的控制器与电器设备接口的现场总线标准之一。2002 年，DeviceNet 被批准成为我国国家标准 GB/T 188858.2—2002（《低压开关设备和控制设备控制器——设备接口（CDI）第 3 部分：DeviceNet》），并于 2003 年 4 月 1 日开始实施。

6.1　DeviceNet 技术基础

如图 6-1 所示，DeviceNet 应用于工业网络的底层，是最接近现场的总线类型。目前已开发出带有 DeviceNet 接口的设备，包括开关型 I/O 设备、模拟量 I/O 设备、温度调节器、条形码阅读器、机器人、伺服电机控制器、变频器等。一些国家的汽车行业、半导体行业、低压电器行业等都在采用该项技术以推进行业的标准化。

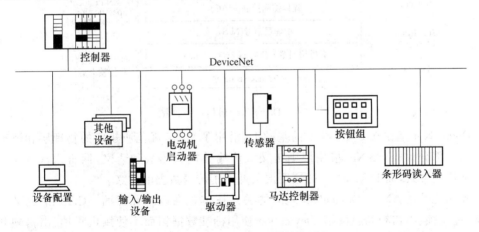

图 6-1　DeviceNet 网络结构图

DeviceNet 的主要特点可归纳如下。

（1）DeviceNet 上的节点类型不分主从，总线上任一节点均可在任意时刻主动向总线上其他节点发起通信。

（2）各总线节点嵌入 CAN 通信控制器芯片，总线通信的物理信令和媒体访问控制完全遵循 CAN 协议。

（3）采用 CAN 的非破坏性总线逐位仲裁技术。当多个节点同时向总线上发送报文时,立即判定各节点的优先权,优先级较低的节点会主动退出发送,而最高优先级的节点不受影响,继续传输数据,节省了总线仲裁时间。

（4）在 CAN 技术的基础上,增加了面向对象、基于连接的通信技术。

（5）提供了请求/应答和快速 I/O 数据通信两种通信方式。

（6）DeviceNet 总线上最多可容纳 64 个节点地址,每个节点支持的 I/O 数量在 DeviceNet 规范中没有限制。

（7）采用短帧结构,传输时间短,抗干扰能力强。

（8）每个数据帧都有 CRC 校验和其他检错措施。

（9）支持设备的热插拔,不必断开总线即可移除节点。

（10）支持总线供电与单独供电,并对误接线和过载等进行保护。

6.2　DeviceNet 通信参考模型

DeviceNet 的通信参考模型分为 3 层:物理层、数据链路层和应用层。其中,DeviceNet 技术规范定义了应用层、介质访问单元和传输介质。而数据链路层的逻辑链路控制、媒体访问控制层和物理层信号则直接应用了 CAN 技术规范。DeviceNet 通信参考模型分层与各层所采用的协议情况如图 6-2 所示。

图 6-2　DeviceNet 通信参考模型

DeviceNet 建立在 CAN 技术的基础上,沿用了 CAN 规范所规定的物理层和数据链路层的一部分。DeviceNet 应用层则定义了传输数据的语法和语义,简言之,CAN 定义了数据传送方式,而 DeviceNet 的应用层又补充了传送数据的意义。

除此之外,CAN 与 DeviceNet 之间的关系还体现在以下几方面。CAN 中定义了数据帧、远程帧、出错帧和超载帧;DeviceNet 使用标准数据帧而不使用远程帧,出错帧和超载帧由 CAN 控制器芯片控制,DeviceNet 规范中不作定义。因为采用生产者/消费者通信模式,DeviceNet 总线上所有报文均带有连接标识符,节点可充分使用 CAN 控制器的报文过滤功能以节省 CPU 资源。

基于上述原因,DeviceNet 智能节点开发方案都是基于 CAN 技术进行设计。在 CAN 节点开发的基础上,进行物理层改造、波特率和中断速率设定及应用层设计,本书将在第 7 章详述开发步骤。

6.3 物理层

DeviceNet 规范中,物理层定义了与传输介质的电气及机械接口,并描述了介质访问单元的组成部分,包括驱动器/接收器电路和其他用于连接节点到传输介质的电路。

6.3.1 传输介质

DeviceNet 传输介质有 3 种主要的电缆类型:粗缆、细缆和扁平电缆。粗缆适合长距离干线和需要坚固干线或支线的情况,细缆可提供方便柔性的干线和支线的布线,扁平电缆便于在柜内布线。DeviceNet 传输介质规范主要包括以下几个。

1. 拓扑结构

DeviceNet 典型拓扑结构是主干-分支方式,如图 6-3 所示。每条干线的末端均必须安装终端电阻。每条支线最长 6 m,允许连接一个或多个节点。DeviceNet 只允许在支线上有分支结构。

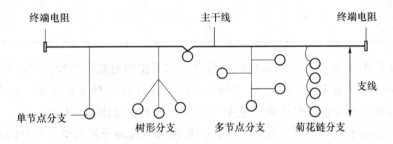

图 6-3　DeviceNet 网络拓扑结构

图 6-4 给出了 DeviceNet 总线上各种物理连接方式。

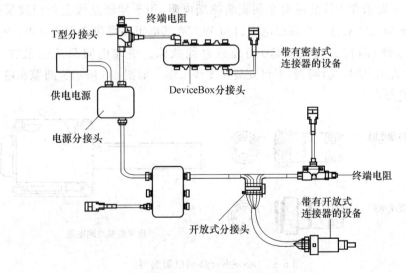

图 6-4　DeviceNet 总线上物理连接方式

总线线缆中包括 24 V 直流电源线（$U+$、$U-$）和信号线（CANH、CANL）以及信号屏蔽线（Shield）。在设备连接方式上，可灵活选用开放式和密封式连接器。总线采用分布式供电方式，支持有源和无源设备，对于有源设备提供专门设计的带有光隔离的收发器。

DeviceNet 提供 125/250/500 bit/s 3 种可选的波特率，最大拓扑距离为 500 m，每个网段最多可连接 64 个节点。波特率、线缆类型、拓扑距离之间的对应关系见表 6-1。

表 6-1　波特率、线缆类型、拓扑距离对应关系

通信速率	125 kbit/s	250 kbit/s	500 kbit/s
干线长度（粗缆）	500 m	250 m	100 m
干线长度（细缆）	100 m	100 m	100 m
干线长度（扁平）	420 m	200 m	100 m
最大支线长度	6 m	6 m	6 m
总计支线长度	156 m	78 m	39 m
节点数	64	64	64

由表 6-1 可知，总线干线的长度由通信速率和所使用的电缆类型决定。与 CAN 总线不同，DeviceNet 只有 125 kbit/s、250 kbit/s 和 500 kbit/s 3 种通信速率。电缆系统中干线和支线长度不允许超过对应通信速率所允许的最大传输距离。DeviceNet 允许在干线系统中混合使用不同类型的电缆。支线长度是指从干线端子到支线上节点的各个收发器间的最大距离。

2. 终端电阻

DeviceNet 要求在干线的两端必须安装终端电阻，用于抑制总线上的回波反射。终端电阻的要求为：121 Ω、1％金属膜电阻、1/4 W。终端电阻不可包含在节点中，否则很容易由于错误布线（阻抗太高或太低）而导致总线故障。终端电阻只应安装在主干线（CANH 和 CANL 信号线）两端，不可安装在支线末端。如图 6-5 所示为圆缆和扁平电缆的终端电阻类型。

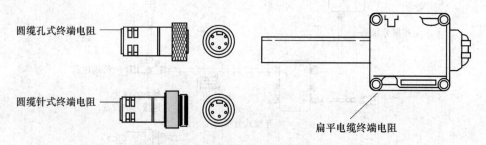

图 6-5　DeviceNet 终端电阻类型

3．连接器

连接器用于将总线节点与支线电缆相连接。所有通过连接器接入 DeviceNet 总线的节点均是针式插头。DeviceNet 连接器类型可分为开放式和密封式连接器，小型和微型的可插式密封连接器，以及螺钉或压接式连接器。选择连接器时，应保证节点可在既不切断又不干扰总线的情况下脱离。不允许在 DeviceNet 总线工作时布线，以防止发生总线电源短接、通信中断等问题。

4．设备分接头

设备分接头用于将支线连接到主干线。设备可直接通过端子或支线连接到 DeviceNet 总线上，设备无须切断总线即可与其脱离。常用分接头类型有 T 型头、DeviceBox 多分支分接头、开放式分接头等，如图 6-6 所示。

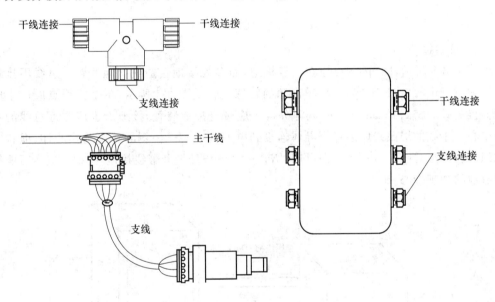

图 6-6　DeviceNet 设备分接头类型

5．电源分接头

电源分接头用于将电源连接到干线上，不同于设备分接头。典型 DeviceNet 电源分接头如图 6-7 所示，包含以下部件：

（1）一个连在 $U+$ 上的肖特基二极管，允许连接多个电源；

（2）两个熔丝或断路器，以防止总线过流而损坏电缆和连接器。

电源分接头具有以下功能：

（1）规定了电源和总线电流的额定值；

（2）在总线上使用多个电源时，提供电源 $U+$ 上的肖特基二极管；

（3）熔丝或断路器将端子各个方向上的总线电流限制在特定值，如果电源内部的限流不充分，则必须使用上述装置；

（4）电源到分接头的电缆最大长度为 3 m；

（5）提供带屏蔽线的总线接地。

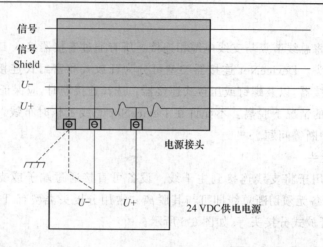

图 6-7　电源分接头

6. 总线接地

如图 6-8 所示，DeviceNet 应在一点接地，而多处接地会造成接地回路。总线不接地将增加对静电放电（ESD）和外部噪声源的敏感度。由图 6-7 所示，单个接地点应位于电源分接头处。密封式 DeviceNet 电源分接头应带有接地装置，接地点也应靠近总线的物理中心。干线的屏蔽线应通过铜导体连接到电源地或 $U-$。铜导体可为实心体、绳状或编织线。如果总线上有多个电源，则只需在一个电源处把屏蔽线接地，接地点应尽可能靠近总线的物理中心。

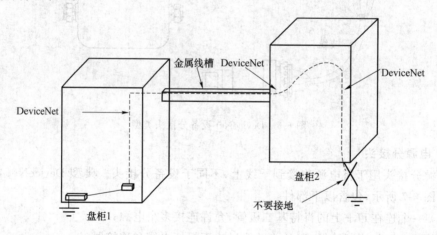

图 6-8　DeviceNet 接地

7. 总线供电

除了提供通信通道外，DeviceNet 总线上还提供电源。电源线和信号线在同一电缆中，设备可从总线中直接获取电源，而不需要外加电源。

DeviceNet 电源总线由标称电压 24 V 电源供电，可提供最大至 8 A 的电流，如使用小口径电缆，电流可稍降。如果系统有更高的要求，DeviceNet 可支持近乎无限量的电源供电。大多数 DeviceNet 的应用中仅需要单个电源，其容量必须大于或等于总线的负载需求。

（1）初始总线配置

根据用户对电源的要求和所用电缆类型，采用单电源端点连接或单电源中心连接配置，可以降低成本并减少复杂性。

（2）单电源端点连接

单电源端点连接是最简单的配置，提供的电源容量也最低。电源所提供电流（纵坐标）与干线长度（横坐标）关系如图 6-9 所示。

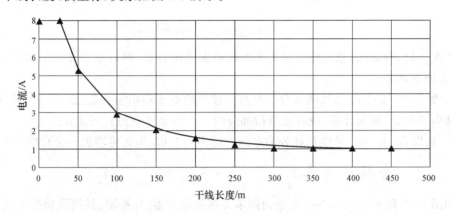

图 6-9　电流与干线长度关系

粗缆干线总线采用单电源终端连接的配置实例如图 6-10 所示。

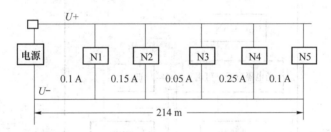

图 6-10　单电源终端连接配置实例

由图可知，总线总长度 214 m；总电流＝0.1＋0.15＋0.05＋0.25＋0.1＝0.65 A。

图 6-9 中给出 214 m 总线的电流限值为 1.5 A，超过了图 6-10 中总线上设备的总电流，电源配置适合该总线结构。

（3）单电源中心连接

单电源中心连接可以提供的电流容量为单电源端点连接的 2 倍。如果电源两端的电流值均小于表内允许值，则总线可支持中心连接单电源配置。粗缆干线总线采用单电源中心连接的配置实例如图 6-11 所示，

由图可知：第一部分总线长度与第二部分总线长度均为 122 m；第一部分总电流＝0.1＋0.25＋0.2＝0.55 A；第二部分总电流＝0.15＋0.25＋0.15＝0.55 A。

图 6-9 中给出 122 m 总线的电流限值为 2.63 A。

单电源中心连接配置对两部分总线均适合。

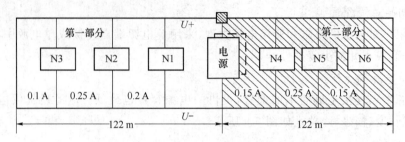

图 6-11 单电源中心连接配置实例

如果一给定部分的总电流超过了表中的最大电流容量,则可根据相应的表格及具体情况,采取下列方法:

① 如果 DeviceNet 总线两部分中只有一部分的电流超出限制值,那么沿负荷超出部分移动电源位置,重新计算,或将超负荷部分的一些节点移动到另一部分;

② 如果 DeviceNet 总线两部分的电流均超出限制值,那么再增加一个总线电源。

6.3.2 介质访问单元

如图 6-12 所示,DeviceNet 介质访问单元包括收发器、连接器、误接线保护电路、调压器和可选的光隔离器。

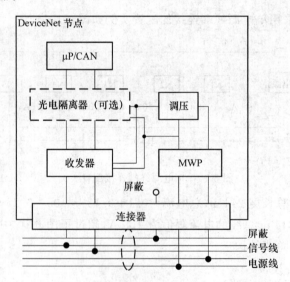

图 6-12 DeviceNet 介质访问单元结构

1. 收发器

收发器是在 DeviceNet 总线上发送和接收 CAN 信号的器件。收发器从总线上差分接收 CAN 信号送到 CAN 控制器,并将 CAN 控制器发送的信号差分驱动总线。在选择收发器时,必须保证所选择的收发器符合 DeviceNet 规范。

为了与总线供电相匹配,收发器至少支持 ±5 V 共模工作电压。这意味收发器对地电位差至少为±5 V。未供电的收发器的输入阻抗可能比供电收发器低,会增加不必要的总线负载以及信号衰减。供电或未供电的物理层应符合表 6-2 规定的 DeviceNet 物理层特性。

表 6-2　**DeviceNet 物理层特性**

通用属性	规　范
传输速率	125 kbit/s、250 kbit/s、500 kbit/s
粗缆距离	500 m,125 kbit/s 250 m,250 kbit/s 100 m,500 kbit/s
节点数	64
信号类型	CAN
调制方式	基带
编码	NRZ 码(带位填充)
介质耦合	DC 差分耦合 TX/RX
隔离	500 V(可选在收发器节点侧的光电隔离器)
差分输入阻抗典型值(隐性状态)	分流电容 $C=10$ pF 分流电阻 $R=25$ kΩ(电源开)
差分输入阻抗最小值(隐性状态)	分流电容 $C=24$ pF 加上 40 pF/m 连接线 分流电阻 $R=20$ kΩ
绝对最大电压范围	$-25\sim +18$ V (CANH,CANL)[1]

注:

(1) CANH 和 CANL 电压以收发器引脚作为参考。此电压比 $U-$ 端子高出值为肖特基二极管电压降,该值最大为 0.6 V。

2. 误接线保护(MWP)

DeviceNet 节点能承受连接器上 5 根线各种组合的接线错误。需要设计如图 6-13 所示的误接线保护电路。

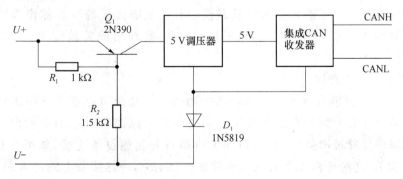

图 6-13　DeviceNet 误接线保护电路

误接线保护电路具体说明如下：

（1）在接地线中加入一个肖特基二极管来防止$U+$误接线$U-$端子；

（2）在电源线上插入了一个三极管开关以防止由于$U-$连接断开而造成的损害，该三极管及电阻回路可防止接地断开；

（3）选择 CANH 和 CANL 承受能力超过 24 V 的 CAN 收发器芯片。

图 6-13 中的 R_1 和 R_2 的型号和数值仅供参考。Q_1 必须能够承受预期的最大电流。R_2 必须选择在最小 $U+$(11 V)时能够提供足够的基极电流（通常为 10～20 mA），如果 R_2 的耗散或尺寸不理想，且调压器能处理较低的输入电压，采用达林顿三极管更理想。R_1 必须选择能吸收几百微安但不要超过几毫安的电流。基极电阻限制 $U+$ 和 $U-$ 颠倒时的击穿电流。如有必要，可在发射极、基极或发射极和基极之间增加一个二极管以限制雪崩。

3. 接地和隔离

为防止形成接地回路，DeviceNet 总线必须仅在一点接地。所有设备中的物理层回路均是以 $U-$ 总线为基准，电源分接头将提供接地连接。除了电源，在 $U-$ 和地之间不能有电流通过设备。如图 6-14 所示，任一设备都必须有接地隔离栅。在 DeviceNet 节点外部也可能存在隔离栅。有些设备可能带有多处接地路径，而所有可能的接地路径都必须隔离。

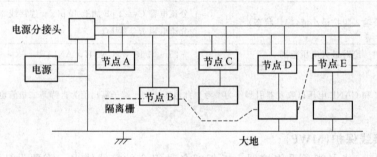

图 6-14　DeviceNet 接地和隔离

图 6-14 中，节点 B 和 E 有接地隔离栅。有接地隔离栅的节点称作隔离节点，反之则称为非隔离节点。隔离节点可在 DeviceNet 物理层或其他位置（如节点外部）隔离。

（1）非隔离的物理层

DeviceNet 支持节点内非隔离和隔离的物理层。如果节点带有非隔离物理层，其所有器件必须以 $U-$ 为参考接地或接地隔离。在非隔离物理层的节点内，以 $U-$ 为参考地的部件可通过串行口、并行口和 I/O 端口与其他设备连接，如图 6-14 中所示的节点 C 和 D，这些外部设备必须隔离接地。DeviceNet 连接器上的屏蔽线应通过并联电阻电容连接到设备外壳上。为达到最佳抗 EMI 性能，沿此路径的导线应非常短，且外壳必须为导电材料的封闭结构。如设备没有这样的外壳，连接器内的屏蔽线可不连接。图 6-15 为具有非隔离物理层节点，该节点从总线获取电源，所有部件

以 $U-$ 为接地参考。

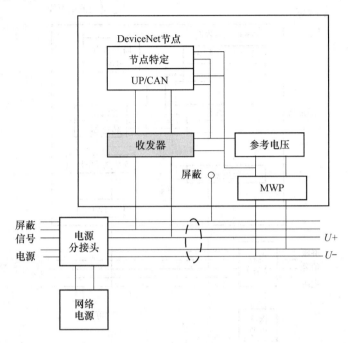

图 6-15　非隔离的物理层

（2）隔离物理层

在带有隔离物理层的节点内部分器件不以 DeviceNet 总线的 $U-$ 为接地参考，而是连接到其他接地点。该节点带有 RS 232 和 RS 485 接口、串行口、并行口或任何不以 DeviceNet 总线 $U-$ 作为接地参考的部件。带有隔离物理层的节点如图 6-16 所示，无论是否处于供电状态，均必须满足差分输入阻抗。DeviceNet 连接器上的屏蔽线应并联电阻电容后连接至设备外壳上。为达到最佳抗 EMI 性能，导体应该保持最短路径，且外壳应为导体材料的封闭结构。如果设备无此类外壳，连接器上的屏蔽线可以不连接。

隔离节点和非隔离节点可在 DeviceNet 上同时存在和通信。光电延时将计入最大干线长度限制。对于带物理层隔离的隔离节点来说，CAN 控制器在总线掉电状态下仍有效。一个无法探测该事件的节点将进入离线状态，并且需要复位。在收发器电源故障或总线电源故障的情况下，节点无法进入离线状态，因此，需要外部用户干预。

6.3.3　物理层信号

DeviceNet 的物理层信号与 CAN 物理层信号规范完全相同。CAN 规范定义了两种互补的逻辑电平：显性（Dominant）和隐性（Recessive），且同时传送显性和隐性位时，总线结果值为显性。在 ISO 11898 标准中规定，对于一个脱离总线的节点，典型的 CANL 和 CANH 的隐性（高阻抗）电平为 2.5 V（电位差为 0 V）。典型的 CANL 和 CANH 的显性（低阻抗）电平分别为 1.5 V 和 3.5 V（电位差为 2 V）。

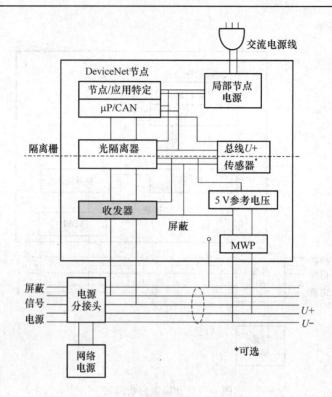

图 6-16　隔离的物理层

6.4　数据链路层

　　DeviceNet 的数据链路层基本遵循 CAN 规范,并通过 CAN 控制器芯片来实现。它们之间的主要区别在于 CAN 定义了 4 种类型的帧:数据帧、远程帧、超载帧和出错帧。而 DeviceNet 只使用带有 11 位标识符的 CAN 数据帧和用于处理例外情况的出错帧,不使用 CAN 的远程帧和超载帧。

　　DeviceNet 数据帧格式如图 6-17 所示。帧起始位用于接收器进行硬同步。仲裁场由 11 位标识符和 RTR(远程传送请求位)组成,便于媒体访问控制。DeviceNet 数据帧中 RTR 位无效,判定总线访问优先权时也不将其考虑在内。控制场包括两个固定位和一个 4 位的数据长度场,其数据可以是 0～8 中的任一个数字,表示数据场中的字节数。0～8 字节的数据长度对于具有少量但必须频繁交换 I/O 数据的低端设备来说非常理想。

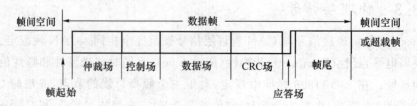

图 6-17　DeviceNet 数据帧格式

CRC 校验场是循环冗余校验码，CAN 控制器用它来检测帧错误。DeviceNet 使用包括 CRC 和自动重试在内的多种错误检测和故障限定方法，可防止故障节点破坏（中断）总线。

6.5　应用层

DeviceNet 应用层采用通用工业协议（CIP），详细定义了连接、报文、对象模型和设备描述等方面的内容。本节在分析 DeviceNet 应用层协议的同时，给出了节点上电通信流程。

6.5.1　连接和报文组

DeviceNet 是面向连接服务的网络，任意两个节点在开始通信之前必须事先建立连接以提供通信路径，这种连接是逻辑上的关系，在物理上并不实际存在。

在 DeviceNet 中，每个连接由 11 位的连接标识符（CID，Connection ID）来标识，该 11 位的连接标识符包括媒体访问控制标识符（MAC ID）、报文标识符（Message ID）和报文组标识符。连接标识符置于 CAN 数据帧的标识符区内，并分为 4 个单独的报文组：组 1、组 2、组 3 和组 4。如表 6-3 所示。

表 6-3　DeviceNet 的报文分组

CAN 标识符区											十六进制范围	标识符组
10	9	8	7	6	5	4	3	2	1	0		
0	组 1 报文 ID				源 MAC ID						000～3FF	报文组 1
1	0	MAC ID					组 2 报文 ID				400～5FF	报文组 2
1	1	组 3 报文 ID			源 MAC ID						600～7BF	报文组 3
1	1	1	1	1	组 4 报文 ID(0～2F)						7C0～7EF	报文组 4
1	1	1	1	1	1	1	×	×	×	×	7F0～7FF	无效标识符

源 MAC ID（Source MAC ID）是发送节点的地址，组 1 和组 3 报文允许在 CAN 标识区内指定源 MAC ID。

目的 MAC ID（Destination MAC ID）是接收节点的地址。组 2 报文允许在 CAN 标识区内的 MAC ID 部分指定源或目的 MAC ID。

报文 ID（Message ID）用于标识节点的某个报文组中不同报文。每个节点可以使用不同报文 ID 在一个报文组中建立多重连接。各个报文组的报文 ID 位数不同，组 1 为 4 位（16 个信道），组 2 为 3 位（8 个信道），组 4 为 6 位（64 个信道）。

1. 报文组 1

报文组 1 如表 6-4 所示。

表 6-4 报文组 1 标识符

CAN 标识符区											报文 ID 含义
10	9	8	7	6	5	4	3	2	1	0	
0	组 1 报文 ID				源 MAC ID						组 1 报文
0	0	0	0	0	源 MAC ID						组 1 报文标识符
0	0	0	0	1	源 MAC ID						
0	0	0	1	0	源 MAC ID						
0	0	0	1	1	源 MAC ID						
0	0	1	0	0	源 MAC ID						
0	0	1	0	1	源 MAC ID						
0	0	1	1	0	源 MAC ID						
0	0	1	1	1	源 MAC ID						
0	1	0	0	0	源 MAC ID						
0	1	0	0	1	源 MAC ID						
0	1	0	1	0	源 MAC ID						
0	1	0	1	1	源 MAC ID						
0	1	1	0	0	源 MAC ID						
0	1	1	0	1	源 MAC ID						
0	1	1	1	0	源 MAC ID						
0	1	1	1	1	源 MAC ID						

在组 1 内,总线访问优先权被均匀分配到所有节点上。当两个或多个组 1 报文进行介质访问仲裁时,报文 ID 值较小的报文将赢得仲裁,并获得总线访问权。如果两个或多个报文 ID 值相等的组 1 报文进行总线仲裁,那么来自 MAC ID 值较小的设备的发送将赢得仲裁。这样,在组 1 中就提供了 16 个级别的优先权均匀分配方案。

2. 报文组 2

报文组 2 如表 6-5 所示。

表 6-5 报文组 2 标识符

CAN 标识符区											报文 ID 含义
10	9	8	7	6	5	4	3	2	1	0	
1	0	源或目的 MAC ID						组 2 报文 ID			组 2 报文
1	0	源或目的 MAC ID						0	0	0	组 2 报文标识符
1	0	源或目的 MAC ID						0	0	1	
1	0	源或目的 MAC ID						0	1	0	
1	0	源或目的 MAC ID						0	1	1	
1	0	源或目的 MAC ID						1	0	0	
1	0	源或目的 MAC ID						1	0	1	
1	0	源或目的 MAC ID						1	1	0	为预定义主/从连接管理保留
1	0	源或目的 MAC ID						1	1	1	重复 MAC ID 检测报文

在组 2 内,MAC ID 可以是发送节点的源 MAC ID 或者接收节点的目的 MAC ID。当通过组 2 报文建立连接时,节点必须确定 MAC ID 是指源 MAC ID 还是目的 MAC ID。当两个或多个组 2 报文发生介质访问仲裁时,MAC ID 数值较小的报文将获得总线访问权。

3．报文组 3

报文组 3 如表 6-6 所示。

表 6-6　报文组 3 标识符

CAN 标识符区											报文 ID 含义
10	9	8	7	6	5	4	3	2	1	0	
1	1	组 3 报文 ID			源 MAC ID						组 3 报文
1	1	0	0	0	源 MAC ID						组 3 报文标识符
1	1	0	0	1	源 MAC ID						
1	1	0	1	0	源 MAC ID						
1	1	0	1	1	源 MAC ID						
1	1	1	0	0	源 MAC ID						
1	1	1	0	1	源 MAC ID						未连接显式响应报文
1	1	1	1	0	源 MAC ID						未连接显式请求报文

在组 3 内,报文 ID 说明了由特定节点交换的各种报文。动态建立的显式连接报文在组 3 传输,显式连接响应和显式连接请求报文置于连接标识区的组 3 报文 ID 部分。未连接报文管理器(UCMM)处理未连接显式报文。当两个或多个组 3 报文发生介质访问仲裁时,报文 ID 较小的报文将赢得仲裁并获得总线访问权。

4．报文组 4

报文组 4 如表 6-7 所示。

表 6-7　报文组 4 标识符

CAN 标识符区											报文 ID 含义
10	9	8	7	6	5	4	3	2	1	0	
1	1	1	1	1			组 4 报文 ID				组 4 报文
1	1	1	1	1			0～2B				保留的组 4 报文
1	1	1	1	1			2C				通信故障响应报文
1	1	1	1	1			2D				通信故障请求报文
1	1	1	1	1			2E				离线所有权响应报文
1	1	1	1	1			2F				离线所有权请求报文
1	1	1	1	1	1	1	×	×	×	×	无效的 CAN 标识符

在组 4 内,报文 ID 2C～2F 用做离线连接组报文。

在以上 4 个报文组中,以下报文类型是预留的,不能做其他用途:

- 组 2 中报文 ID=6,用于预定义主/从连接;
- 组 2 中报文 ID=7,用于重复 MAC ID 检测;
- 组 3 中报文 ID=5,用于未连接显式响应;
- 组 3 中报文 ID=6,用于未连接显式请求。

6.5.2 对象模型

DeviceNet 通过抽象的对象模型来描述通信服务、节点的外部可视行为以及访问和交换报文的通用方式。

1. 概念

(1) 对象:产品中一个特定部分的抽象表示。

(2) 类:表现相同部分的对象集合。类是一组对象的抽象表现,一类内的所有对象(除类本身)在形式和行为上相似。

(3) 实例:实际存在的对象。

(4) 属性:对象或对象类的外部可见特征的描述。属性提供了一个对象的状态信息以及管理对象的运行信息。

(5) 行为:对象如何运行的描述,对象检测到的不同事件而产生的动作。例如,收到服务请求、检测到内部故障或定时器到时等。

(6) 服务:对象和对象类提供的功能。在 DeviceNet 规范中提供了公共服务、对象类的特定服务以及制造商特定服务的描述,且详细定义了公共服务的参数和行为。

(7) 服务器:DeviceNet 总线中的从站节点,仅能被动接收显式报文。

(8) 客户机:DeviceNet 总线中的主站节点,能主动发送显式报文。

(9) 服务端:在连接中发送响应数据的一端,是客户机或服务器的端口。

(10) 客户端:在连接中主动发送数据的一端,是客户机或服务器的端口。

(11) 连接 ID:连接建立后,赋予该特定连接相关联的传输链路一个标识,该标识被称为连接 ID(CID)。

(12) I/O 连接:在一个生产应用和一个或多个消费应用之间提供专用的、特殊的通信路径,特定应用的 I/O 数据通过该连接传输。

(13) 显式连接:在两个节点之间建立的一个通用的、多用途的通信路径,显式报文采用典型的请求/响应通信方式。

2. DeviceNet 对象模型

DeviceNet 节点采用抽象的对象化描述。如图 6-18 所示,每个 DeviceNet 节点均可看做是多个对象的集合。

DeviceNet 对象分为两类:通信对象和应用对象。通信对象是指通过 DeviceNet 管理并提供实时报文交换的多种对象类型。通信对象包括标识对象(Identity Object)、DeviceNet 对象(DeviceNet Object)、报文路由对象(Message Router Object)和连接对象(Connection Object)。应用对象是指实现产品指定特性的多种对象类型。应用对象包括应用程序特有对象,如离散输入对象(Discrete Input Point Object);应用程序通用对象,如参数对象(Parameter Object)和组合对象(Assembly Object)。通信对象是每个 DeviceNet 节点都必须具备的,而应用对象对于 DeviceNet 而言可选。

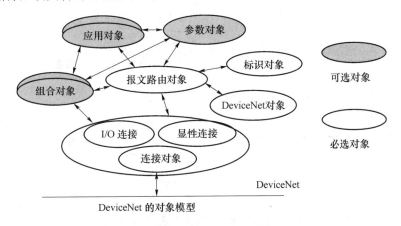

图 6-18 DeviceNet 对象模型

（1）标识对象

标识对象提供设备的标识和相关信息。所有的 DeviceNet 节点都必须带有标识对象。如果某个设备由一个厂商生产,则 Identity 对象类仅有一个实例;如果设备由多厂商组件构成,则 Identity 对象类有多个实例。该实例包含供货商 ID 号、设备类型、产品代码、版本、状态、序列号、产品声明等属性。

（2）报文路由对象

报文路由对象提供一个节点内的报文传输连接点,不具有外部可视性。

报文路由对象接收显式报文请求并执行下列功能:

- 解析报文所指定的类及实例等,如果报文路由对象无法解析,则报告对象无法找到的错误类型;
- 将服务请求发送到指定的对象,并向其解释服务请求;
- 当指定对象返回响应时,将响应发送到请求服务的显式报文连接。

（3）DeviceNet 对象

DeviceNet 对象提供了节点物理连接接口的配置和状态。每个 DeviceNet 产品至少要支持一个总线接口,每个总线接口对应唯一的 DeviceNet 对象。如果一个产品有两个或两个以上的物理接口,则有相应个数的 DeviceNet 对象。DeviceNet 对象实例具有下列属性:节点地址、波特率、总线离线动作、总线离线计数器、单元选择和主站节点地址。

（4）连接对象

每个 DeviceNet 节点至少包括显式报文连接和 I/O 报文连接 2 种连接对象,每个连接对象代表 DeviceNet 上两个节点间虚拟连接中的一个端点。在显式报文中,包括属性地址、属性值和用于描述所请求行为的服务代码。在 I/O 报文中,只包括与应用相关的数据。

连接类用于分配和管理 I/O 报文连接和显式报文连接的内部资源。由连接类生成的特定实例称为连接实例或连接对象实例。如图 6-19 所示,每个连接对象实例接收和发送数据与链接生产者和链接消费者(链接生产者/消费者对象负责底层的数据发送/接收)有关。

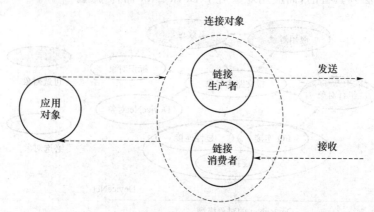

图 6-19　连接对象和链接生产者/消费者的关系

（5）组合对象

组合对象提供将来自不同应用对象实例的属性组合成一个能够单个报文发送的属性,如将多个 Discrete Input Point 对象实例的属性值组合成一个组合实例中的属性值。组合对象一般用于组合 I/O 数据。

组合对象实例可以动态或静态创建。动态创建是指组合实例中的成员列表由用户管理,可以在应用中动态增加和删除成员,从而使成员列表改变,组合实例 ID 应在供应商指定范围内分配。静态创建是指组合实例中的成员列表由设备描述或产品制造商定义,实例 ID、成员数和成员列表固定,静态创建组合实例比较常用。

（6）参数对象

在带有可配置参数的设备中,都用到了可选的参数对象。每个可配置参数的设备都应引入一个实例。参数对象为网络配置工具访问所有参数提供标准方法。

（7）应用对象

根据设备的具体要求定义应用对象,DeviceNet 协议中有一个标准设备库,提供了大量的标准对象。

3. 对象编址和寻址范围

（1）介质访问控制标识（MAC ID）

如图 6-20 所示,DeviceNet 总线节点被分配的介质访问控制标识值对应节点地址,范围为 0~63。

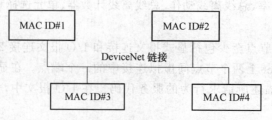

图 6-20　介质访问控制标识

（2）类标识（Class ID）

DeviceNet 总线上可访问对象类被分配的标识。类标识符的有效寻址范围如表 6-8 所示。

表 6-8　类标识寻址范围

范　　围	含　　义	范　　围	含　　义
00～63	开放[1]	100～2FF	开放[1]
64～C7	制造商专用[2]	300～4FF	制造商专用[2]
C8～FF	DeviceNet 保留		

注：

（1）开放：该范围由 ODVA 定义，并对所有 DeviceNet 使用者通用。

（2）制造商专用：该范围由设备制造商特定，制造商可扩展在开放部分定义范围之外的功能。

（3）实例标识（Instance ID）

如图 6-21 所示，每个对象实例被分配的标识值，用于识别相同类中不同实例。该值在 MAC ID 类中唯一。当对类本身进行寻址时，实例标识值应设为 0。

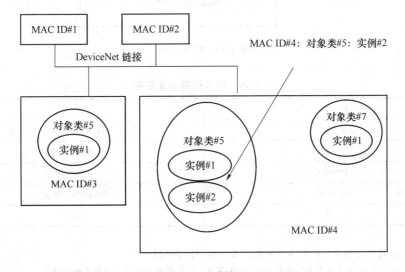

图 6-21　实例标识

（4）属性标识（Attribute ID）

类属性及实例属性被分配的标识值，寻址范围如表 6-9 所列。

表 6-9　属性标识寻址范围

范　　围	含　　义
00～63	开放[1]
64～C7	制造商专用[2]
C8～FF	DeviceNet 保留

注：

（1）开放：该范围由 ODVA 定义，并对所有 DeviceNet 使用者通用。

（2）制造商专用：该范围由设备制造商特定，制造商可扩展在开放部分定义范围之外的功能。

（5）服务代码（Service Code）

特定的对象实例或对象类所提供服务的标识值如图 6-22 所示,寻址范围如表 6-10 所列。

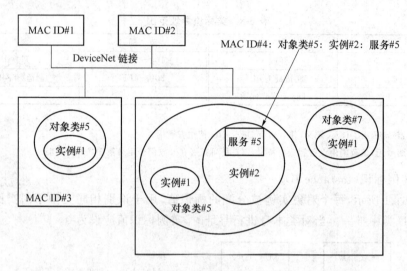

图 6-22　服务代码

表 6-10　服务代码寻址范围

范　围	含　义
00～31	开放[1],DeviceNet 的公共服务
32～4A	制造商专用[2]
4B～63	对象类专用[3]
64～7F	DeviceNet 保留
80～FF	未用

注:

（1）开放:该范围由 ODVA 定义,并对所有 DeviceNet 使用者通用。

（2）制造商专用:该范围由设备制造商特定,制造商可扩展在开放部分定义范围之外的功能。

（3）对象类专用:用于服务代码定义。

6.5.3　设备通信流程

DeviceNet 总线上设备(客户机或服务器)在上电初始化后,首先需要进行重复 MAC ID 检测,如果重复 MAC ID 检测通过,则设备当前状态转为在线;如果重复 MAC ID 检测未通过,则转至离线状态。进入在线状态后,设备(客户机)使用未连接显式报文管理与服务器建立显式连接,进行显式报文通信。设备可通过显式连接建立 I/O 连接,也可通过预定义主/从连接建立 I/O 连接,通过显式报文配置激活,通过 I/O 连接实现 I/O 数据交换。

1. 重复 MAC ID 检测

DeviceNet 上的每个物理设备必须分配一个 MAC ID。该过程一般采用手动软硬件配置实现,在同一总线上将两个不同设备配置为相同 MAC ID 的情况难以避免。如果同一总线上存在两个 MAC ID 相同的节点,必然会有一个节点无法上线,因此要求所有设备上电初始化后必须立即用自身的 MAC ID 进行重复 MAC ID 检测。

（1）重复 MAC ID 检测过程

所有 DeviceNet 设备都遵循网络访问状态机如图 6-23 所示。节点执行网络访问状态机而造成的状态改变会直接影响产品的实际通信,因此执行网络访问状态机优先于其他通信任务。

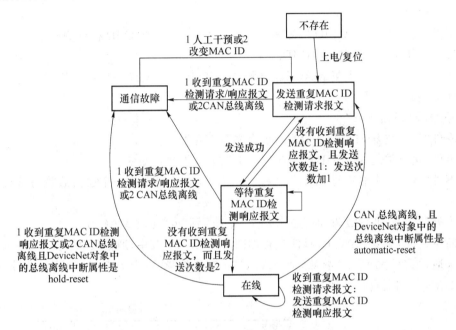

图 6-23　网络访问状态机

下面详细说明网络访问状态机制。

① 状态"发送重复 MAC ID 检测请求报文"

事件"成功发送重复 MAC ID 检测请求报文":启动 1 s 计时,并转换到"等待重复 MAC ID 检测响应报文"状态。

事件"检测到 CAN 离线":CAN 芯片保持复位,转换到"通信故障"状态。

事件"接收重复 MAC ID 检测请求报文":检测到重复 MAC ID,转换到"通信故障"状态。

事件"接收重复 MAC ID 检测响应报文":检测到重复 MAC ID,转换到"通信故障"状态。

事件"内部报文传送请求":返回内部错误。

② 状态"等待重复 MAC ID 检测响应报文"

事件"检测到 CAN 总线离线":CAN 芯片保持复位,转换到"通信故障"状态。

事件"接收重复 MAC ID 检测请求报文":检测到重复 MAC ID,转换到"通信故障"状态。

事件"接收重复 MAC ID 检测响应报文":检测到重复 MAC ID,转换到"通信故障"状态。

事件"1 s 重复 MAC ID 检测报文计时器到时":如果这是第一次超时,则要求发送重复 MAC ID 检测请求报文,并转换到发送重复 MAC ID 检测请求报文状态;如果这是第二次超时,转换到在线状态。

事件"接收到一个非重复 MAC ID 检测请求/响应的报文或一个通信故障请求报文":不处理。

③ 状态"在线"

事件"检测到 CAN 总线离线":如果 DeviceNet 对象中的总线离线中断(BOI)是 hold-reset(保持复位),则转换到通信故障状态;如果该属性是 automatic-reset(自动复位),则复位 CAN 芯片,转换到发送重复 MAC ID 检测请求报文状态,重新开始发送重复 MAC ID 检测。

事件"接收重复 MAC ID 检测请求报文":发送重复 MAC ID 检测响应报文,通知请求的设备已使用了重复的 MAC ID。

事件"接收一个非重复 MAC ID 检测请求/响应的报文或一个通信故障请求报文":正确处理接收到该报文。

④ 状态"通信故障"

事件"接收重复 MAC ID 检测请求报文":丢弃报文。

事件"接收重复 MAC ID 检测响应报文":丢弃报文。

事件"接收一个非重复 MAC ID 检测请求/响应的报文或一个通信故障请求报文":丢弃报文。

当处于状态"通信故障"时,必须进行"人工干预"或"修改 MAC ID"。

简单地说,重复 MAC ID 检测过程如图 6-24 所示。其中,通信故障可能为 DeviceNet 节点未通过重复 MAC ID 检测,即 DeviceNet 离线故障;或者为 CAN 脱离总线故障,只能由 CAN 控制器自行处理。

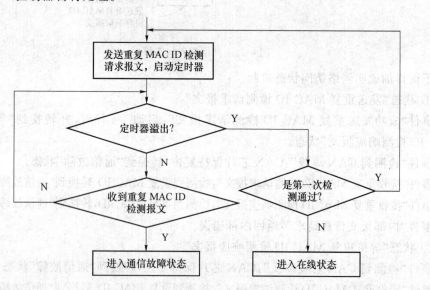

图 6-24　重复 MAC ID 检测过程

（2）报文格式

DeviceNet 规范中预留了组 2 中报文 ID＝7 用做重复 MAC ID 检测的连接 ID,其中

MAC ID 是目的 MAC ID。重复 MAC ID 检测报文格式如表 6-11 所示。

表 6-11　重复 MAC ID 检测报文数据格式

偏移地址	位							
	7	6	5	4	3	2	1	0
0	R/R	物理端口号						
1	制造商 ID							
2								
3	序列号							
4								
5								
6								

R/R(Request/Response)位：请求/响应位。0 表示请求，1 表示响应。

物理端口号：DeviceNet 内部分配给每个物理连接的标识值。如果 DeviceNet 产品实现与 DeviceNet 的多物理接口连接，则必须为每个单独连接分配在 0～127 范围内唯一值。实现单一连接的产品将该值设为 0。

制造商 ID：保存 ODVA 给所有 DeviceNet 产品制造商分配的唯一制造商 ID 的 16 位整数区（UINT）。

序列号：保存每个在 ODVA 注册的制造商为每个 DeviceNet 产品分配的唯一序列号的 32 位整数区（DINT）。

所有 DeviceNet 节点设备制造商必须分配一个唯一的制造商 ID 码。每个制造商必须为每个 DeviceNet 产品分配一个唯一的 32 位序列号。

2. 显式连接

显式连接可通过未连接信息管理器（UCMM）建立，是典型的点对点的请求-响应通信方式，只存在于两个设备之间的一般的、多用途的通信路径。客户机与服务器成功建立显式连接后，可以相互收发显式报文来配置参数，如：程序上/下载、网络和设备诊断、复位操作、删除某个连接实例以及建立新的 I/O 实例等。

显式报文的格式如图 6-25 所示，与 I/O 报文的区别在于连接标识符的优先级较低且使用 CAN 帧的数据区来传递 DeviceNet 协议定义的报文，说明要执行的服务和相关对象的属性及地址。

| CAN 帧头 | 协议区和服务特定数据 | CAN 帧尾 |

图 6-25　显式报文格式

完整的显式报文的传送数据区应包括报文头和报文体两部分。如果显式报文的长度大于 8 字节，则必须以分段格式传送。

（1）报文头

显式报文的 CAN 数据区的 0 号字节指定报文头，其格式如表 6-12 所示。

表 6-12　显式报文头格式

偏移地址	位							
	7	6	5	4	3	2	1	0
0	Frag	XID	MAC ID					

Frag(分段位):0 表示不需要分段,该帧为标准帧,下一字节是报文体。1 表示需要分段,下一字节是分段协议。

XID(控制标识符):判断报文响应和报文请求的一致性。

MAC ID:包含源 MAC ID 或目的 MAC ID。

(2) 报文体

报文体包含服务区和服务特定变量。报文体指定的第一个变量是服务区,用于识别正在传送的特定请求或响应报文。报文体的格式如表 6-13 所示。

表 6-13　显式报文体格式

位							
7	6	5	4	3	2	1	0
R/R	服务代码						
服务特定变量							

R/R(请求/响应)位:标识该报文是请求报文还是响应报文。如果该值为 0,则该报文是请求报文;如果该值为 1,则该报文是响应报文。

服务代码:服务区字节低 7 位的值,表示所请求的服务。

服务特定变量:包含类 ID、实例 ID 和服务数据。

类 ID:该请求所指向的对象类。按照在打开显式报文连接响应中返回的实际报文体格式值,类 ID 可能为 8 位或 16 位格式。

实例 ID:该请求所指向的对象类中特定的实例。按照在打开显式报文连接响应中返回的实际报文体格式值,实例 ID 可能为 8 位或 16 位格式。DeviceNet 保留 0 值以表示本次请求指向类本身,而非此类中的某个实例。

服务数据:请求的指定数据。可以是指定的某个实例的某个属性值等,具体值由服务的性质来确定。

例 6-1　MAC ID=2 的客户机建立与 MAC ID=5 的服务器显式连接来获取参数属性的通信过程。

客户机发送显式连接请求报文:

　　　　连接 ID= 0 0011 000010 数据区=05 0E 70 04 05

服务器发送显式连接响应报文:

　　　　连接 ID= 0 1000 000101 数据区=02 8E 0A 00

3. I/O 连接

与显式报文不同,I/O 报文通常使用优先级高的连接标识符与一点或多点连接进行信息交换,I/O 报文的数据帧中的数据场不包含任何与配置相关的报文,仅仅是实时的 I/O数据。

DeviceNet 并不要求节点必须支持通过 UCMM 动态建立 I/O 连接,也可以通过预定义主/从连接静态建立 I/O 连接。无论怎样建立的 I/O 连接,I/O 连接的某些配置和激活都通过显式报文完成,建立起来的 I/O 连接可发送 I/O 报文。

如图 6-26 所示,对于 I/O 数据的报文格式,除了用于发送一个长度大于 8 字节的I/O 报文的分段协议,DeviceNet 没有定义与 I/O 报文数据区内数据有关的任何协议。

| CAN 帧头 | I/O 数据(0~8 B) | CAN 帧尾 |

图 6-26　I/O 报文格式

4. 分段/重组协议

对于数据长度大于 8 字节(CAN 数据帧中数据场的最大尺寸)的报文必须采用分段和重组的方法。分段/重组功能由 DeviceNet 连接对象提供。在设计一个 DeviceNet 智能节点时,可选择是否支持分段传送及接收,也是需要用户考虑。

对于显式报文连接和 I/O 连接而言,分段/重组发送的触发方式有所区别:

- 显式报文连接先检查要发送的每条报文的长度,如果报文长度大于 8 字节,即有效报文大于 7 字节(首字节为报文头),则使用分段协议;
- I/O 连接则检查连接对象的生产连接尺寸(Produced Connection Size)的属性,如果该属性值超过 8 字节,则使用分段协议。

(1) 分段协议

分段协议位于 CAN 数据区内有效应用数据的单字节中,分段协议的格式如表 6-14 所示。

表 6-14　DeviceNet 分段协议格式

7	6	5	4	3	2	1	0
分段类型		分段计数器					

分段类型:表明该分段是第一段、中间段、最后分段还是分段应答。该值为 0 时,表示第一个分段,此时分段计数器值为 0 或 3FH;该值为 1 时,表示中间分段;该值为 2 时,表示最后一个分段;该值为 3 时,表示分段应答,用于确认已正确接收分段。

分段计数器:标识每个单独的分段报文,接收节点可根据此值确定是否有分段报文遗失,并进行重组。每发送一个相邻连续分段,分段计数器加 1;当计数器值累计到 64 时,再次从 0 值开始。

在 I/O 报文和显式报文中,分段协议的位置不同。在 I/O 报文中,分段协议被置于数据场偏移地址 0,如表 6-17 所示;在显式报文中,分段协议被置于数据场偏移地址 1,如表 6-15 所示。分段协议分为无应答式和应答式两类。

(2) 有应答的报文分段协议

有应答的报文分段协议用于执行显式报文分段传输,格式如表 6-15 所示。

表 6-15　显式报文分段格式

偏移地址	位							
	7	6	5	4	3	2	1	0
0	Frag[1]	XID	MAC ID					
1	分段类型		分段计数器					
2 ⋮ 7	显式报文体分段							

接收节点对每个接收到的分段报文进行应答,并提供一个流量控制方法。可通过显式报文连接传输大量数据(如程序的上传/下载),因此有必要进行流量控制。服务器接收到分段的显式报文后所发出的响应报文格式如表 6-16 所示。

表 6-16　分段报文的应答/响应格式

偏移地址	位							
	7	6	5	4	3	2	1	0
0	Frag[1]	XID	MAC ID					
1	分段类型(3)		分段计数器					
2	应答状态							

分段类型:将该区域内数值设置为 3 标识该报文是一个分段应答。

分段计数器:记录返回接收到的最后一个分段的计数值。

应答状态:标识接收分段报文是否遇到错误。各值含义如下:

- 该值为 0 时,表示没有检查到错误,分段报文传输成功;
- 该值为 1 时,表示已经超过节点在该连接上能够接收的最大数据量;
- 该值为 2H～FFH 的数据由 DeviceNet 保留。

发送端(客户机)在发送分段显式报文及等待应答的过程如下。

① 客户机在发送第一段、中间段和最后一段时,应符合协议中分段类型、分段计数器和报文体的规定。

② 分段报文发送后,启动响应超时定时器并等待服务器响应的分段应答报文。定时时间根据具体应用确定。

③ 当等待分段应答报文定时器超时,连接对象自动重发上次发送的分段报文,并等待分段应答报文;如果第二次超时,应用程序将停止传送,并在内部做出必要的设置。

④ 如果接收到分段应答报文时,检查当前分段计数值与上次传输的分段计数值是否相同。如果两值不同,丢弃该应答报文并继续等待合适的应答报文;如果两值相同,但应答状态不为 0,客户机将不再传输报文的剩余分段,该组分段报文传输中止;如果两值相同,且应答状态为 0,继续传输分段报文中的下一分段。

接收端(服务器)的分段显式报文传输过程如下。

① 如果这是分段报文的第一段(分段类型为 0),那么分段计数值必须为 0。如果符合要求,保存报文分段并返回应答状态为 0 的分段应答报文;如果这是第一段但分段计数值不为 0,则丢弃该分段报文,继续等待接收其他报文。

② 如果分段类型标识是中间段时(分段类型为 1)且接收到的报文中分段计数值是上次接收到的分段计数值加 1,则该报文重组并返回分段应答报文。

③ 如果接收到报文中的分段计数值既不等于上次接收的分段计数值,也不等于上次分段计数值加 1,则服务器丢弃接收到的同组分段报文且不返回应答报文。

④ 当接收到最后一个分段时(分段类型为 2),如果接收到的报文中分段计数值是前一次接收的分段计数值加 1,服务器返回应答状态为 0 的分段应答报文,并执行该组分段显式报文相应功能。

5. 无应答的报文分段协议

无应答的报文分段协议用于执行 I/O 报文分段传输,格式如表 6-17 所示。

表 6-17　I/O 报文分段格式

偏移地址	位							
	7	6	5	4	3	2	1	0
0	分段类型		分段计数器					
1 ⋮ 7	I/O 报文分段							

当 I/O 连接要发送报文时,会调用 I/O 连接的发送报文服务检查连接尺寸属性,确定是否以分段方式来发送报文。当连接尺寸属性大于 8 时,I/O 报文都要按照分段协议执行。如果连接尺寸属性小于或等于 8,则 I/O 数据无须使用分段协议就能够发送。

如果应用对象请求发送超过 Connection_Size 属性所规定长度的数据,那么就会出现一个内部错误,且传输不会进行。如果正在接收的 I/O 连接对象通过检查当前接收的分段计数与上次接收的分段计数值加 1 不等,则检测到分段报文丢失,会采用如下措施恢复错误:

- 节点会丢弃接收到的同一组的分段报文,且告知应用对象不采用 I/O 报文;
- 连接实例开始等待一个新的分段传输。

6.5.4　UCMM 和预定义主/从连接

DeviceNet 总线上设备进入在线状态后与其他设备进行通信,则需要通过未连接报文管理器或预定义主/从方式动态或静态地建立连接。

1. 未连接报文管理器

未连接报文管理(UCMM)负责处理未连接显式请求和响应报文。UCMM 需要从所有可能的源 MAC ID 中,将未连接显式请求报文的 CAN 标识符过滤出来,该功能通过

CAN 控制器芯片的报文过滤实现。UCMM 通信流程如图 6-27 所示。

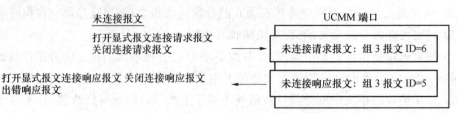

图 6-27　UCMM 通信流程

UCMM 用于动态建立和管理显式报文连接。通过发送组 3 报文 ID＝6 的信息指定未连接请求报文,并通过未连接响应报文(组 3 报文 ID＝5)对请求报文进行响应。

UCMM 管理显式报文的分配及释放:

- 打开显式报文连接 服务代码＝ 4BH,用于建立一个显式报文连接。
- 关闭连接 服务代码＝ 4CH,用于删除一个连接对象并释放所有相关资源。

(1) 打开显式报文连接请求

该服务要求在两个节点之间建立一个逻辑连接,该服务使用未连接显式请求连接 ID(报文组 3,报文 ID＝6),报文格式如表 6-18 所示。

表 6-18　打开显式报文连接请求格式

报文	位							
	偏移地址	7	6	5	4	3	2	1	0
报文头	0	Frag(0)	XID	MAC ID				
报文体	1	R/R(0)	服务代码[4BH]					
	2	保留(所有位＝0)			请求的报文体格式			
	3	组选择			源报文 ID			

Frag(分段):0 表示不需要分段,该帧为标准帧,下一字节是报文体。1 表示需要分段,下一字节是分段协议。在打开显式报文连接请求/响应时,此位恒为 0。

XID(控制标识符):判断报文应答和报文请求的一致性。

MAC ID:包含源 MAC ID 或目的 MAC ID。

R/R 位(请求/响应位):该值为 0,标识是一个请求报文。

服务代码(4BH):标识是一个打开显式报文连接服务。

保留位:为以后开发保留,接收方忽略此位。

请求的报文体格式:客户机在此处说明与服务器进行报文交换时应具备的特定报文体格式。

组选择:该区域给出了报文组 ID,即客户机将通过该报文组与响应方进行显式连接相关的报文交换。如果服务器不能满足请求,那么必须拒绝该请求并返回一个出错响应。

源报文 ID:指客户机在通过即将建立的连接中所使用的报文 ID。该区域内的值与报文组选择区域内值相关。

UCMM 服务过程:服务器确定 UCMM 显式报文连接请求参数为有效,创建并自动配置一个显式报文连接实例。如果服务器支持多种报文体格式,且客户机已经请求其中的一种格式,那么服务器在打开显式连接的响应报文中确认请求的格式;如果服务器不支持多种报文体格式,那么服务器在打开显式连接的响应中指定它的缺省格式。

在报文交换过程中,如果没有检测到错误,则返回一个打开显式连接成功的响应;如果检测到错误,则返回一个出错响应报文。

(2) 打开显式报文连接成功响应

该服务用于打开显式报文连接请求信息成功响应。响应报文的格式如表 6-19 所示。

表 6-19　打开显式报文连接响应格式

报文		位							
	偏移地址	7	6	5	4	3	2	1	0
报文头	0	Frag(0)	XID	MAC ID					
报文体	1	R/R(1)	服务代码[4BH]						
	2	保留(所有位=0)				实际的报文体格式			
	3	目的报文 ID				源报文 ID			
	4	连接实例 ID							
	5								

R/R 位(请求/响应位):该值为 1,标识这是一个响应报文。

保留位:为以后开发保留。

实际报文体格式:该区域由服务器定义在这一连接上允许客户机随后发送的显式报文的报文体格式。在收到打开显式报文连接请求后,客户机请求的报文体格式可以被服务器采用或修改。

目的报文 ID:该区域的使用将根据打开客户端请求连接发生的报文组。

源报文 ID:服务器分配给自己的报文 ID。服务器从组 1、2 或 3 的报文 ID 库中分配一个报文 ID,与服务器本身的 MAC ID(源 MAC ID)结合,生成服务器发送报文时的连接ID。这给予客户机足够信息来配置相关的链路消费者和 CAN 控制器芯片,用来接收服务器的传送。

连接实例 ID:当成功地响应一个打开连接请求服务时,服务器生成一个显式报文连接实例。服务器将生成的显式连接实例 ID 返回给客户机,以便客户机在关闭服务器的显式报文连接时使用。连接实例 ID 值在打开显式报文连接响应中指定为一个 16 位整数(UINT)。

例 6-2　MAC ID=2 的客户机与 MAC ID=5 的服务器通过 UCMM 打开显式连接的过程。

客户机发送未连接显式连接请求报文:

连接 ID= 11 110 000010　数据区=05 4B 03 0A

服务器发送未连接显式连接响应报文:

连接 ID= 11 101 000101　数据区=02 CB 03 03 0200

（3）关闭连接请求

该服务用于中止在某个节点的 I/O 连接或显式报文连接。采用 UCMM 关闭连接会删除某个连接实例。关闭连接请求作为未连接请求报文发送（报文组 3，报文 ID＝6）。

打开显式报文连接请求/响应服务只用于建立显式连接；而关闭连接服务可用于中止任意类型的连接。

关闭连接请求提供了能够删除任意连接的方法。在显式报文连接上，向其他连接实例申请公共删除服务也能实现与关闭连接服务相同的功能。关闭连接请求的格式如表6-20 所示。

表 6-20　关闭连接请求格式

报文	位								
	偏移地址	7	6	5	4	3	2	1	0
报文头	0	Frag(0)	XID	MAC ID					
	1	R/R(0)		服务代码[4CH]					
报文体	2	连接实例 ID							
	3								

Frag（分段）：0 表示不需要分段，该帧为标准帧，下一字节是报文体。1 表示需要分段，下一字节是分段协议。在打开显式报文连接请求/响应时，此位总为 0。

XID（控制标识符）：判断报文应答和报文请求的一致性。

MAC ID：包含源 MAC ID 或目的 MAC ID。

R/R 位（请求/响应位）：该值为 0，标识这是一个请求报文。

服务代码（4CH）：标识这是一个关闭连接服务。

连接实例 ID：释放服务器节点中指定的连接实例。由于关闭连接请求报文作为一个未连接报文被发送，发送者或第三方可能并不知道与接收者相关的报文体格式，因此，在该报文内的连接实例 ID 的格式被指定为一个 16 位整数。

响应方（服务器）：校验指定的连接实例是否存在。如果连接实例存在并能被删除，则立即删除，所有与此连接实例相关的资源都被释放，之后返回一个成功关闭连接。如果没有成功执行该请求，则返回一个出错响应。

（4）关闭连接响应

该服务用于成功地响应一个关闭连接请求报文，报文格式如表 6-21 所示。

表 6-21　成功关闭连接响应格式

报文	位								
	偏移地址	7	6	5	4	3	2	1	0
报文头	0	分段(0)	XID	MAC ID					
报文体	1	R/R(1)		服务代码[4CH]					

R/R 位（请求/响应位）：该值为 1，标识这是一个响应报文。

服务代码(4CH):标识这是一个关闭连接服务。

(5) UCMM 错误条件/代码

表 6-22 给出了 UCMM 通信过程中的错误条件及错误代码(通用错误代码及附加错误代码)。

表 6-22　UCMM 错误条件/代码

错误条件	通用错误名称	通用错误代码	附加错误代码
服务代码没有打开或关闭	服务不支持	08H	FFH
组选择源错误	资源不可用	02H	01H
组选择超出范围	参数无效	20H	01H
服务器连接溢出	资源不可用	02H	02H
服务器报文 ID 超出范围	资源不可用	02H	03H
客户机源报文 ID 无效	参数无效	20H	02H
客户机源报文 ID 重复	资源不可用	02H	04H
连接实例 ID 无效	对象不存在	16H	FFH

2. 预定义主/从连接组

许多传感器和执行器的功能在设计时就已经确定(如检测压力参数、启动电机等),因此,在上电前就已知这些设备将要发送或接收的数据。预定义主/从连接组能够满足它们的要求。与 UCMM 相比,预定义主/从连接组可以省略创建和配置节点间连接的许多步骤,这样可以用比较少的资源创建一个通信环境。对于预定义主/从连接中的从站,称为仅限组 2 从站,它没有 UCMM 功能来动态修改显式报文连接,只能静态地进行预定义主/从连接的分配或删除。

预定义主/从连接组使用以下定义。

① 组 2 服务器:具有 UCMM 功能并被指定在预定义主/从连接组中作为服务器的设备,即 DeviceNet 从站。

② 组 2 客户机:获得预定义主/从连接组的所有权并在这些连接中充当客户机的设备,即 DeviceNet 主站。

③ 具有 UCMM 功能的设备:指支持 UCMM 的设备。

④ 无 UCMM 功能的设备:一般指较低级的设备,由于网络中断管理要求和第 1 代 CAN 芯片过滤能力有限,不支持 UCMM。

⑤ 仅限于组 2 的服务器:指无 UCMM 功能,必须通过预定义主/从连接组建立通信的从站(服务器),至少必须支持预定义主/从显式报文连接。仅限组 2 的设备只能发送和接收预定义主/从连接组所定义的标识符。

⑥ 仅限于组 2 的客户机:指控制仅限组 2 服务器的组 2 客户机。仅限组 2 的客户机为它所控制的仅限组 2 服务器提供对外的 UCMM 功能。

⑦ DeviceNet 主站:主/从应用中的一个节点类型。DeviceNet 主站是为处理器收集和分配 I/O 数据的设备。主站以它的扫描列表为基础扫描从站。主站是指组 2 客户机或仅限于组 2 客户机。

⑧ DeviceNet 从站：主/从应用中的一个节点类型。从站在主站扫描到时发送 I/O 数据。在 DeviceNet 网络中，从站是组 2 服务器或仅限组 2 服务器。

(1) 预定义主/从连接的报文

预定义主/从连接组中使用的报文及其连接标识符如表 6-23 所示。

表 6-23　预定义主/从连接组连接标识符

10	9	8	7	6	5	4	3	2	1	0	说明
	CAN 标识符区										说明
0	组 1 报文 ID				源 MAC ID						组 1 报文(000～3ff)
0	1	1	0	0	源 MAC ID						从站 I/O 多点轮询响应报文
0	1	1	0	1	源 MAC ID						从站 I/O 状态改变、循环通知报文
0	1	1	1	0	源 MAC ID						从站 I/O 位-选通响应报文
0	1	1	1	1	源 MAC ID						从站 I/O 轮询响应报文或状态改变、循环应答报文
1	0	MAC ID					组 2 报文 ID				组 2 报文(000～5ff)
1	0	源 MAC ID						0	0	0	主站 I/O 位-选通命令报文
1	0	多点通信 MAC ID						0	0	1	主站 I/O 多点轮询命令报文
1	0	目的 MAC ID						0	1	0	主站状态改变、循环应答信息
1	0	源 MAC ID						0	1	1	从站显式响应报文或未连接响应报文
1	0	目的 MAC ID						1	0	0	主站显式请求报文
1	0	目的 MAC ID						1	0	1	主站 I/O 轮询命令或状态改变、循环命令报文
1	0	目的 MAC ID						1	1	0	仅限组 2 未连接显式请求报文(预留)
1	0	目的 MAC ID						1	1	1	重复 MAC ID 检测报文

表 6-23 中涉及的报文类型有以下几种。

① I/O 位-选通命令/响应报文

位-选通命令是由主站发送的一种 I/O 报文。位-选通命令报文具有多点发送功能，多个从站能同时接收并响应同一个位-选通命令(多点发送功能)。位-选通响应报文是当从站接收到位-选通命令后，由从站返回主站的 I/O 报文。在从站中，位-选通命令和响应报文由同一个连接对象来接收和发送。

② I/O 轮询命令/响应报文

I/O 轮询命令是由主站发送的一种 I/O 报文。轮询命令指向单独特定的从站(点到点)，主站必须向它的每个要查询的从站分别发送不同的轮询命令报文。轮询响应是当从站收到轮询命令后，由从站返回主站的 I/O 报文。在从站中，轮询命令和响应报文由同一个连接对象接收和发送。

③ I/O 状态改变/循环报文

主站和从站都可发送状态改变/循环报文。状态改变/循环报文指向单独特定的节点(点到点)，将返回一个应答报文作为响应报文。无论是在主站或者从站中，生产状态改变报文和消费应答报文都由同一个连接对象完成。消费状态改变报文和生产应答报文由另一个连接对象完成。

④ I/O 多点轮询/响应报文

多点轮询命令是一个由主站发送的 I/O 报文。多点轮询指向一个或多个从站。多点轮询响应是在接收到多点轮询命令时,从站返回给主站的 I/O 报文。在从站内,多点轮询命令和响应报文由单个连接对象接收或发送。

⑤ 显式响应/请求报文

显式请求报文用于执行如读写属性的操作。显式响应报文标识对显式请求报文的服务结果。在从站中,显式响应和请求报文由一个连接对象接收或发送。

⑥ 仅限组 2 未连接显式响应/请求报文

仅限组 2 未连接显式请求报文端口用于分配/释放预定义主/从连接组。此端口(组 2,报文 ID=6)已预留,不可用做其他用途。仅限组 2 未连接显式响应报文端口用于响应仅限组 2 未连接显式请求报文和发送设备监测脉冲/设备关闭报文。这些报文采用和显式响应报文相同的标识符(组 2,报文 ID=3)发送。

(2) 从站中连接实例的建立

显式连接实例可通过组 2 未连接显式请求报文建立,I/O 连接实例的建立可通过未连接显式报文或仅限组 2 未连接显式报文建立,但只能由显式报文激活。连接实例的建立使用分配主/从连接组(4BH)和释放主/从连接组(4CH)服务。该服务的对象是类 3(DeviceNet 对象)实例 1 的分配选择字节。类 3 实例 1 的内容如表 6-24 所示。

表 6-24　分配选择字节内容

位序	7	6	5	4	3	2	1	0
含义	保留	应答禁止	循环	状态改变	多点轮询	位-选通	轮询	显式报文

连接 ID 对应仅限组 2 未连接显式请求报文或者显式请求报文时,执行分配主/从连接组时报文的数据域都采用表 6-25 的格式。

表 6-25　分配主/从连接组数据域格式及内容

字节偏移	位							
	7	6	5	4	3	2	1	0
0	分段(0)	XID	源 MAC ID					
1	R/R(0)	服务代码(4BH)						
2	类 ID(03)							
3	实例 ID(01)							
4	分配选择(Allocation Choice)							
5	0	0	主站 MAC ID					

表 6-25 中分配选择字节的内容如表 6-24 所示。如果从站建立显式报文连接实例,则分配选择字节值为 01H。同理,如果从站建立轮询 I/O 连接实例,则分配选择字节值为 02H。

从站返回成功响应的数据域格式如表 6-26 所示。

表 6-26　从站返回的分配主/从连接组成功响应数据域格式及内容

字节偏移	位							
	7	6	5	4	3	2	1	0
0	分段(0)	XID	目的 MAC ID					
1	R/R(1)	服务代码(4BH)						
2	保留位(0)				报文体格式(0~3)			

中止该连接时需要主站释放某个连接实例,此时采用释放主/从连接组报文,服务代码为 4CH,其数据域格式如表 6-27 所示。

表 6-27　释放主/从连接组数据域格式及内容

字节偏移	位							
	7	6	5	4	3	2	1	0
0	分段(0)	XID	源 MAC ID					
1	R/R(0)	服务代码(4CH)						
2	类 ID(03)							
3	实例 ID(01)							
4	分配选择(Allocation Choice)							
5	0	0	主站 MAC ID					

从站返回的成功响应释放主/从连接组的数据域格式如表 6-28 所示。

表 6-28　从站返回的释放主/从连接组成功响应数据域格式及内容

字节偏移	位							
	7	6	5	4	3	2	1	0
0	分段(0)	XID	目的 MAC ID					
1	R/R(1)	服务代码(4CH)						

（3）仅限组 2 未连接显式报文

仅限组 2 未连接显式报文连接的建立时,会用到以下两条报文。

- 仅限组 2 未连接显式请求报文:该端口用于分配或释放预定义主/从连接组。此端口(组 2,报文 ID＝6)已预留。
- 仅限组 2 未连接显式响应报文:该端口用于响应仅限组 2 未连接显式请求报文。这些报文采用与显式响应报文相同的标识符(组 2,报文 ID＝3)发送。

主站与从站建立显式报文连接时,首先需要主站发送主/从连接组分配请求报文,报文格式如表 6-25 所示。在从站节点中,如果接收到主/从连接组分配的显式报文连接请求,将建立一个显式连接实例,即连接类实例 1。

主站和从站间建立仅限组 2 未连接显式报文连接后,可以通过组 2 未连接显式请求、响应报文进行显式报文的通信。显式请求报文用于执行如读、写属性等操作;显式响应报文表明对显式请求报文的服务结果。

显式连接交换的报文用于连接实例属性的获取、设置以及其他连接的配置(分配轮询 I/O、位-选通连接等)。例如,主节点请求分配轮询 I/O 连接并得到从节点的成功响应后,就与从节点成功建立了轮询 I/O 连接,其他 I/O 连接的建立和激活与轮询连接类似。

(4) 位-选通(Bit-Strobe)连接

位-选通连接属于预定义主/从连接组的 4 种 I/O 连接,连接实例 ID 为 3。位-选通连接常用于主站与从站间高速、小规模的数据交换。

位-选通 I/O 连接可通过未连接显式报文或显式报文建立。主站请求分配位-选通连接,从站认可建立位-选通连接后,向主站返回分配位-选通连接成功的响应,并在主站内部建立连接实例 3。主/从节点间成功建立位-选通 I/O 连接后,主节点设置一次从节点的位-选通的 EPR(Expected Packet Rate)属性值,位-选通连接即处于激活状态,可传送 I/O 数据。

主站和从站在位-选通连接中传送 I/O 位-选通命令、响应报文。主站发送位-选通命令报文,该命令具有多点输出功能,多个从站能同时接收并响应同一个位-选通命令。从站收到位-选通命令后返回主站位-选通响应报文。在从站中,位-选通命令和响应报文的接收和发送由同一个连接对象来完成。

通过位-选通命令和响应报文,主站和从站间可以快速交换少量的 I/O 数据。位-选通命令向在主站扫描列表中每个从站 MAC ID 发送一位数据;位-选通响应从每个从站向主站返回最多达 8 字节的数据、状态报文。

位-选通命令报文包含一个 8 字节输出数据的位数据串,每个输出位对应总线上的 1 个节点的 MAC ID(0~63),从 DeviceNet 数据域的第 0 位值控制 MAC ID=0 的节点,依次至第 63 位分配给 MAC ID=63 的节点。位-选通命令如图 6-28 所示,主站给它的 5 个从站分别发送 1 位数据。

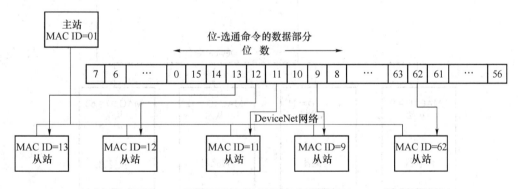

图 6-28　位-选通命令实例

主站通过一帧数据给它的 5 个从站分别发送一位有效数据,从站的 MAC ID 并不需要连续。主站发送时不考虑从站设备的数量和它们的 MAC ID,将整个 8 字节一起发送。从站在接收到位-选通命令后,如果不支持或没有分配位-选通连接,则忽略该命令;如果分配了位-选通连接,则消费位-选通命令和数据,或者消费位-选通命令将其作为触发信号但忽略其所含数据。

（5）轮询

轮询连接属于预定义主/从连接组的 4 种 I/O 连接,连接实例 ID 为 2。与位-选通连接用于小规模的数据交换不同,轮询连接可用于所有规模的数据交换。

轮询连接可以通过未连接显式报文或显式报文建立。轮询连接成功建立且由主站节点设置一次从站节点的轮询连接 EPR 属性值后,轮询连接即处于已激活状态,支持传送 I/O 数据。

轮询连接是点对点的,主站与从站在轮询连接中传送 I/O 轮询命令和响应报文。主站向其轮询列表中每个从站发送不同的 I/O 轮询命令,从站接收主站的轮询命令后返回主站轮询响应。在从站中,轮询命令和响应报文的接收和发送由同一个连接对象实例完成。轮询命令可以将任意数量的输出数据(整体或分段)发送到目的从站设备,而轮询响应报文可由从站向主站返回任意数量(整体或分段)的输入数据或状态报文。

对于不同的从站节点,主站节点发送相应的轮询命令,其数据由具体应用决定,连接 ID 与从站的 MAC ID 有关。从站节点接收到主站的轮询命令后,如果不支持该命令或没有分配轮询连接,则忽略轮询命令;如果分配了轮询连接,则消费轮询命令及其所含数据,或者消费轮询命令将其作为触发条件但忽略其所含数据。

从站返回的轮询响应报文由连接 ID 和 I/O 数据两部分组成:连接 ID 由从站决定,I/O数据由从站的具体应用对象决定。图 6-29 给出了一个轮询应用的例子,系统由 1 个主站和 4 个从站组成。主站将轮询扫描列表中所有从站,从传感器中获得输入数据并向执行机构中发送输出控制数据。

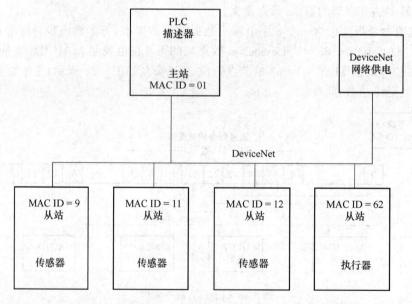

图 6-29　轮询命令实例

主站发送的轮询命令和从站返回的轮询响应在 CAN 数据区中具有 0～8 字节的数据,若数据长度大于 8 字节,还可以进行分段传输。

（6）状态改变(COS,Change of State)/循环(Cyclic)

预定义主/从连接组支持主站和从站间的状态改变或循环数据的产生。与其他 I/O

连接不同,I/O 状态改变或循环连接中,主站和从站均可主动发起通信。

状态改变/循环连接的建立是主站通过未连接显式报文或显式报文对从站进行状态改变/循环连接的分配。由于轮询和状态改变/循环连接组共享连接实例 2,从站必须按照基于分配请求的特定步骤以保证其行为正确。如上所述,仅当状态改变/循环分配位都置位时,建立连接实例 2 和 4。连接实例 4 从缺省输入路径生产数据,并消费应答处理器对象实例 1 的应答。连接实例 2 消费缺省输出路径并产生一个 0 长度的应答。当分配请求只有轮询分配位置位时,连接实例 2 消费缺省输出路径,并从缺省输入路径生产数据。

如果状态改变/循环和轮询分配位都置位,连接实例 2 的表现与仅将轮询分配位置位一样,连接实例 4 行为仍与上述一致。该组合形式主要用于在主站需要轮询从站的某些输入数据并接收另外一些状态改变/循环输入报文的情况。如果在连接激活前设置这些路径,则要求在从站或主站预先配置两个缺省输入路径,也可用于主站在一个报文中分配轮询连接,而在下一个报文中分配状态改变/循环连接。

另外,从站中状态改变/循环连接实例属性的缺省值在有应答和无应答的情况下有区别,有无应答取决于分配选择字节中的应答禁止位,此位为 1 时表示有应答,为 0 时表示无应答。有应答时从站中应建立一个应答处理器对象,且该对象的实例只有一个。

当主站发起通信时,主站向从站发送状态改变命令报文或循环发送命令报文,从站接收命令报文并返回响应报文;当从站发起通信时,从站向主站发送状态改变报文或循环发送报文,主站接收该报文并返回响应报文。状态改变/循环连接组使用连接实例 2(轮询连接实例)实现主站向从站发送数据和从站向主站返回应答,使用连接实例 4(预留)实现从站向主站发送数据和主站向从站返回应答。

(7) 预定义主/从连接组分配流程

组 2 客户机对仅限组 2 服务器分配预定义主/从连接步骤如下。

① 客户机通过向服务器的 UCMM 端口发送打开显式报文连接请求,确定服务器是否为仅限组 2 服务器。

② 客户机启动等待响应定时器,该定时器的最小溢出值为 1 s。

• 如果服务器成功响应(从 UCMM 端口),则设备具有 UCMM 能力,转到步骤③。

• 如果服务器没有响应(等待响应定时器超时),则重试向服务器的 UCMM 发送打开显式报文连接请求并再次启动 Wait_For_Response(等待响应)定时器。如果接收到响应,那么设备支持 UCMM 功能,转到步骤③;如果仍没接收到响应(两次等待响应超时),则假定该设备为仅限组 2 设备(无 UCMM 能力),转步骤⑤。

③ 服务器具有 UCMM 能力,客户机通过发送 Allocate_Master/Slave_Connection_Set 报文,建立显式报文连接,进而分配预定义主/从连接。上述过程成功完成后,服务器(具有 UCMM 功能)成为组 2 服务器,客户机成为其主站(组 2 客户机),客户机可任意使用 UCMM 产生的显式报文连接或组 2 中的预定义主/从连接组显式报文连接(如果已经分配)。

如果服务器对 Allocate_Master/Slave_Connection_Set 报文产生错误响应,则认为服务器不支持预定义主/从连接组,或者该服务器已经充当其他组 2 客户机的组 2 服务器。错误响应信息中的错误代码可用于判定所发生的情况。

④ 如果服务器对 Allocate_Master/Slave_Connection_Set 报文成功响应,则意味着服务器按照 Allocate_Master/Slave_Connection_Set 服务的要求配置了预定义主/从连接组的实例,确认了主站,并阻止其他客户机再使用预定义主/从连接组成为其主站,转到步骤⑥。

⑤ 客户机将向服务器的仅限组 2 未连接显式请求报文端口发送 Allocate_Master/Slave_Connection_Set 报文,分配预定义主/从连接组。

如果预定义主/从连接组还没被分配,服务器发送响应成功报文,表明它已将连接组分配给该客户机,转到步骤⑥。

如果向服务器的仅限组 2 未连接显式请求报文端口发送 Allocate Master/Slave Connection_Set 报文后客户机超时,那么客户有机会再次发送同一分配报文。如果再次出现超时,则客户机认为服务器设备不在当前链路上。

⑥ 预定义主/从连接分配过程结束。在任意给定的时间里每个从站(服务器)仅能接收一个主站(客户机)分配的预定义主/从连接。仅限组 2 客户机在对仅限组 2 服务器执行其他任何事务前,必须确定对相应仅限组 2 服务器的预定义主/从连接分配已成功完成。

6.5.5 离线连接组

组 4 离线连接组报文可由客户机来恢复处于 DeviceNet 离线故障状态的节点。通过离线连接组报文,客户机可以:

① 通过 LED 闪烁状态确定故障节点;

② 如果可能,向故障节点发送故障恢复报文;

③ 在不从子网上拆除故障节点的情况下,恢复故障节点。

离线连接组中的 4 种报文对于设备而言是可选的,具体如表 6-29 所示。

表 6-29 离线连接组

CAN 标识符区											说明
组 ID					报文 ID						
10	9	8	7	6	5	4	3	2	1	0	组 4 报文
1	1	1	1	1	2C						DeviceNet 离线故障响应报文
1	1	1	1	1	2D						DeviceNet 离线故障请求报文
1	1	1	1	1	2E						DeviceNet 离线节点控制权响应报文
1	1	1	1	1	2F						DeviceNet 离线节点控制权请求报文

从表 6-29 可以看出,离线连接组的优先权较低,可能会由于其他的网络通信而导致延迟。任何处于 DeviceNet 离线故障的节点,在任何时刻,仅能有一个客户机节点与它通信。客户机间通过使用 DeviceNet 离线节点控制权请求/响应报文来获得对 DeviceNet 离线故障节点的控制权。

得到 DeviceNet 离线节点控制权的客户机使用组 4 报文 ID＝2D 向所有 DeviceNet 离线故障节点发出 DeviceNet 离线故障请求报文。发生 DeviceNet 离线故障的节点应使用组 4 报文 ID＝2C 产生相应的 DeviceNet 离线故障响应报文。

1. DeviceNet 离线节点控制权

DeviceNet 离线节点控制权报文交换仅在支持该功能的客户机间进行。为了获得 DeviceNet 离线节点控制权,客户机(或工具)将使用组 4 报文 ID＝2F 产生一个 DeviceNet 离线节点控制权请求报文,格式如表 6-30 所示。

表 6-30　DeviceNet 离线节点控制权请求报文

偏移地址	位							
	7	6	5	4	3	2	1	0
0	保留[0]		请求方客户机 MAC ID					
1	R/R[0]		服务代码[4BH]					
2	请求方制造商 ID							
3								
4	请求方序列号							
5								
6								
7								

报文成功传输后,客户机(或工具)应等待一个 DeviceNet 离线节点控制权响应报文至少 1 s。如果没有接收到响应,将产生第 2 个 DeviceNet 离线节点控制权请求报文,并再等待至少 1 s 的时间,如果还未收到响应报文,该节点就得到 DeviceNet 离线节点控制权。如果在任一时间段内接收到一个 DeviceNet 离线节点控制权响应报文,客户机(或工具)都无法获得 DeviceNet 离线节点控制权,则继续申请并等待获得控制权。

如果客户机(或工具)正在等待获得 DeviceNet 离线节点控制权,以周期大于 2 s 的间隔产生 DeviceNet 离线节点控制权请求报文;如果客户机(或工具)收到离线节点控制权请求或响应报文,自动放弃本次 DeviceNet 离线节点控制权的申请,则重新启动 2 s 的定时器,2 s 后再次发送 DeviceNet 离线节点控制权请求报文。

DeviceNet 离线节点控制权响应报文格式除 R/R 位为 Response(响应)外,报文格式与 DeviceNet 离线节点控制权请求报文的格式一致。客户机获得 DeviceNet 离线节点控制权后,如果接收到 DeviceNet 离线节点控制权请求报文,将在 1 s 内产生 DeviceNet 离线节点控制权响应报文。

2. DeviceNet 离线故障报文

一旦客户机(或工具)拥有了 DeviceNet 离线节点控制权,它可对所有支持故障恢复机制的节点发送 DeviceNet 离线故障请求报文。通信故障节点均会响应 DeviceNet 离线故障请求报文。

DeviceNet 离线故障报文定义了下列 4 种服务。

(1) 识别离线故障节点的多点传输服务(服务代码 4CH):客户机识别总线上是否存在支持离线连接组的 DeviceNet 离线故障节点,离线故障节点应及时响应该报文。

(2) 识别离线故障节点的点—点传输服务(服务代码 4CH):客户机对特定的离线故障节点发出请求,离线故障节点根据其请求点亮 LED,该服务提供了特定 MAC ID 处理离线故障节点的可视化识别。

　　（3）离线故障节点身份确认服务（服务代码 4BH）：客户机检测到总线的离线故障节点后，希望获得它们的序列号和制造商 ID，离线故障节点在响应报文中说明本节点的序列号和制造商 ID。

　　（4）更改 DeviceNet 离线故障节点 MAC ID 服务（服务代码 4DH）：客户机已经检测到一个特定的离线故障节点，且希望更改它的 MAC ID，使它以重新指定的 MAC ID 恢复上线。

　　如果某设备执行 DeviceNet 离线故障报文协议，应该支持以上 4 种服务。

习　　题

　　1. 简述 DeviceNet 的主要技术特点和优点。

　　2. 简述 DeviceNet 的报文类型、结构、特点及其用途。

　　3. 何时使用 DeviceNet 分段报文？如何进行报文分段？

　　4. 连接标识符（CID）由几部分组成？CID 的主要作用是什么？

　　5. 简述 DeviceNet 中显式信息连接与 I/O 连接之间的联系与区别。

　　6. 简述 DeviceNet 连接的建立过程。

　　7. DeviceNet 协议中根据 CID 将优先级不同的报文分为 4 组，请详细列出 DeviceNet 所定义的 4 个报文组。

　　8. DeviceNet 的通信报文分为哪 2 种类型？分别详述这 2 种报文格式和报文分段格式。

　　9. DeviceNet 可以使用哪些传输介质？对应不同介质，网络性能和限制有哪些？

　　10. 请详述 DeviceNet 的网络拓扑结构，以及如何选择各部件。

第 7 章 DeviceNet 节点设计与组网

DeviceNet 主要用于车间级的现场设备(传感器、执行器等)和控制设备(PLC、工控机)间建立连接,避免了昂贵和烦琐的硬接线。因此,掌握基于 DeviceNet 总线的控制系统设计成为相关自动化行业的迫切需求。另外,DeviceNet 作为开放式标准,任何个人或制造商都能以少量的复制成本从开放 DeviceNet 供货商协会(Open DeviceNet Vendors Association,ODVA)获得 DeviceNet 协议规范,因此,开发 DeviceNet 智能节点不存在技术上的屏障。

7.1 DeviceNet 节点设计要点

DeviceNet 规范不仅是物理接口设计规定,更重要的是定义了标准的对象模型和设备描述,使得不同厂商生产的设备能够互换、互联和互操作。属于同一对象模型的所有设备都必须支持共同的标识和通信状态数据。设备描述中定义了设备的各种特定属性,符合设备类型描述的多个供应商提供的简单设备(如按钮、电机启动器、光眼等)逻辑上可互换。因此,在进行 DeviceNet 节点设计时,首先应明确该接口设备的功能。确定设备类型后,熟悉所开发对象在 DeviceNet 规范中的设备描述,在此基础上进行下一步工作。

进行节点软、硬件设计前,还应该明确该节点的功能。目前应用的 DeviceNet 节点 80% 以上是从站设备,开发此类产品需要考虑 I/O 连接方式。DeviceNet 支持多种 I/O 连接方式,如循环、状态改变、位-选通、轮询等,用户需根据设备需求进行选择,具体如表 7-1 所示。

表 7-1 选择 I/O 连接方式

设备需求	I/O 连接
特定设备需要较快的更新速率	状态改变(COS)
模拟量设备: • 变化速度低于扫描周期 • 需要一个可重复的更新周期(例如,PID 运算)	循环(Cyclic)
多个设备: • 输入大小在 8 个字节内 • 每个输出为 1 位	位-选通(Strobed)
多个设备发送或接收大量数据包	轮询(Poll)

另一方面,开发此类产品还需要考虑设备的显式报文通信功能。所有设备按照 DeviceNet 协议要求,必须支持显式报文通信。按照 DeviceNet 规范中定义,由显式报文访问 DeviceNet 对象和报文路由对象。另外,报文的分段功能虽非必须具备,但必须用于

显式报文通信应答和所有使用 32 位标识场的产品。如果所开发的产品还支持通过
DeviceNet 网络上传/下载配置信息或更新固件版本,则必须对发送和接收信息采用显式
报文的分段功能。

如果考虑开发具有主站功能的产品,就必须要求作为主站的设备或产品具有 UCMM
能力,以支持显式报文的点对点连接。同时必须具备一个主站扫描列表,用于配置和管理
从站。这两个功能缺一不可,因此主站的开发相对从站而言,更为复杂和困难。

DeviceNet 节点功能分析完成后,进行硬件设计、软件设计、编写设备描述、定义设备
配置和一致性测试等步骤。

7.2　硬件设计

DeviceNet 节点硬件设计部分主要是实现规范中定义的物理层和数据链路层,该部
分是在 CAN 节点的硬件设计基础上进行修改。

1. 连接器的选择

DeviceNet 规范允许使用开放式和密封式的连接器,还可以使用小型和微型的可插
式密封连接器。在一些无法使用开放式连接器的场所或工作环境比较恶劣的现场,可采
用密封式连接器。

2. 总线供电设计

除了提供通信通道外,DeviceNet 总线上还提供电源。因此,电源线和信号线在同一
电缆中,设备可从总线上直接获取电源,而不需要另外的电源。

3. 误接线保护设计

DeviceNet 总线上的节点能承受连接器上 5 根线的各种组合的接线错误。此时,需
要提供如图 6-13 所示的外部保护回路。

4. 通信速率的设置

在 DeviceNet 规范中只有 125 kbit/s、250 kbit/s 和 500 kbit/s 3 种速率。由于严格的
传输距离限制,它不支持 CAN 的 1 Mbit/s 速率。一般在 DeviceNet 设备中通过设置拨
码开关来选择设备的通信速率。

5. CAN 控制器的选择

CAN 控制器有 3 种类型,包括独立 CAN 控制器、集成 CAN 控制器和串行连接 I/O
CAN 控制器。DeviceNet 节点设计时可选择独立式和集成式 CAN 控制器。选择 CAN
控制器时,确定它必须完全符合 DeviceNet 协议规定的特性:

- 支持 11 位的标准帧结构;
- 支持 125 kbit/s、250 kbit/s、500 kbit/s 波特率;
- 允许访问所有 11 位的 CAN 标识符区,节点能够发送任何合法的标识符区数据。

满足上述条件表示该 CAN 控制器可用于开发 DeviceNet 节点。但是,针对不同的应
用条件,还需考虑下列因素。

(1) 接收和处理报文的数量和速度。这取决于通信波特率、报文长度、对未连接报文
管理和其他 DeviceNet 报文的支持。由于 DeviceNet 的最高中断速率为每 94 μs 发生一

次中断,必须选择带有接收过滤的 CAN 控制器。

接收过滤器(Mask/Match Filter)有特殊的硬件屏蔽/匹配过滤功能,可以连续处理接收到的报文。接收过滤器能够屏蔽掉不相关的报文,提高报文中断的弹性。但对于高端的处理器来说,这并非绝对必须,只是对于一些低端的慢速处理器才是必须。

(2) 带有多个报文对象(Message Object),如报文缓冲区(Message Buffer)和报文中心(Message Center)。多个报文对象可连续处理输入报文提高响应的速度。

(3) 支持 DeviceNet 的 I/O 分段协议可使开发者节约代码空间并降低复杂度。

6. CAN 收发器的选择

CAN 收发器在 DeviceNet 总线上接收差分信号传送给 CAN 控制器,并将 CAN 控制器传来的信号差分驱动后发送到总线上。

DeviceNet 上最多挂接 64 个物理设备,因此对收发器的要求超过了 ISO 11898。目前,在 DeviceNet 节点上广泛选用的 CAN 收发器有 Philips 的 82C250/251、TI 的SN65LBC031 等。

7.3　软件设计

DeviceNet 软件设计主要实现应用层协议要求。根据用户实际情况,可以确定是自行设计或购买的专用开发工具。软件设计流程如下。

1. 重复 MAC ID 检测流程

节点上电后进行必要的自检和初始化,然后开始发送重复 MAC ID 检测请求报文。如果发送 2 次重复 MAC ID 检测请求报文(时间间隔为 1 s)后,未收到其他节点的重复MAC ID 检测响应报文,则该节点转入在线状态;收到其他节点的重复 MAC ID 检测响应报文,则该节点转入 DeviceNet 离线故障状态。

如果 DeviceNet 上其他节点收到重复 MAC ID 检测请求报文后,处理流程如下:

(1) 确定接收到的重复 MAC ID 检测报文内目的 MAC ID 与该节点的 MAC ID 是否一致:如果不一致,则忽略该报文;如一致,转入步骤(2);

(2) 该节点如果处于在线状态,发送重复 MAC ID 检测响应报文,否则,该节点转入或保持离线故障状态。

2. 未连接显式报文通信流程

如果当前节点已经处于在线状态,客户机与服务器将通过 UCMM 端口或者仅限组 2的未连接端口建立显式报文连接。此时客户机应发送未连接显式请求报文,等待服务器响应。

如果 DeviceNet 上节点接收到未连接显式请求报文,处理流程如下。

(1) 确定接收到的未连接显式请求报文的类型。如果接收到打开连接请求,新建一个有效的显式报文连接实例,并发送未连接显式响应报文;如果接收到的并非打开连接请求,转入步骤(2)。

(2) 确定是否为关闭连接请求。如果不是关闭连接请求,该节点返回不支持该服务的出错响应;如果是关闭连接请求,转入步骤(3)。

（3）删除显式报文连接实例并释放相关资源，并发送成功响应报文。

3. 显式报文通信流程

如果开发具有 UCMM 功能从节点，则显式报文通信不仅使用组 2 报文格式，还可使用组 1、组 3 报文格式。如果开发仅限组 2 从节点，则显式报文通信仅用组 2 预留的显式报文格式，即主站显式请求报文用组 2 的报文 ID＝4 的格式，从站显式响应报文用组 2 报文 ID＝3 的格式。

如果节点接收到显式报文，处理流程如下。

（1）确定显式报文连接已连接。如未连接，则忽略该报文；如已连接，进入步骤（2）。

（2）确定显式报文请求的实例是否建立。如已建立，进入步骤（3）；如未连接，转入步骤（4）。

（3）确定已建立的实例是否支持该服务。如实例支持该服务，则执行该服务并发送响应报文；如实例不支持该服务，则返回出错响应报文。

（4）确定是否建立 I/O 连接实例。如果建立 I/O 连接实例，进入步骤（5）；否则转入步骤（6）。

（5）确定该节点是否支持该 I/O 实例。如果支持 I/O 实例，建立 I/O 实例并发送响应报文；如不支持 I/O 实例，返回出错响应报文。

（6）确定该节点是否支持建立多个显式实例。如果支持建立多个显式实例，建立显式实例并返回响应报文；如果不支持，返回出错响应报文。

4. I/O 报文通信

通过显式报文连接或 UCMM 建立并启动 I/O 连接后，配置 I/O 连接实例，实现 I/O 数据通信，其处理流程如下。

（1）节点接收到 I/O 报文后，确定 I/O 是否已经激活。如果未激活，则忽略该信息；如果已经激活，进入步骤（2）。

（2）从组合对象中取得 I/O 数据或直接取得 I/O 数据进行消费，并返回 I/O 数据或响应报文。

为了便于调试软件程序，还应搭建一个简单的测试系统。DeviceNet 测试系统搭建的通用方案是选择 AB 和 OMRON 公司的 PLC 为主站，从站只要是通过 DeviceNet 一致性认证的产品均可。同时，还需要选择专用的 DeviceNet 网络分析仪或者较为廉价的 CAN 监视器，进行 DeviceNet 报文的监听和分析。

7.4　编写设备描述

DeviceNet 设备描述用于实现设备的互操作和互换，且规定了同类设备应具备的一致性。设备描述有两种类型，即专家已达成一致的标准设备类型的设备描述和制造商自定义的非标准设备类型的设备描述。ODVA 组织负责在技术规范中更新设备描述。每个制造商根据设备类型为 DeviceNet 产品选择或定义设备描述，其内容涉及到设备遵循的行规。

设备描述是一台设备的基于对象模型的正式定义，包括：

（1）设备对象模型：使用对象库中的对象或用户自定义对象，定义了设备行为的详细描述；

（2）I/O 数据：数据交换的内容和格式，以及在设备内部的映像所表示的含义；

（3）设备配置：配置方法，配置数据的功能以及电子数据文档（EDS，Electrical Data Sheet）信息。

在 DeviceNet 规范中，给出了一些产品的设备描述，设计人员可以采用这些设备描述或参考这些设备描述的格式来定义自己的设备描述。

1. 设备描述的详细内容

设备描述一般以表格的形式给出，也可以加上一些详细的说明，主要包括以下内容。

（1）设备对象模型

要实现同类设备之间的互操作性，两台或多台设备中的相同对象必须保持行为一致。因此，每个对象规范带有一个严格的行为定义。每个 DeviceNet 产品都包含若干个对象，这些对象相互作用提供产品的基本行为。各个对象的行为固定，因此相同的对象组的行为也是固定的。以特定次序组织的相同对象组的相互作用能够在各个设备中产生相同的行为。对象模型是设备中所用的对象组。为使同类设备产生相同的行为，其必须具备相同的对象模型。因此，各设备描述中都包括对象模型，以便在 DeviceNet 的同类设备之间提供互操作性。

定义设备的对象模型时必须包括以下各项：

① 标识设备中存在的所有对象类（必需的或可选的）；

② 表明各对象类中存在的实例数。如果设备支持实例的动态创建和删除，对象模型描述了对象类中可能存在的最大实例数；

③ 说明哪些对象影响设备的行为，并说明对象如何影响行为；

④ 定义每个对象的接口，即对象和对象类如何链接。

（2）设备 I/O 数据格式

在设备描述中，设备 I/O 数据的格式遵守以下规则：

① I/O 组合（I/O Assembly）实例是输入类型还是输出类型；

② 一个设备可能包含有多个 I/O 组合，这些 I/O 组合实例的数据配置方法。

（3）设备配置

除对象模型和 I/O 数据格式外，设备描述还包括设备可配置参数的规范和访问这些参数的公共接口。可配置参数包括参数对象实例的全部属性值，或 EDS 文件的参数部分中的所有值，这些值至少包括：参数名称、属性路径（类、实例、属性）、数据类型、参数单位和最小/最大缺省值。除了定义相同的配置参数外，访问这些参数的公共接口必须一致。

2. 设备描述举例

如果设计了一个 16 点离散输入的产品，且将其作为通用设备类型来处理，设备型号为 00H，则对应的设备描述可以用如下表格来说明。

（1）对象模型

图 7-1 给出了 16 点离散输入设备的对象模型，表 7-2 中列出了 16 点离散输入产品中包含的对象、对象是否必须及实际存在的实例数，表 7-3 列出了这些对象对该设备行为的

影响,表 7-4 列出了对象与连接的接口。

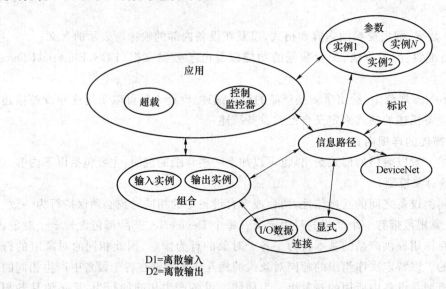

D1=离散输入
D2=离散输出

图 7-1　16 点离散输入设备对象模型

表 7-2　对象类属性

对　象	必须/可选	实例数
标识	必须	1
报文路由器	必须	1
DeviceNet	必须	1
连接	必须	2(1 个 I/O,1 个显式)
组合	必须	1
离散输入组	必须	1
离散输入点	必须	16

表 7-3　对象对设备行为的影响

对　象	对设备行为的影响
标识	支持复位服务,可引起节点的复位
报文路由器	无影响
DeviceNet	配置设备端口的各个属性
连接	包含了设备的对外接口
组合	定义了 I/O 数据格式和配置数据格式
离散输入组	存储离散输入点的组合状态
离散输入点	定义该设备离散量输入点的行为

表 7-4　对象与连接的接口

对　象	接　口
标识	报文路由器
报文路由器	显式报文连接实例
DeviceNet	报文路由器
连接	报文路由器
组合	I/O 连接或报文路由器
离散输入组	组合或报文路由器
离散输入点	组合或报文路由器

（2）I/O 数据格式

表 7-5 列出了 16 点离散输入设备支持的 I/O 组合实例，表 7-6 列出了 I/O 组合实例的数据属性。

表 7-5　16 点离散输入设备支持的 I/O 组合实例

编号	类型	名称
1	输入	16 点输入，无状态位

表 7-6　I/O 组合数据属性格式

实例	字节	位 7	位 6	位 5	位 4	位 3	位 2	位 1	位 0
1	0	离散量输入 8	离散量输入 7	离散量输入 6	离散量输入 5	离散量输入 4	离散量输入 3	离散量输入 2	离散量输入 1
	1	离散量输入 16	离散量输入 15	离散量输入 14	离散量输入 13	离散量输入 12	离散量输入 11	离散量输入 10	离散量输入 9

表 7-7 描述了具有 16 点离散输入、无输入状态位的输入组合，通用离散 I/O 设备的 I/O 组合数据属性映射。

表 7-7　I/O 组合数据属性分量映射

数据分量名称	类		实例编号	属性	
	名称	编号		名称	编号
离散输入 1	离散量输入点	08H	1	值	3
离散输入 2	离散量输入点	08H	2	值	3
⋮					
离散输入 16	离散量输入点	08H	16	值	3

（3）设备配置数据和公共接口设计，请参考 7.5.3 节编写的 EDS 文件实例。

产品开发完成后，设计人员可以选定 DeviceNet 规范中已有的设备描述作为自己产品的设备描述，这样就不必为产品定义设备描述。否则，应定义详细说明该产品的设备描述,使用户知道该产品可以替代哪些产品或其他哪些产品可以替代该产品,以保证产品的互操作性和互换性。

7.5　设备配置

DeviceNet 规范中允许通过外部开关和远程配置设备,并允许将配置参数嵌在设备内,具体配置形式如图 7-2 所示。利用这些特性,用户可以根据应用要求选择和修改设备配置方式。通过 DeviceNet 接口可以设定设备配置,并使用配置工具改变设定值。

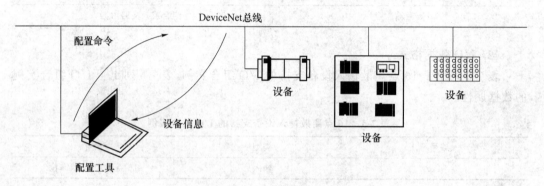

图 7-2　DeviceNet 远程设备配置

7.5.1　设备配置选项

存储和访问设备配置数据的方法有打印的数据文档、电子数据文档(EDS)、参数对象、参数对象存根以及 EDS 和参数对象存根的结合。

1. 通过打印的数据文档支持配置

通过打印的数据文档上获取配置信息时,配置工具只能提供服务、类、实例和属性数据的提示,并将该数据转发给设备。这种类型的配置工具不决定数据的前后联系、内容或数据格式。配置信息和配置工具间的关系如图 7-3 所示。

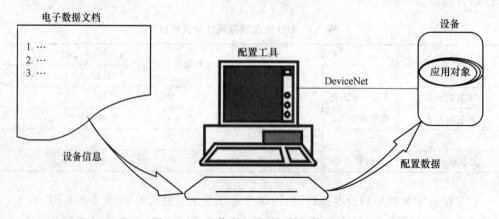

图 7-3　配置信息和配置工具间的关系

2. 使用电子数据文档支持配置

用户可通过电子数据文档，一种特殊格式的 ASCII 码文件对设备提供配置支持。EDS 提供设备配置数据的前后关系、内容及数据格式等信息。EDS 文件中的信息使用户通过必要的步骤配置设备，提供访问和改变设备可配置参数的所有必要信息。这些信息与参数对象类实例所提供的信息相匹配。不能提供计算机可读介质形式 EDS 文件的制造商可以提供打印的 EDS 文件，最终用户可通过文本编辑器建立可供计算机读取的 EDS 文件。

使用支持 EDS 文件的配置工具进行设备配置，如图 7-4 所示。设备中的应用对象表示配置数据的目的地址，并在 EDS 文件中对这些地址进行编码。

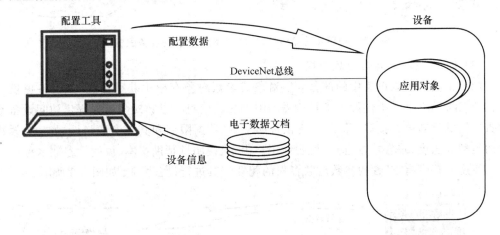

图 7-4 使用支持 EDS 文件的配置工具进行设备配置

3. 利用参数对象和参数对象存根支持配置

设备的公共参数对象是设备中一个可选的数据结构。当设备使用参数对象时，要求每个支持的配置参数对应一个参数对象类实例。每个实例链接到一个可配置参数，该参数可以是设备其他对象的一个属性，修改参数对象的参数值属性将引起属性值中相应的改变。一个完整的参数对象包括设备配置所需的全部信息。部分定义的参数对象称为参数对象存根，它包括设备配置时所需除用户提示、限制测试和引导用户完成配置的说明文本以外的信息。

(1) 利用完整参数对象

参数对象将所有必要的配置信息嵌入设备中。参数对象提供：① 访问设备配置数据值的已知公共接口；② 说明文本；③ 数据限值、缺省、最小和最大值。

当设备包含完整的参数对象时，配置工具可直接从设备导出所有需要的配置信息。使用支持完整参数对象的配置工具的设备配置如图 7-5 所示。

(2) 使用参数对象存根

参数对象存根提供到设备的配置数据值的已建立地址，不需要说明文本的规范、数据限制和其他参数特性。当设备包括参数对象存根时，配置工具可以从 EDS 中得到附加的配置信息或仅提供一个到修改参数的最小限度接口。

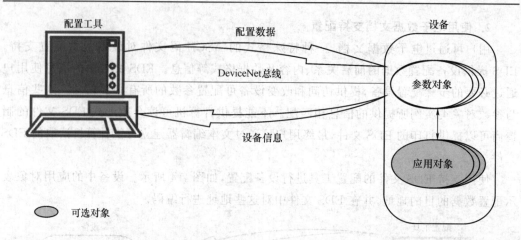

图 7-5　使用支持完整参数对象的配置工具的设备配置

（3）使用 EDS 和参数对象存根

配置工具从嵌入设备中的部分参数对象或参数对象存根中获得信息,该设备提供一个伴随 EDS,该 EDS 提供配置工具所需的附加参数信息。参数对象存根提供访问设备参数数据值的已知公共接口,而 EDS 提供说明文本、数据限制和其他参数特性,如：有效数据的类型和长度、缺省数据选择、说明性用户提示、说明性帮助文本、说明性参数名称。

使用支持带有 EDS 的参数对象存根的配置工具进行设备配置,如图 7-6 所示。

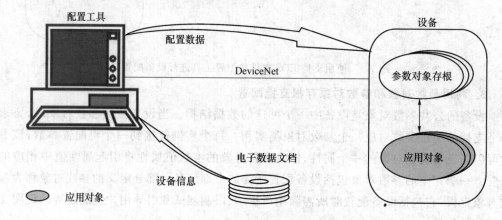

图 7-6　使用支持带有 EDS 的参数对象存根的配置工具进行设备配置

4. 使用配置组合

配置组合实例允许批量加载和下载配置数据。如果使用该方法进行设备配置,必须提供配置数据块的格式和每个可配置属性的地址映射。在规定配置组合的数据属性时,必须按属性块给出的顺序列出数据分量,大于 1 字节的数据分量先列出低字节,小于 1 字节的数据分量在一个字节中右对齐,从位 0 开始。

除规定了设备配置组合数据格式外,还必须将各个配置数据分量映射到相关对象。要求规定每个数据分量的类、实例和属性 ID 与规定组合对象的 Member_List 属性基本相同。配置组合数据属性分量映射的例子如表 7-8 所示。

表 7-8　配置组合数据属性分量映射

数据分量名称	类		实例编号	属性		数据类型
	名称	编号		名称	编号	
输出范围	模拟量输出	0BH	1	输出范围	7	UNIT
⋮						
输入范围	模拟量输入	0AH	1	输入范围	7	BYTE

7.5.2　EDS 电子数据文档

电子数据文档是最常用的设备配置数据源。EDS 允许配置工具自动进行设备配置，EDS 规范为所有 DeviceNet 产品的设备配置和兼容提供一个开放标准。

电子数据文档除了包括该规范定义的设备参数信息外，还可以包括供应商特定的信息。标准的 EDS 通用模块如图 7-7 所示。

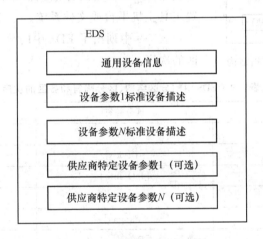

图 7-7　标准的 EDS 通用模块

电子数据文档应按照产品含义编写直至符合 DeviceNet 规范要求。产品数据文档向用户提供确定产品特性所需信息以及对这些特性的可赋值范围。

用户理解制造商编写的数据文档并决定哪些设置必须配置为非默认值，以执行必要的动作，从而将信息从数据文档中导入设备。为执行实际配置，配置工具用 DeviceNet 报文传递来实现设备中的修改。目前，EDS 中文本信息必须采用 ASCII 码字符。EDS 提供两种服务：

（1）说明每个设备的参数，包括它的合法值和缺省值；

（2）向用户提供设备中每个可配置参数的选择。

DeviceNet 配置工具至少具备以下功能：

（1）将 EDS 文件载入配置工具的内存中；

（2）解释 EDS 的内容，判断每个参数的特性；

（3）向用户展示各设备参数的数据记录区或选择清单；

（4）将用户的参数选择载入设备正确的参数地址。

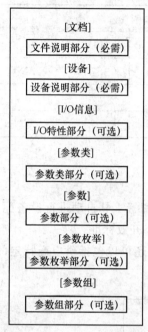

图 7-8 电子数据文档结构

所有的 EDS 开发者必须使其符合这些要求，产品开发者将决定其他所有的执行细节。为 DeviceNet 产品设计的每个 EDS 解释器必须能够读取并解释任何标准的 EDS，向设备用户提供信息和选项，建立配置 DeviceNet 产品的必要信息。

DeviceNet 配置工具从标准 EDS 文件中提取提示信息，并以人工可读的形式向用户提供这些信息。

EDS 解释器必须采集 EDS 所要求的参数选项，建立配置设备所需的 DeviceNet 信息，并包含要求配置的各设备参数的对象地址。

电子数据文档结构如图 7-8 所示。EDS 文件编码要求使用 DeviceNet 的标准文件编码格式，而无须考虑配置工具主机平台或文件系统。

表 7-9 中列出了 EDS 中的分区结构、区分隔符和各区的次序。

表 7-9 EDS 中的分区结构、区分隔符和各区的次序

区名称	区分隔符	位置
文件说明	［File］	1
设备说明	［Device］	2
I/O 特性	［I/O_Info］	×
参数类	［ParamClass］	×
参数	［Params］	×
参数枚举	［Enumpar］	×
参数组	［Group］	×

注：×表示该可选项的位置跟随其所需区。

定义 EDS 文件时遵守以下原则。

（1）区（Section）：EDS 文件必须划分为可选的和必需的两部分。

（2）区分隔符（Section Delimiters）：必须用方括号中的区关键字作为合法的区分隔符来分隔 EDS 的各区。

（3）区顺序（Section Order）：必须将每个所需的区按照要求的顺序放置，允许完全省略或用空数据占位符填充可选部分。

（4）入口（Entry）：EDS 的每个区包括一个或多个入口，通过入口关键字选择，后面跟有一个符号。入口关键字的含义取决于该部分的上下文。用分号表示入口结束，入口可以跨越多行。

（5）入口域（Entry Field）：每个入口包括一个或多个域。用逗号分隔符分隔各域,其含义取决于区中上下文。

（6）供货商特定的关键字（Vendor-specific Keyword）：区和入口关键字可由供货商特定。供货商 ID 应以十进制显示,且不应包含引导 0。各供应商提供了特定关键字的文字说明。

7.5.3　编写 EDS 文件

以 EDS 文件的形式提供设备配置参数,其内容包括制造商和产品名称、硬件和软件的版本、波特率、总线插头、设备的各项参数等。

（1）文件说明部分包含了 EDS 文件的管理信息。配置工具读取该信息,对其进行格式化后显示出来。用户可以利用文本文件浏览器访问这部分并显示未格式化的信息,具体如表 7-10 所示。

表 7-10　EDS 文件说明部分

条目名称	条目关键字	区数量	数据类型	必须/可选
文件说明文本	DescText	1	ASCII 字符数组	必须
文件创建日期	CreatDate	1	DATE	必须
文件创建时间	CreatTime	1	TIME_OF_DAY	必须
最后一次修改日期	ModDate	1	DATE	有条件
最后一次修改时间	ModTime	1	TIME_OF_DAY	有条件
EDS 版本	Revision	1	REVISION	必须

（2）设备说明部分包含了设备制造商信息,设备标识对象中的某些相同值。设备说明部分的条目如表 7-11 所示。

表 7-11　设备说明部分

条目名称	条目关键字	区号	数据类型	必须/可选
供应商 ID	VendCode	1	UINT	必须
供应商名称	VendName	1	ASCII 字符数组	必须
设备类型	ProdType	1	UINT	必须
设备类型字符串	ProdTypeStr	1	ASCII 字符数组	必须
产品代码	ProdCode	1	UINT	必须
主版本	MajRev	1	USINT	必须
次版本	MinRev	1	USINT	必须
产品名称	ProdName	1	ASCII 字符数组	必须
目录编号	Catalog	1	ASCII 字符数组	可选

（3）I/O 特性部分包含了设备 I/O 特性的相关情况，如表 7-12 所示。

表 7-12 ［IO_Info］部分的条目

条目名称	条目关键字	必须/可选
缺省 I/O 报文	Default	必须
轮询报文	PullInfo	可选
选通报文	StrobeInfo	可选
多点轮询报文	MulticastPollInfo	可选
状态改变报文	COSInfo	可选
周期报文	CyclicInfo	可选
设备的生产连接	Input	可选
设备的消费连接	Output	可选

① I/O 触发类型：轮询、位-选通、状态改变和循环。

② I/O 报文长度：字节数。

③ 预定义的 I/O 连接路径。

（4）参数类部分标识了 EDS 文件中配置参数的分类级属性和参数对象类属性的子集。参数类部分预定义格式和各区范围如表 7-13 所示。

表 7-13 参数类部分中预定义格式和各区范围

条目名称	条目关键字	区编号	数据类型	必须/可选
最大实例	MaxInst	1	UINT	必须
参数类说明符	Descriptor	1	WORD	必须
配置组合实例	CfgAssemly	1	UINT	必须

（5）参数部分标识设备的全部配置参数。设备中所有要实施的配置取决于这些参数。所有参数的条目关键字由字符数组"Param"和设备的参数对象实例编号（十进制）相结合组成，例如"Param1"。如果节点中存在参数对象实例且在 EDS 中也说明了该参数，"Param N"中的值"N"应等同于参数对象实例。

（6）参数组部分标识设备中全部参数组。每个参数组包含一个组中参数对象实例列表。每组的条目关键字由字符数组"Group"和设备中参数组实例编号（十进制）相结合组成，例如"Group1"。十进制编号必须从 1 开始，并以步长 1 递增。各条目的区包括组名称、组中成员数、组中参数对象的实例编号。逗号分隔所有分区，分号表明条目结束。参数组部分内容如表 7-14 所示。

表 7-14 参数组部分内容

区名称	区编号	数据类型	必须/可选
组名称字符串	1	ASCII 字符数组	必须
成员数	2	UNIT	必须
参数	3 至（成员数＋2）	UNIT	必须

（7）组合部分说明了数据块的结构，此块通常为组合对象的数据属性。该部分可以
描述任何复杂结构，该数据块的描述与组合对象用来说明其成员表的机制相同。条目关
键字"Revision"应为 16 位整数，该值应是设备内组合对象的修正（类属性 1）。如果可选
条目不存在，则该组合对象的修正应为 2。所有对象的条目关键字应由特性数组、
"Assem"及设备的组合对象实例数（十进制）结合组成，例如"Assem1"。如果组合对象的
特定实例可从链接中寻址，则将 EDS 文件的 Assem 编号和设备的组合实例编号一一对
应。各区间用逗号分隔，并用分号表示条目结束。如果未提供可选区，两个逗号间可为空
格键或空白。每个条目应包含表 7-15 中所列的格式化区。

表 7-15　每个条目应包含的格式化区

域　名	区编号	数据类型	必须/可选
名称	1	Eds_Char_Array	可选
路径	2	Eds_Char_Array	可选
长度	3	UNIT	必须
描述符	4	WORD	可选
预留	5,6	Empty	
成员长度	7,9,11,…	UNIT	有条件
成员参考	8,10,12,…	AssemN,ParamN,Number or EPATH	有条件

下面为一个完整的电子数据文档示例。

```
$ Complete Electronic Data Sheet Example
[File]                                $ 文件说明部分
  DescText = "16 Discrete I/O";
  CreateDate = 04-03-06;             $ 文件创建日期
  CreateTime = 17:51:44;
  ModDate = 04-06-94;
  Revision = 2.1;                    $ EDS 文件版本
[Device]                             $ 设备说明部分
  VendCode = 65535;
  VendName = "Allen-Bradley, Inc";
  ProdType = 0;
  ProdTypeStr = "Generic";
  ProdCode = 10;
  MajRev = 1;
  MinRev = 1;
  ProdName = "16 Discrete I/O";


[IO_Info]                            $ I/O 特性部分
```

```
   Default = 0x0001;                      $ 缺省的 I/O 信息,此例为轮询
   PollInfo =
   0x0001                                 $ 仅用于轮询
   1,
   1;


 $ - Input Connections -
 Input1 =
   2,                                     $ 数据的字节长度为 2 个字节
   0,                                     $ 有效位数,0 表示全部有效
   0x0001,                                $ 仅轮询连接
    "InputData"
    4,
    "20 0E 24 01",                        $ 连接路径


 $ - Output Connections -
 Output1 =
     0,
     0,
     0x0001,                              $ 仅有轮询连接
 [ParamClass]                             $ 参数类部分
    MaxInst = 3;                          $ 最大实例数为
    Descriptor = 0x0E;                    $ 参数类说明符
    CfgAssembly = 3;                      $ 配置组合实例
 [Params]                                 $ 参数部分
    Param 1 = 0,1,"20 02",0x0E94,1,1,"Preset","V","User Manual p33"
    0,5,1,1,1,1,0,0,0,0,0,2;
    Param2 =
       0,                                 $ 参数实例
       1,"20 04",
       0x0A94,                            $ 参数说明符
       1,                                 $ 数据类型
       2,                                 $ 数据尺寸
 [EnumPar]                                $ 参数枚举字符串部分
    Param2 =
        "1 ms input delay",
        "10 ms input delay",
```

```
             ˝25ms input delay˝；
［Groups］                                           $ 参数组
       Group1 = ˝Setup˝,2,1,2；                      $ 参数组 1
       Group2 = ˝Monitor˝,2,2,3；                    $ 参数组 2
       Group3 = ˝Maintenance˝,2,1,3；                $ 参数组 3
```

7.6　一致性测试

　　DeviceNet 是一个由多制造商支持的开放式设备层现场总线。为了保证种类繁多的产品互换性和互操作性,ODVA 要求产品在投放市场之前必须通过一致性测试(Conformance Test)。ODVA 通过其会员的志愿努力,已经开发出一致性测试软件,以满足产品开发商的有关需求。用户可在产品开发过程中使用 ODVA 提供的一致性测试软件进行试验,所开发产品通过预测试后,再送交 ODVA 独立测试实验室进行第三方认证测试。除了基于 PC 的一致性测试软件外,各实验室还利用多供货商产品测试平台进行物理层测试。ODVA 在美国密歇根州 ODVA 技术培训中心、日本先进软件技术研究所(ASTEM RI)和德国的马格德堡 Otto-von-Guericke 大学设有 3 个独立的一致性测试实验室,中国上海电器设备检测所(STIEE)正在筹建中。ODVA 允许制造商在其产品通过独立实验室全部测试项目后,产品标识为 DeviceNet 一致性测试服务标志,如图 7-9 所示。

图 7-9　DeviceNet 一致性测试服务标志

　　一致性测试包括通信协议、物理层和互操作性的测试。

　　(1) 物理层测试属于电气特性方面的测试,检查在收发报文过程中是否出现了通信上的异常,比如延迟、反向、衰减、供电等。

　　进行物理层测试时,被检测设备与测试工具间是一对一的连接,测试项目包括:连接器的尺寸和电气特性;电源特性,如电压、电流和纹波;信号特性,如 CANH、CANL、差分电压;误接线保护等。

　　(2) 通信协议一致性测试是测试 DeviceNet 节点软件,通过一致性测试软件验证被检测设备中软件是否符合规范、是否能够作出正确的响应。

　　在进行通信协议一致性测试时,被检测设备与测试工具之间是一对一连接,通过软件发出请求并检查响应报文。如果无论请求正确与否,被检测设备安装的软件都做出了正确的响应,则该被测设备通过了通信协议一致性测试。

　　(3) 互操作性测试为了检验产品设备描述的正确性以及设备间的互换性,用于和同总线上其他设备之间互换的测试。

测试项目包括上电顺序、I/O 连接、电源开关、通信连接器的拆装、负载实验等。由于 DeviceNet 的最大节点数为 64 个,测试时要求主站、工具和负载从站以及实验对象从站标准产品的总数达到 64 个。

ODVA 是官方的 DeviceNet 产品测试机构,主要测试协议和物理层的兼容性,测试只有通过和未通过 2 种结果。另外,ODVA 并不强迫产品测试,只是建议用户将其产品进行一致性测试。用户可以先使用工具软件在开发阶段进行自我测试,然后再进行一致性测试。

7.7　基于 DeviceNet 总线的控制系统设计

现场总线控制系统设计作为自动控制系统工程设计的一部分,在工程设计的各个步骤如设计任务书、初步设计、详细设计、现场安装调试和资料归档中都会涉及到,主要包括 3 部分:硬件设计、软件设计和系统测试。

7.7.1　硬件设计

DeviceNet 总线硬件设计属于自动控制系统工程设计中详细设计部分,前提是已完成设计任务书(包括工艺、环境和性能要求)和初步设计(包括系统方案、结构设计,主要设备和装置的选型以及性价比评价)。DeviceNet 硬件设计必须遵从 IEC 标准和 DeviceNet 规范,其主要步骤如下。

(1) 使用通过 ODVA 一致性测试并认证的产品,如图 7-10 所示。在 ODVA 网站上列出了通过 DeviceNet 一致性测试的供货商及其产品,可通过访问 www. ODVA. org 查看。

Products Passed by Category			
Categories Listed in Alphabetical Order			
Actuators (Electric)	Actuators (Pneumatic)	Actuators (Pneumatic Values)	Bar Code, RFID
Commnications	Commnications (Bridges & Gateways)	Commnications (Other)	Commnications (PC Interfaces)
Commnications (PLC Scanners)	Controllers (PC Based Software)	Controllers (Hardware)	Developer's Tools

图 7-10　通过一致性测试的产品

（2）根据设计任务书和初步设计中所选的控制器类型，选择 DeviceNet 总线主站设备扫描器的类型和数量，并保证其可用内存容量满足 DeviceNet 从站设备总的数据量需求。

（3）根据工艺流程要求计算所需数字量和模拟量输入/输出点数，选择输入/输出模块类型，需考虑以下因素。

① 多个输入/输出模块必须通过一个 I/O 通信适配器接入 DeviceNet 总线。每个 I/O 通信适配器占用一个节点地址。DeviceNet 上最多容纳 64 个节点（0～63）。实际上，DeviceNet 节点一般限制在 61 个，用户必须为扫描器、计算机接口设备和开放节点各预留一个节点。

② 根据环境因素选择何种防护等级的 I/O 模块。如果应用于环境比较苛刻的现场，多采用密封式 I/O 模块（如 FLEXArmor 或 MaXum 模块），如果应用于环境比较好的控制柜中，可采用开放式 I/O 模块。

③ 确定是否选择带有 DeviceLogix/EE 功能的 I/O 模块。DeviceLogix 是一种将可编程逻辑控制分布到现场 I/O 模块的技术，可保证现场 I/O 具有快速执行能力。

④ 列出每个 I/O 节点所需数据列表，该表将在系统配置及编程时使用。

（4）为用于软件设计的台式机或笔记本预留一个 DeviceNet 接口。

（5）根据系统要求确定传输距离和通信速率，并选择最适用本系统的物理层媒介，需考虑如下因素：

① 规划 DeviceNet 为主干/分支的总线形拓扑结构；

② 根据应用场合选择 Class 1 或 Class 2 类型的电缆；

③ 根据环境要求选择密封或开放式传输介质和接口设备；

④ 根据电缆类型选择合适的分接头、连接器和固定部件；

⑤ 在电缆类型和通信速率确定的前提下，保证主干线长度未超出 DeviceNet 物理层规范规定的限值；

⑥ 在电缆类型和通信速率确定的前提下，确定 DeviceNet 分支线累计长度未超过 DeviceNet 物理层规范规定的限值；

⑦ 确定所有 DeviceNet 单条分支线长度小于 6 m；

⑧ 根据主干电缆类型，为其两端选择对应的 121 Ω 的终端电阻，工程人员可使用电压表测量得到电缆阻值加 60 Ω；

⑨ 将 DeviceNet 在电源分接头处一点接地，防止出现接地回路，且尽可能在总线的物理中心位置。

（6）参考 DeviceNet 规范选择 DeviceNet 24 VDC 电源类型、数量以及安装位置，确定总线上设备电流总和不会超出该电源所提供的电流限值。如图 7-11 所示，工程人员可使用软件（如罗克韦尔自动化的 IAB）预校验供电是否满足要求。

（7）设置节点地址和波特率。DeviceNet 上所有节点地址不能重复，波特率必须相同。大多数节点支持软硬件设置地址和波特率，且硬件设置地址优先于软件。如果需使用自动设备替换（ADR）功能，则必须配置为软件设定节点地址和波特率。

（8）按照布线与安装规则构建 DeviceNet，并在上电前使用复核表（Checklist）检查上述各项需考虑因素无误。

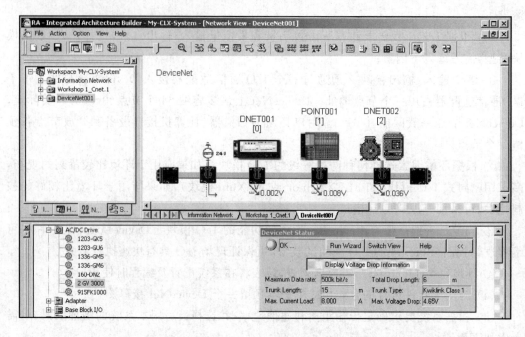

图 7-11　IAB 软件配置

7.7.2　软件设计

DeviceNet 上电后，需进行 DeviceNet 软件设计，主要步骤如下。

（1）将已安装配置软件、编程软件的计算机接入 DeviceNet。

（2）使用 DeviceNet 配置软件（如罗克韦尔自动化的 DeviceNet Manager 或 RSNetworx for DeviceNet）配置设备（无硬件配置）的节点地址和波特率。

（3）使用 DeviceNet 配置软件为一些设备配置参数，如模拟量输入模块需设置输入信号类型为电压或电流型。

（4）使用配置软件进行 DeviceNet 上从站的 I/O 配置。设定各从站所需输入/输出数据量、I/O 连接方式（轮询、位-选通、循环和状态改变）参考表 7-1。

（5）通过配置软件配置主站设备的扫描列表（Scanlist）。必须将处理器通过扫描器控制的输入/输出设备添加到扫描列表中。

（6）使用 PLC 编程软件（如 RSLogix 5000）编写特定的梯形图代码。最主要是将扫描器的运行位（Run Bit）编程置位。

（7）将处理器设置为运行模式以激活输出。

7.7.3　系统测试

基于 DeviceNet 总线的系统测试是指工程人员使用取得 ODVA 认证的 DeviceNet

产品,构建基于 DeviceNet 总线的自动控制系统后,从用户应用的角度,对所关心的应用性能指标进行测试。它以现场总线固有技术为对象,而不以产品固有技术为对象,面向现场总线实用技术,对用户实际使用现场总线时出现的问题进行测试评价。下面所提出的测试内容并不是技术规范,只是在 DeviceNet 现场总线系统的应用初期,从用户关心性能的角度提出的。

1. 测试内容

(1)测试相同功能现场设备的互操作性、互换性。检查不同厂家要相互替换的现场设备的基本控制功能、控制特性以及自诊断功能、安全保护信息等。

(2)测试通信负荷。检查 DeviceNet 上设备数量、通信速率、网络参数变化对通信负荷的影响,以及报警、故障等事件的反应速度。

(3)在设备消耗电流、通信波形、控制周期、电缆种类、长度等不同的环境下,测试对总线上节点数、主干线/分支线的长度限制。

(4)测试软、硬件的在线可维护性,在线维护时对输出保持功能和与其他设备的通信影响。确认添加、移除或更换节点对 DeviceNet 的影响,特别是自动设备替换功能,以便采取相应的处理方法。

(5)测试传感器出现故障时调节器和执行器的动作,确认故障状况及其相应处理方法。

(6)控制功能位于不同位置时,评价控制器在不同位置的差异。

(7)测试改变主站对从站的 I/O 连接方式,如轮询、位-选通、循环或状态改变对DeviceNet性能的影响。

(8)测试使用后台轮询(Background Polling)、改变 ISD(InterScan Delay)参数值对DeviceNet 性能的影响。

(9)DeviceNet 通信负荷设计值与实际值的比较。设计通信量的最大值和实际值的差异。

(10)确认在线或离线实行 DeviceNet 配置、调试所需要的时间。

(11)确认瞬间停电(约 1 s)的动作。瞬间停电后,从启动系统到恢复正常的时间间隔。

(12)切除或投入总线电源或外部供电电源,测试设备的动作。

(13)测试 DeviceNet 上设备的工作电压范围。如果供电电压超出范围,通信是否发生异常。

(14)测试停电后的重配置功能及所需时间。由于停电后装置的启动都非常紧急,作为设备启动的一部分,需要简便、快速地再配置。

(15)当设备出现通信故障、CPU 故障、电缆断线、短路、接地故障、DeviceNet 设备故障、变送器故障、电源断电故障时,故障检测功能和系统各部分的动作情况。

(16)测试电缆断线、短路,半断线、半短路时 DeviceNet 通信可维持的范围以及通信模块的动作。故障时希望系统能够转移到安全状态继续运行。

(17)如果控制器、DeviceNet 通信或传感器出现故障时,能够将控制输出设置为预设值,或使安全保护装置动作。

（18）故障设备的确定、移除以及恢复处理。确认故障设备移除、远程诊断的可能性。

（19）抗噪声干扰性的评测。确认噪声电平、噪声频率对系统动作的影响程度,以确保 DeviceNet 数据传送的安全性。

2. DeviceNet 常用检测工具

检测 DeviceNet 最常用工具是网络分析仪。网络分析仪本身是为 DeviceNet 特殊设计的设备,可以检测丢包、错包,并具有一定的诊断能力,指出故障位置和原因。

示波器经常用于观察信号质量,也是有用的测试工具之一。示波器必须特殊供电或采用电池供电,以防止在一侧通过电极而接地。要使用至少有 1 MΩ 输入电阻和小于1 000 pF输入电容的电极。

常见的万用表对于检查连接十分有用。欧姆测量方式能判断总线是否被短路或者是否一侧接地。注意在测量前,应该在已供电的现场总线上断开电源。直流电压表也可用于检查 DeviceNet 上的电压,直流电压表的输入电容应小于 1 000 pF。

7.7.4　DeviceNet 配置实例

本系统实现基于 DeviceNet 的 CompactLogix 处理器控制 PowerFlex40 变频器,采用扁平电缆为传输介质,系统结构如图 7-12 所示。

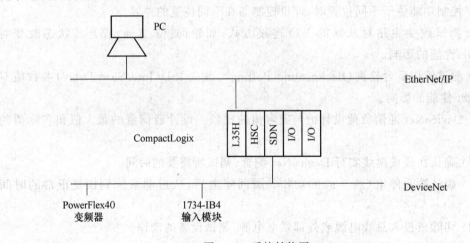

图 7-12　系统结构图

硬件设备主要包括 CompactLogix 控制器、DeviceNet 扫描器 1769-SDN、带有DeviceNet通信适配卡的 PowerFlex40 变频器、计算机。其中,用于编程和配置的计算机接入 EtherNet/IP,并通过带有网关功能的 CompactLogix 控制器路由到 DeviceNet。

软件主要有通信和配置软件 RSLinx、PLC 编程软件 RSLogix5000 和 DeviceNet 配置软件 RSNetWorx for DeviceNet。

配置过程如下。

（1）将带有 22-COMM-D 适配器的 PowerFlex40 变频器上电,通过操作面板对其参数进行设置。在此,为实现远程控制,将 Start Source（启动源）设为 Comm Port（通信端口给定)；将 Speed Reference(速度给定值)设为 Comm Port(通信端口给定)。

（2）启动 RSLinx 软件，查找到 DeviceNet，扫描 DeviceNet 上所有设备，如图 7-13 所示。

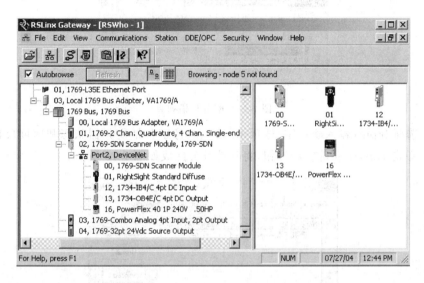

图 7-13　DeviceNet 设备列表

（3）启动 RSNetWorx for DeviceNet 配置软件，选择 DeviceNet 后点击 Online（上线），画面上出现上图所有设备。然后，双击 1769-SDN 设备网扫描器模块，配置其属性。单击 Module（模块）选项卡，将 Platform（平台）改为 CompactLogix，Slot（槽号）为 2，如图 7-14 所示。

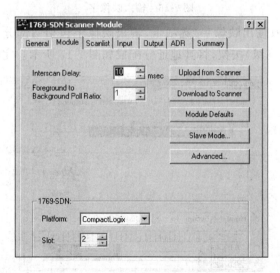

图 7-14　配置扫描器模块

（4）选择 Scanlist（扫描列表）选项卡，将 PowerFlex 40 放入右侧的 Scanlist（扫描列表）中，如图 7-15 所示。

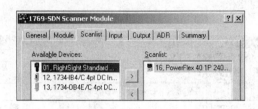

图 7-15　配置扫描列表

（5）选择 Input（输入映像字）选项卡，输入映像字包括变频器状态和速度反馈，各占一个字。单击 Advanced（高级）按钮，将其地址分配成如图 7-16 所示。

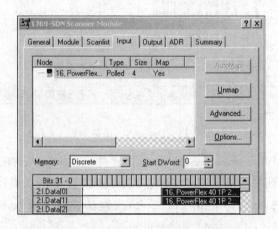

图 7-16　输入映像字

（6）选择 Output（输出映像字）选项卡，输出映像字包括两部分：控制字和给定频率字。单击 Advanced（高级）按钮，将其地址分配成如图 7-17 所示。完成后，单击 OK。

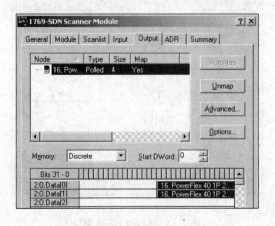

图 7-17　输出映像字

（7）如图 7-18 所示，打开 RSLogix5000 软件，创建一个 CompactLogix 的项目，然后，在 I/O 配置文件夹下添加一个设备网扫描器模块 1769-SDN。

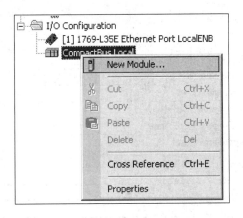

图 7-18　添加扫描器模块

（8）在新模块列表中选择 1769-SDN/B，并配置其属性如图 7-19 所示，单击 Finish（完成）。

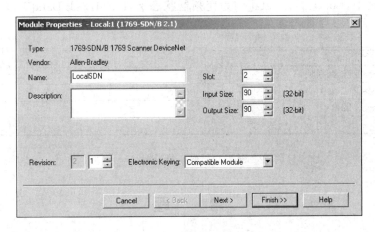

图 7-19　配置 1769-SDN 模块属性

（9）单击 Controller 文件夹，双击 Controller Scope Tag，查找自动生成的 1769-SDN 数据结构体。将控制器改为运行模式，将 CommandRegister. Run 位置 1，SDN 处于图 7-20所示的运行模式。

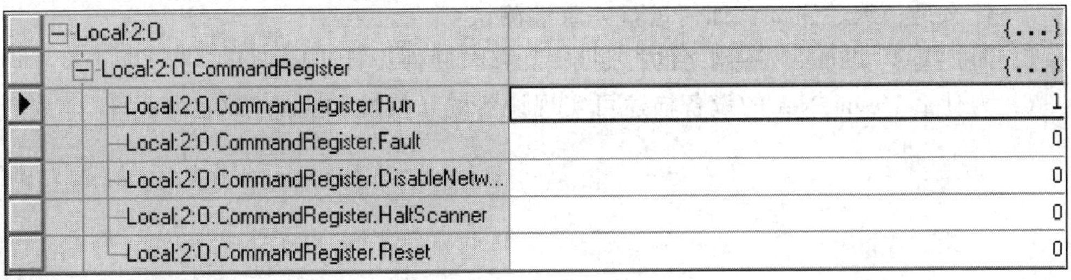

⊟ Local:2:O		{...}
⊟ Local:2:O.CommandRegister		{...}
►	Local:2:O.CommandRegister.Run	1
	Local:2:O.CommandRegister.Fault	0
	Local:2:O.CommandRegister.DisableNetw...	0
	Local:2:O.CommandRegister.HaltScanner	0
	Local:2:O.CommandRegister.Reset	0

图 7-20　SDN 运行位置 1

（10）此时，SDN 模块处于运行模式。接下来，如图 7-21 所示，将 Local:2:O.Data[0]的值设为 2，启动变频器，并将 Local:2:O.Data[1]设为 500，给定频率为 50 Hz。此时，电机应已开始运行。

⊟-Local:2:O	{...}
⊟-Local:2:O.CommandRegister	{...}
──Local:2:O.CommandRegister.Run	1
──Local:2:O.CommandRegister.Fault	0
──Local:2:O.CommandRegister.DisableNetw...	0
──Local:2:O.CommandRegister.HaltScanner	0
──Local:2:O.CommandRegister.Reset	0
⊟-Local:2:O.Data	{...}
⊞-Local:2:O.Data[0]	2
⊞-Local:2:O.Data[1]	500
⊞-Local:2:O.Data[2]	0

图 7-21　启动变频器

（11）电机运行后，如图 7-22 所示，可在 SDN 的输入映像字区域 Local:2:I.Data 读出反馈字。其中，Local:2:I.Data[0]为变频器状态字，Local:2:I.Data[1]为变频器当前频率。

⊟-Local:2:I.Data	{...}
⊞-Local:2:I.Data[0]	1807
⊞-Local:2:I.Data[1]	500
⊞-Local:2:I.Data[2]	0
⊞-Local:2:I.Data[3]	0

图 7-22　变频器反馈字

习　题

1. 开发 DeviceNet 节点一般主要有哪些步骤？

2. 在硬件设计过程中，DeviceNet 主要对 CAN 的哪些部分进行修改？如何选择适合 DeviceNet 规范的 CAN 控制器？

3. DeviceNet 规范中规定存储和访问设备配置数据的方法有哪些？

4. 什么是一致性测试？如何进行一致性测试？

5. 简述基于 DeviceNet 网络的控制系统的软、硬件设计步骤。

6. 为什么 DeviceNet 的设备描述可实现设备的互换性和互操作性？

第 8 章　ControlNet 现场总线

ControlNet 是一种高速工业现场总线，具有开放性、实时性、确定性和可重复性的特点。在同一电缆上支持 I/O 报文和显式报文（包括程序、组态、诊断等信息），集中体现在 ControlNet 对控制（Control）、组态（Configuration）、采集（Collect）等功能的完全支持。近年来，ControlNet 广泛应用于交通运输、汽车制造、冶金、矿山、电力、食品、造纸、石油化工、娱乐和很多其他领域的工厂自动化和过程自动化。世界上许多知名公司包括巴斯夫公司、柯达公司、现代集团公司以及美国宇航局等政府机关都是 ControlNet 的用户。

8.1　ControlNet 技术特点

ControlNet 是由北美地区工业自动化领域中市场占有率稳居首位的罗克韦尔自动化公司于 1995 年推出的一种工业现场总线。为了促进 ControlNet 技术的发展、推广与应用，1997 年 7 月由罗克韦尔自动化等 22 家公司联合发起成立了 ControlNet 国际（CI，ControlNet International）。同时，罗克韦尔自动化将 ControlNet 技术转让给 ControlNet 国际组织。

ControlNet 国际是一个为用户和供货商服务的非盈利性的独立组织，负责管理并发展 ControlNet 技术规范，并通过开发测试软件提供产品的一致性测试、出版 ControlNet 产品目录、进行 ControlNet 技术培训，促进世界范围内 ControlNet 技术的推广和应用。因而，ControlNet 是开放的现场总线。ControlNet 国际在全世界范围内拥有包括 Rockwell Automation、ABB、Honeywell、Toshiba 等在内的众多著名公司。

ControlNet 国际的成员可以加入 ControlNet 特别兴趣小组（SIG）。ControlNet 特别兴趣小组由两个或多个对某类产品有共同兴趣的供货商组成，任务是开发设备描述，目的是让加入 ControlNet 的所有成员对 ControlNet 某类产品的基本标准达成一致意见，以保证不同厂商产品的互换性和互操作性。SIG 开发的成果经过同行审查再提交给 ControlNet 国际的技术审查委员会，经过批准，其设备描述将成为 ControlNet 技术规范的一部分。

2000 年 1 月、2002 年 2 月 ControlNet 分别成为国际标准 IEC 61158 第 2 版、第 3 版的类型 2（Type 2）。

ControlNet 的主要技术特点可归纳如下。

（1）在同一链路支持控制、配置、编程和数据采集等多种功能。

（2）支持总线型、星型、树型、环型以及混合拓扑结构。

（3）通信速度恒定为 5 Mbit/s，不随传输距离变化而变化。

（4）同轴电缆单网段距离最远为 1 000 m，光纤单网段距离最远为 20 km。

（5）串行最大支持 5 个中继器，连接 6 个网段。并行最大支持 48 个中继器，连接 48 个网段。

（6）AC&DC 高压型和 DC 低压型中继器。

（7）设备采用外部供电。

（8）生产者/消费者网络模型。

（9）标准 BNC 连接器。

（10）物理层介质分为 RG6 同轴电缆、光纤。

（11）ControlNet 总线上 99 个最大可编址节点，不带中继器的网段最多可连接 48 个节点。

（12）带中继器同轴电缆通信距离最远为 5 000 m，光纤最远为 20 km。

（13）应用层采用面向对象设计方法，包括设备对象模型，类/实例/属性，设备行规（Profile）。

（14）I/O 数据触发方式包括轮询（Poll）、周期性发送（Cyclic）/状态改变发送（Change of State）。

（15）网络刷新时间为 2～100 ms。

（16）数据分组大小为 0～510 字节。

ControlNet 是一种最现代化的开放式现场总线，是当今世界上各种工业控制层网络中性能最可靠的，其突出的优点是：

（1）高速（5 Mbit/s）的控制和 I/O 总线，增强的 I/O 性能和点对点的通信能力，多主机支持，同时支持编程和 I/O 通信，可以从任何一个节点甚至适配器访问整个系统。

（2）柔性的安装选择。可使用多种标准的廉价电缆，可选介质冗余，每个子网最多可支持 99 个节点，并且可放在主干网的任何地方。

（3）先进的网络模型。I/O 信息传送具有很强的确定性和可重复性，介质访问算法确保传送时间的准确性，生产者/消费者模型最大限度优化了带宽的利用率，支持多主、主从和点对点对等通信。

（4）支持通过软件进行设备组态和编程，并且使用同一总线。

8.2　ControlNet 通信参考模型

在 ControlNet 规范中，其通信参考模型与 OSI 参考模型的对应关系如图 8-1 所示。ControlNet 没有 OSI 参考模型中的会话层，对象模型相当于应用层，数据管理相当于表示层，报文路由传输与连接管理相当于传输层和网络层。

与其他网络比较而言，ControlNet 的实时性、确定性和可重复性通过多方面来保证：应用层使用 CIP 协议，而 CIP 对不同类型的报文采用不同的传输方法，并且 CIP 支持多播；数据链路层的 MAC 子层采用 CTDMA 协议；通信速率相对较高且保持恒定，传输相同的数据花费的时间相对较少，或者可以在单位时间内传输相对较多的数据。

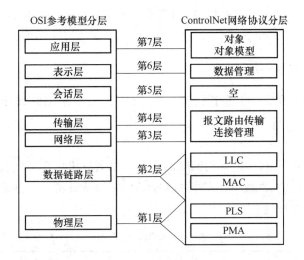

图 8-1　ControlNet 通信参考模型与 OSI 参考模型对应关系

8.3　物理层和传输介质

8.3.1　物理层

ControlNet 规范把物理层分为 3 个子层,即物理层信号(PLS)子层、物理介质连接(PMA)子层和传输介质子层。

PLS 子层定义了与信号相关的内容,包括通信速率、信号编码等。如图 8-2 所示,ControlNet 通信速率恒为 5 Mbit/s。数字信号编码采用曼彻斯特编码。每位的中间有一个跳变,位中间的跳变既可作时钟信号,又可作数据信号,从高到低跳变表示"1",从低到高跳变表示"0"。

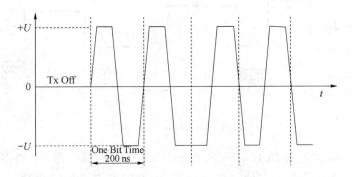

图 8-2　ControlNet 曼彻斯特编码

PMA 子层包含总线上信号的发送与接收的电路要求,包括收发器、连接器和变压器等。传输介质子层定义的是与传输介质有关的内容,包括线缆、网络拓扑结构、分接器等。

除了 3 个子层以外，ControlNet 规范在物理层部分还定义了 3 个子层的接口：数据链路层的 MAC 子层与 PLS 子层的接口、PLS 子层与 PMA 子层的接口、PMA 子层与传输介质子层的接口。

8.3.2　传输介质

ControlNet 传输介质主要包括同轴电缆、光纤以及用于临时连接的屏蔽双绞线，并且支持介质冗余，以保证传输的可靠性。

1. 同轴电缆

同轴电缆是 ControlNet 最常用的传输介质。根据应用场合可以选择各类 RG-6 同轴电缆，如水埋、高度弯曲、本质安全等，并通过了相应的认证测试。如表 8-1 所示，同轴电缆的缺点是接线与双绞线相比更为复杂，必须制作 BNC 或 TNC 接头。

表 8-1　同轴电缆类型

应用场合	使用线缆类型
轻工业应用	标准-PVC CM-CL2
重工业应用	有铠装和连锁保护的电缆
高温或低温环境下应用，以及在腐蚀环境中（恶劣的化学条件）应用	Plenum-FEP CMP-CL2P
需要曲折或绕曲的应用；需要抵抗潮湿环境的应用	High Flex 柔性 RG-6 电缆
直接埋地，同水接触，抵抗霉变	Flood Burial

如图 8-3 所示，在无中继器的情况下，以同轴电缆为传输介质的 ControlNet 可构成无源的主干/分支式总线型拓扑结构。使用同轴电缆中继器情况下，ControlNet 可配置成各种物理拓扑结构，如总线型、树型、星型或者它们之间的任意混合形式。

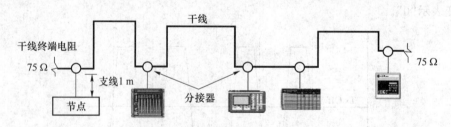

图 8-3　ControlNet 拓扑结构

典型的基于同轴电缆的 ControlNet 由干线电缆、终端电阻、分接器、支线电缆和 ControlNet 设备等组成。为了防止信号反射，网段的两个终端要安装 75 Ω 终端电阻。ControlNet 设备（包括中继器）通过支线电缆连接到干线电缆分接器上。

基于同轴电缆的 ControlNet 网段距离的计算方法是：分接器个数为 2 时，网段允许最远距离为 1 000 m；分接器个数为 48 时，网段允许最远距离为 250 m；也就是网段上每增加一个节点,所允许的最远距离减少 16.3 m。中继器虽然不占用节点地址,但与普通节点一样,也会使网段所允许最大长度减少 16.3 m。如果节点数或网段长度超出了限值,可以通过同轴电缆中继器扩展,从而构成多网段网络。

另外,基于同轴电缆的 ControlNet 是一个与地隔离的网络,应保证不会意外接地。

如图 8-4 所示,基于同轴电缆的 ControlNet 设备的 PMA 组成部件包括收发器、变压器和连接器。收发器负责发送和接收物理信号,图中 X 表示发送,R 表示接收。变压器用于收发器和同轴电缆之间的隔离。连接器用于设备和同轴电缆相连接。ControlNet 所选用的连接器为满足 IP65 密封要求的 BNC 连接器,或者满足 IP67 密封要求的 TNC 连接器。

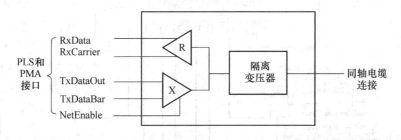

图 8-4　ControlNet PMA 组成部件

基于同轴电缆的 ControlNet 设备 PLS 和 PMA 接口使用了 5 个信号,接口定义见表 8-2。

表 8-2　PLS 和 PMA 接口定义

TxDataOut	TxDataBar	NetEnable	RxData	RxCarrier	物理电平
X	X	0	未定义	0	无传输
0	0	1	未定义	0	无传输
1	0	1	1	1	高电平
0	1	1	0	0	低电平
1	1	1	-	-	不允许

2. 光纤

ControlNet 光纤介质系统由光缆、节点、连接器、中继适配器、光纤中继模块和电源组成。ControlNet 支持的光纤有 3 种类型:短距离光纤传输距离为 300 m,中等距离光纤传输距离为 7 km,长距离光纤传输距离为 20 km。

如图 8-5、图 8-6、图 8-7 所示,ControlNet 光纤介质系统支持星型、环型、总线型拓扑结构。

3. 屏蔽双绞线

如图 8-8 所示,ControlNet 仅在两个网络访问端口(NAP,Network Access Port)间点对点连接时采用 8 芯屏蔽双绞线 STP,即 NAP 电缆。通过网络访问端口可建立系统配置、诊断或控制器编程时所需要的临时连接。通过网络上任一节点的网络访问端口，都能够访问整个 ControlNet 网络，而非仅仅是某一个设备。两个 NAP 之间最远距离为 10 m。

在图 8-8 所示网络中，与 ControlNet 干线电缆直接连接的节点称为永久节点，通过永久节点的网络访问端口与 ControlNet 相连的节点称为临时节点。

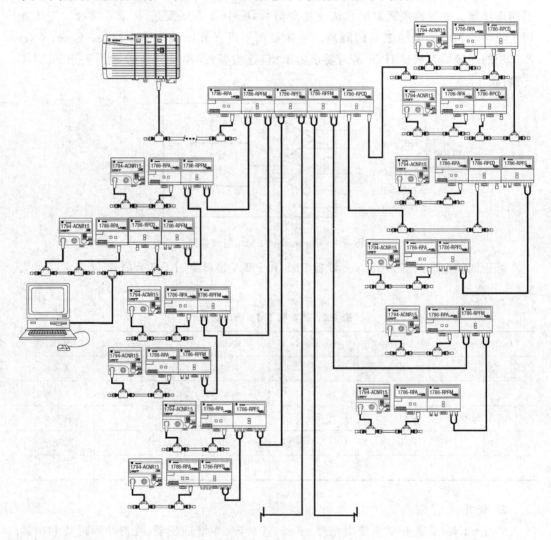

图 8-5　基于光纤的 ControlNet 星型拓扑结构

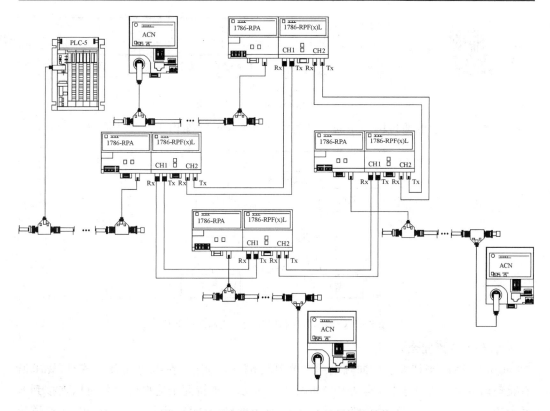

图 8-6　基于光纤的 ControlNet 环型拓扑结构

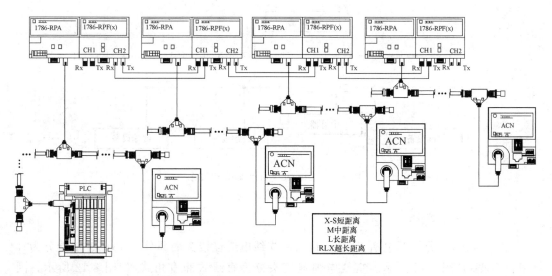

图 8-7　基于光纤的 ControlNet 总线型拓扑结构

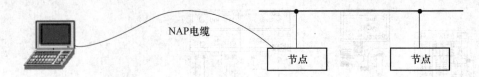

图 8-8　ControlNet 点对点连接

如图 8-9 所示的通过网络访问端口建立临时连接时不能构成的两种结构。

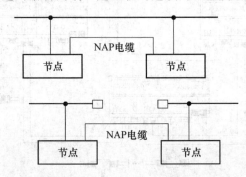

图 8-9　ControlNet 临时连接不能构建的结构

4. 传输介质冗余

　　ControlNet 支持廉价的同轴电缆和光纤传输介质冗余,在组建冗余系统时,要求所有设备以冗余的方式连接,典型连接如图 8-10 所示。支持冗余连接的设备可以连接到非冗余的系统,在网络配置时只使用其中一个通道即可。注意,不能将 ControlNet 通道接错,否则将造成错误的 LED 状态指示并且引起通信混乱。

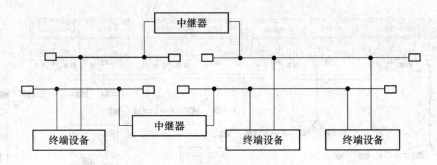

图 8-10　ControlNet 传输介质冗余

8.3.3　分接器

　　ControlNet 分接器包括 BNC 连接器和支线电缆连接头两部分。BNC 连接器分为 T 型和 Y 型,如图 8-11 所示。支线电缆连接头分为直线式和直角式,如图 8-12 所示。因此,ControlNet 提供 4 种分接器:直线式 T 型分接器、直线式 Y 型分接器、直角式 T 型分接器、直角式 Y 型分接器。

T型　　　　　　Y型　　　　　　　　直线式　　　直角式

图 8-11　BNC 连接器类型　　　　　　图 8-12　支线电缆连接头类型

使用分接器时需注意以下几点。

（1）如果使用非标准的 ControlNet 分接器，将产生严重的噪声信号。

（2）ControlNet 的干线分接器间没有最小间距限制，可以连续安装。

（3）避免在 ControlNet 干线上安装空闲的分接器，否则将造成传输噪声干扰，影响通信距离。

（4）如果已安装空闲的分接器，就必须配置虚负载，以保证信号得以正常传输。

（5）为了便于将来的扩展，可以在分接器之间安装一个 75 Ω 电阻电缆插孔连接器，在干线电缆上保留一个空间，以便将来安装分接器与干线电缆相连接。

8.3.4　中继器

中继器是工作在物理层的网络互联设备，其功能是双向接收、处理并重发物理信号。

ControlNet 中继器用于连接多个网段，当节点数或网段长度超出限值时用于网络扩展，并用于连接不同的传输介质或者拓扑结构。连接不同传输介质的网段，或者不同拓扑结构的网段间都需要使用中继器。

ControlNet 中继器有两种：普通中继器和环中继器。普通中继器有两个网络接口，使用时分别连接在两个网段上。环中继器和普通中继器的区别在于对介质冗余的支持。环中继器有 3 个网络接口，其中一个称为首要接口，使用时与非冗余网段相连，另外两个接口称为次要接口，使用时多个环中继器的两个次要接口首尾相连，构成一个环。

中继器通过分接器相连，该分接器参与干线长度的计算，但不占用节点地址。ControlNet 可以串行使用 5 个中继器，并行使用 48 个中继器。光纤中继器可用于连接安全区域的标准 ControlNet 设备和危险区域的特殊本质安全 ControlNet 设备。

8.4　数据链路层

ControlNet 网络的数据链路层为应用层提供接收和发送数据的服务，分为介质访问控制（MAC）子层和逻辑链路控制（LLC）子层。MAC 子层的任务是解决总线上所有节点共享一个信道所带来的争用问题。LLC 子层的任务是将要传输的数据组成帧，并且解决差错控制和流量控制的问题，从而在不可靠的物理链路上实现可靠的数据传输。

8.4.1　数据链路层协议

ControlNet 数据链路层协议是基于称为网络更新时间（NUT）的一个固定的、可重复的时间周期实现的。NUT 可通过链路上所有节点之间的同步来维护。若节点的 NUT 与链路基准所使用的 NUT 不一致,则它无权向介质发送数据。不同的链路可拥有不同的 NUT 时间。每个节点都有同步于本链路 NUT 的定时器。介质访问可由本地 NUT 划分成各个时间段来确定,其访问顺序应根据节点的 MAC ID。一条链路上节点的 MAC ID 唯一,一旦检测到重复 MAC ID,会立刻停止发送。

令牌总线协议(IEEE 802.4)被用于获取介质访问权。ControlNet 采用一个特殊的令牌传递机制,称为隐性令牌传递(Implicit Token Passing)。ControlNet 上并没有真正的令牌在传递,而是各节点监视所收到的 MAC 帧的源 MAC ID,且在该数据帧结束后将隐性令牌寄存器的值设为所收到的 MAC ID 加 1。如果隐性令牌寄存器的值等于某个节点本身的 MAC ID,则节点可发送一个 MAC 帧。其余情况下,节点监视一个新的 MAC 帧,或因已被识别的节点发送失败所产生的超时值。总之,隐性令牌会自动前进到下一个 MAC ID。所有节点的隐性令牌寄存器含有相同值以防止介质上的碰撞。

隐性令牌的传递逻辑通过并存时间域多路访问(CTDMA,Concurrent Time Domain Multiple Access)算法控制。

如图 8-13 所示,每个 NUT 划分成 3 个主要部分:预定时段、非预定时段和维护时段。隐性令牌传递机制可用于预定时段和非预定时段中控制节点对介质的访问。

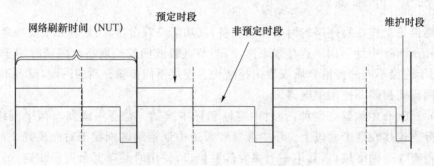

图 8-13　NUT 的构成

1. 预定时段

预定时段用来传输对时间有苛刻要求的控制信息(预定数据),一般指 I/O、控制器互锁等报文。起始于节点 1,终止于节点 SMAX 的每个节点拥有一次发送时间苛求数据(预定数据)的机会,如图 8-14 所示。每个节点在每个 NUT 内仅有一次发送预定数据的机会,这可使 NUT 中预定时段以一种可预测的、确定性的方式发送数据。

在每个 NUT 中,如果某个节点在总线上丢失,其下一个节点必须等待一个槽时间(Slot Time)。一个槽时间是信号在链路上传输一遍所需的最小时间,计算取决于链路的物理特性(如电缆的长度、中继器的数量)。如果总线上的某个节点没有要发送的数据则发送一个 NULL 帧。因此,预定时段的边界有时会随着每个节点的利用率而改变。

不同应用的 I/O 数据对预定时段的刷新速率有不同的要求,比如一些变化缓慢的模拟量数据要求多个 NUT 发送一次;而一些变化迅速的离散量数据则要求在每个 NUT 时间都发送。如果以同一速率发送所有数据,传输效率非常低。在 ControlNet 网络上,每个节点均以不同的时间间隔发送 I/O 数据,用户可根据实际应用为其设置请求数据包间隔（RPI，Request Packet Interval）。在使用 ControlNet 网络配置软件组态网络时，将 RPI 转变为网络所支持的 8 种不同的实际数据包间隔时间（API，Actual Packet Interval），该值是 NUT 时间的 1、2、8、16、32、64 或 128 倍。图 8-15 给出了 3 个节点以不同速率发送 I/O数据的例子。

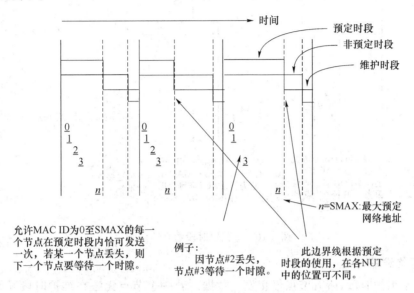

图 8-14　预定时段的介质访问

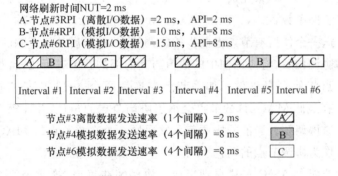

图 8-15　I/O 数据发送实例

2. 非预定时段

非预定时段用来传送对时间无苛刻要求的显式报文或编程信息（非预定数据）。如图 8-16 所示，从 MAC ID 为 1 至 UMAX 的各个节点以循环 Robin 算法发送非预定数据，直到非预定时段的时间结束。根据用完预定时段后 NUT 所剩时间量，在每个 NUT 中，每个节点（其 MAC ID 从 1 至 UMAX）在非预定时段内访问介质的机会可不同，即可有 0 次、1 次或多次机会来发送非预定数据。对于每个 NUT，首个在非预定时段内进行介质访问的节点 MAC ID 为前一个 NUT 中首个在非预定时段内进行介质访问的节点 MAC ID加 1。

非预定时段令牌起始于前一个协调帧的非预定启动寄存器 USR 所指定的 MAC ID。每个 NUT 到来时，USR 加 1；若在维护时段到来前，USR 已达到 UMAX，则其返至 1，令牌传递重新开始。

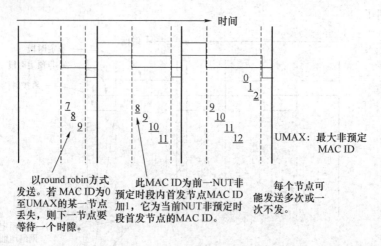

图 8-16　非预定时段的介质访问

3. 网络维护时段

在网络维护时段，所有节点停止发送数据。若一个节点无法在维护时段开始前完成数据的发送，则不允许对其启动。在维护时段内，具有最小 MAC ID 的节点（协调节点）发送一个维护报文（协调帧）来完成 ControlNet 上每个节点的 NUT 定时器的同步和发布一些重要的网络链路参数，如 NUT、SMAX、UMAX 等。

协调节点发送一个使所有节点重同步的协调帧后，重新启动一个 NUT。每个节点接收到一个有效的协调帧后，将协调帧中的数值与其内部的数值进行比较，与协调帧的链路参数不一致的节点将使自身失效。如果节点在连续两个 NUT 内都未接收到协调帧，ControlNet 上具有最低 MAC ID 的节点会承担协调节点的角色，并在第三个 NUT 的维护时段开始时发送协调帧。当前的协调节点发现另一个在线节点的 MAC ID 比它小时，会立即停止自身作为协调节点的角色。

协调节点的功能由 ASIC 芯片自动完成。协调帧在每个 NUT 都要发送，因为网络参数可能会改变，而且要为新加入的节点提供网络参数。

从 ControlNet 数据链路层工作原理可以看出，对节点的编址方式影响着网络性能。对 ControlNet 进行编址时，应该把需要发送实时报文的节点都配置比较低的地址。另外，对应于每个空地址，ControlNet 都要等待一个槽时间，总线上最好不要有比 SMAX 和 UMAX 小的空地址。

ControlNet 上至少有一个节点充当管理器（Keeper）。管理器节点具有保存和应用网络参数（包括 NUT、SMAX、UMAX 等）和预定连接信息的能力。管理器节点必须将网络参数值和预定性连接保存在非易失内存内。根据管理器的数量，可以把 ControlNet 分为单管理器网络和多管理器网络。单管理器 ControlNet 中，只有一个节点可以存储网络参数和预定连接信息。在单管理器网络中,任何预定性连接的建立都必须通过网络管理器。多管理器 ControlNet 中,存在多个节点可以存储网络参数和预定性连接,其中,MAC ID 最小的节点为当前的 ControlNet 网络管理器。在多管理器网络中,只要一个网络管理器在线即可建立预定性连接。

8.4.2　MAC 帧

ControlNet 的 MAC 帧格式是协议数据单元 PDU。如图 8-17 所示,MAC 帧包括前同步、起始界定符、源 MAC ID、0 个或多个链路数据包 Lpackets、CRC 和结束界定符,其各部分描述如下。

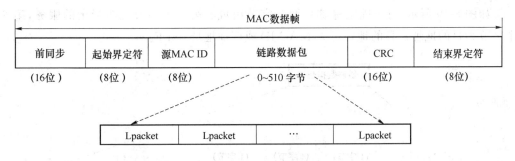

图 8-17　MAC 帧格式

(1) 前同步:前同步由 16 个连续的帧符号{1}组成。

(2) 界定符:起始界定符由 MAC 符号{＋,0,－,＋,－,1,0,1}组成,按从左到右的顺序发送;结束界定符由 MAC 符号{1,0,0,1,＋,－,＋,－}组成,按从左到右的顺序发送。非数据的 MAC 符号被保留,以用于起始和结束界定符。

(3) 源 MAC ID:源 MAC ID 为 1 个字节,其数值范围为 1～254。通常 MAC ID 为 1 的节点会暂时认为执行链路维护。

(4) CRC:CRC 使用由 CCITT 修订的 16 位多项式:$x^{16}＋x^{12}＋x^{5}＋1$。每个帧内带有两个 CRC 字节。

节点在每次发送机会到来时只能发送一个 MAC 帧。每个 MAC 帧可包括 0 个或多个 Lpacket,如果 MAC 帧包含 0 个 Lpacket,则称之为空帧。每个 Lpacket 可被发送给 ControlNet 上的不同节点。Lpacket 的格式如图 8-18 所示,其各部分描述如下。

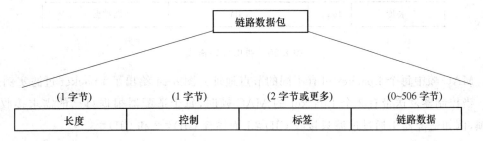

图 8-18　Lpacket 的格式

（1）长度：长度区用于指定一个 Lpacket 中所含字节对的数量（3～255）。此值应包括长度、控制、标签和链路数据区。

（2）控制：控制区由 1 个字节（8 位）组成。位 0 和位 4 用于指定 Lpacket 的类型，位 1 指定标签区字节数量的奇偶性，位 2 指定链路数据区字节数量的奇偶性，位 3、5、6、7 为保留位，设置为 0。

（3）标签：对于某个特定的应用数据集合，该值具有唯一性，也可预定为某种特殊含义，而不管哪个节点要接收它，要链接的数据内容和标识符有紧密联系。

在 ControlNet 中存在两种类型的标签，一种为传送未连接的、非 I/O 数据而定义的固定标签。固定标签 Lpacket 通常用于站管理和建立连接。

如图 8-19 所示，每个固定标签由两个字节组成。第 1 个字节说明指定的服务，第 2 个字节为目的地址。目的地址可为 MAC ID 或广播地址 0xFF。

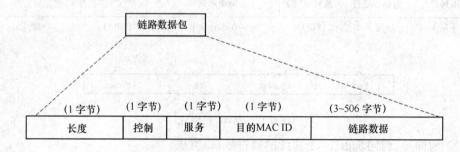

图 8-19　固定标签格式

另一种是为面向连接的数据传输定义的通用标签。该标签区识别 Lpacket 内的链路数据，用于在连接上发送数据。

如图 8-20 所示，每个标签中含有 3 个字节的连接标识符。D0H～EFH 范围内的固定标签被保留以支持 CID 的成组筛选。

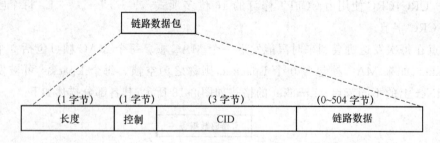

图 8-20　通用标签格式

MAC 帧中每个 Lpacket 可有不同的节点地址。图 8-21 给出了 Lpacket 过滤实例。

当控制器发送带有 3 个 Lpacket 的 MAC 帧时，每个适配器根据自己的需求接收数据帧，例如适配器 1 通过过滤只接收 CID♯1 而抛弃 CID♯2 和 CID♯3。

（4）链路数据：链路数据区包含一个传输服务数据单元 SDU。固定标签 Lpacket 的最小长度为 7 字节（最小链路数据长度为 3 字节）。通用标签 Lpacket 的最小长度为 5 字节(最小链路数据长度为 0 字节)。

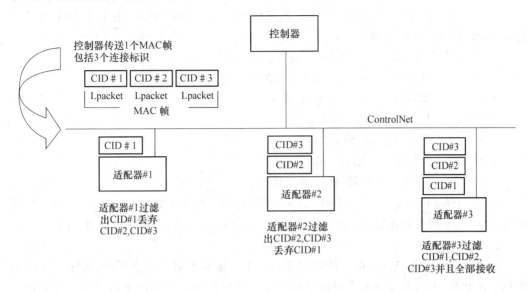

图 8-21　Lpacket 过滤实例

8.5　连接管理与报文传输

　　ControlNet 的连接管理用于建立连接并对其进行维护,该功能的实现主要涉及未连接报文管理器(UCMM)对象、连接路由器对象、连接管理器对象、传输连接、传输类以及应用连接。

　　连接是不同节点两个或多个应用对象之间的一种联系,是终端节点之间数据传送的路径或虚电路。终端节点可以跨越不同的系统和不同的网络,但因连接资源有限,设备要限制连接数。

　　ControlNet 报文传送分为面向连接和面向未连接两种方式。对于面向连接的通信,ControlNet 需要建立和维护连接,资源为某个特定的应用事先保留(节点可能用尽其所有资源),可减小对所接收数据包的处理。对于面向未连接的通信,无须建立或维护连接,资源未事先保留(未连接资源不会用尽),每个报文的附加量增多。

　　UCMM 是向没有事先建立连接的设备发送请求的一种方式,支持任何通用工业协议的服务。报文路由对象收到 UCMM 报文后,去掉 UCMM 的报头,将请求传送给特定的对象类,尽管报文有一部分附加量,但绕过了建立连接的过程。UCMM 主要用于一次性的操作或非周期性的请求。

　　传输连接表示特定应用之间的关系的特征,其连接的端点是传输对象的实例,应用对象在该连接的基础上生产或消费数据。传输对象是应用对象与总线间的接口,可以绑定到 I/O 生产对象、I/O 消费对象或报文路由对象。连接可使用预定时段或非预定时段,具体内容包括生产数据时间、生产数据类型、等待其他节点接收所需时间、连接 ID 以及如何处理数据没有按时到达而带来的问题。注意不能混淆 UCMM 和传输连接,UCMM 是使用未连接服务的一种显式报文,它不使用任何传输类别。

应用接口至传输服务可通过所支持的传输类实现。ControlNet 技术规范中定义了 Class0~Class6 7 种传输类型:

- Class0 　NULL 传输,传输的所有信息是应用数据;
- Class1 　同 Class0 一样,但含 2byte 的序号信息(Sequence);
- Class2 　确认连接(Acknowledged);
- Class3 　核实应用(Verified);
- Class4 　非分块信息(Non-Blocking);
- Class5 　分块信息(Fragmentation);
- Class6 　同 Class3 相似,面向多点传送。

ControlNet 目前使用 Class1 和 Class3 两种类型。对于非实时的客户机/服务器模式的显式报文,一般采用传输 Class3;对于实时 I/O 的隐性报文,一般采用传输 Class1。

1. 传输 Class1

如图 8-22 所示,Class1 用于预定时段内的 I/O 数据交换。在运行时,传输缓冲区的数据不断更新,并且与应用对象对缓冲区的读取是异步的。应用对象通过序号来检测报文的重复性,并忽略重复的数据,提高数据的处理速度。Class1 是单向连接,因而双向数据的交换需要两个相反方向的连接。

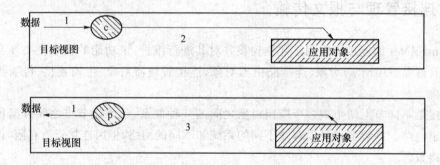

图 8-22 　传输 Class1

2. 传输 Class3

如图 8-23 所示,Class3 用于建立双向数据传送的连接,用于显式报文,但也可用于 I/O通信。在后一种情况下,传输被直接绑定到应用对象,而不是报文路由对象。

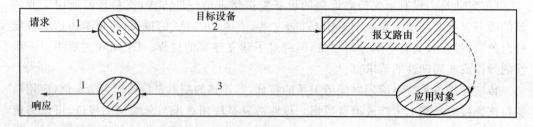

图 8-23 　传输 Class3

8.6　对象模型

ControlNet 使用抽象的对象模型来描述产品通信功能。与 DeviceNet 相似,Control-Net 通过类、实例、属性、服务、行为等术语来描述对象结构、功能和动作;为了对众多的类、实例、属性、服务等进行标识,定义了相应的标识符并对其进行编址,如类标识符(1～65535)、属性标识符(0～65535)、实例标识符(0～65535)、服务代码(0～255)等。

1. 对象库

ControlNet 通过对象库对所定义的诸多对象进行管理。对象库中的对象可分为通信对象和应用对象。与通信相关的对象如下。

(1) ControlNet 对象:为网络参数提供接口。

(2) 连接管理器:建立设备内部对象间连接和为报文提供路由管理。

(3) 传输管理:处理实时连接。

(4) 报文路由对象:将设备从总线上接收的 Lpacket 传送到相应的内部对象。

(5) 管理器对象:为总线上设备提供使用与 NUT 中预定时段有关的数据。

(6) 连接组态对象和时间表对象:由实时连接启动器使用。

应用对象一般随着产品类型的不同而不同。有些是公用应用对象,为许多不同产品提供特定功能接口,如标识对象、组合对象、参数对象等。

2. 基本对象模型

从功能实现上,ControlNet 的对象模型可分为可选对象和必选对象。可选对象不影响设备行为,可提供超出设备基本要求的功能;必选对象是实现设备基本功能必须选择的对象,是实现设备互换性、互操作性的前提条件之一。必选对象包括标识对象、报文路由对象、连接管理器对象和连接对象,ControlNet 的每个设备必须支持这些对象。通常,每个设备还需支持未连接报文管理器对象。由必选对象等构成的基本对象模型如图 8-24所示。

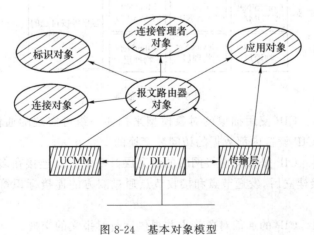

图 8-24　基本对象模型

8.7　设备描述

ControlNet 使用设备描述来实现设备之间的互操作性、同类设备的互换性和行为一致性。设备描述有专家达成一致意见的标准描述和一般的或厂商自定义的非标准描述。CI 负责在技术规范中发布设备描述。根据 ControlNet 技术规范,每个厂商为其每个 ControlNet 产品发布一致性兼容声明,其内容涉及此设备所遵循的技术规范的发布日期和版本号,设备中实现的所有的协议选项和设备遵循的设备描述。

设备描述的内容如下:为设备类型确定对象模型,即设备对象模型;列出对象接口;描述此设备类型的生产和消费数据类型;确定配置数据以及访问这些数据的公共接口。

8.8　通用工业协议

通用工业协议(CIP,Common Industry Protocol)是面向对象、独立于特定网络的应用层协议,提供了访问数据和控制设备操作的服务集。如图 8-25 所示,CIP 可用于 DeviceNet、ControlNet 和 EtherNet/IP 等多种现场总线技术,构成应用层基础。CIP 主要由对象建模、报文协议、通信对象、对象库、设备描述、设备配置方法和数据管理等部分组成。

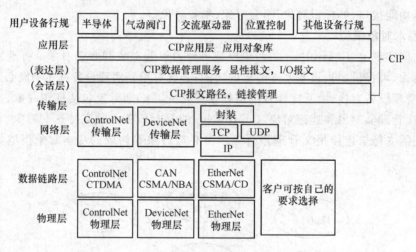

图 8-25　CIP 概观

(1) 对象建模。CIP 使用抽象的对象模型来描述一组可实现的通信服务、CIP 节点的外部可视行为、CIP 设备内部数据的访问和交换的一般方法。

(2) 报文协议。CIP 是面向连接网络的最高层。一个 CIP 连接在多个应用之间提供一条路径。当连接建立后,发送节点和接收节点通过双方的连接标识符对连接以及报文进行确认。

(3) 通信对象。CIP 的通信对象管理并提供运行时报文的交换。

(4) 对象库。CIP 协议定义了大量的对象集合。CIP 的对象类可分为 3 种类型:通用对象,如标识对象、报文路由对象、组合对象、连接对象等;应用特定对象,如寄存器对象、

离散输入点对象、离散输出点对象、AC/DC 变频器对象等；网络特定对象，如 DeviceNet
对象、ControlNet 对象、ControlNet 智能对象、TCP/IP 接口对象等。

（5）设备描述。CIP 设备描述是对象结构和行为的一个完整说明，以此来实现设备
的互操作性和互换性。

（6）设备配置方法。CIP 提供了多种设备配置方法，如打印数据表、参数对象与参数
对象存根、电子数据表以及上述几种方法的组合。

（7）数据管理。数据管理定义了对象的数据结构与编址类型。

CIP 的控制部分用于实时 I/O 数据的传送与互锁；CIP 的信息部分用于报文交换以
实现对等通信、报警、配置以及诊断等功能。CIP 使用单一网络即可实现控制、配置与数
据采集，是一种效率高、可靠性好、实时性强的通用性网络协议。

8.9　基于 ControlNet 总线的控制系统设计

与基于 DeviceNet 总线的控制系统设计类似，基于 ControlNet 总线的控制系统设计
主要包括硬件设计、软件设计和系统测试。

8.9.1　硬件设计

ControlNet 总线系统硬件设计属于自动控制系统详细设计，前提是已完成设计任务
书（包括工艺、环境和性能要求）和初步设计（包括系统方案、结构设计，主要设备和装置的
选型以及性价比评价），它必须遵照 IEC 标准和 ControlNet 规范，其主要过程如下。

（1）使用通过 ControlNet International 组织的一致性测试并认证的产品。如图8-26
所示，在 CI 网站上列出了通过 ControlNet 一致性测试的供货商及其产品，可通过访问
www.controlnet.org 查看。

（2）根据设计任务书和初步设计中所选的控制器类型，选择 ControlNet 扫描器的类
型和个数，并保证其可用内存容量满足 I/O 控制和控制器互锁的要求。设置该模块为较
低的节点地址，且必须小于 SMAX 值。

（3）根据工艺流程要求计算所需数字量和模拟量的输入/输出点数，选择输入/输出
模块类型。需考虑以下因素：

① 多个输入/输出模块必须通过一个 ControlNet 通信适配器接入 ControlNet 总线，每
个 I/O 通信适配器占用一个节点地址；每条 ControlNet 链路上最多容纳 99 个节点（1～99）；

② 通常，I/O 通信适配器应作为 ControlNet 总线上预定性节点，以满足控制器与 I/O
模块间通信的实时性、确定性和可重复性要求，设置该模块为较低的节点地址，必须小于
SMAX 值。

③ 根据环境因素选择何种防护等级的 I/O 模块。

（4）确定 ControlNet 总线上至少有一个节点具有管理器能力。

（5）为 ControlNet 总线上节点编址时，应为预定性节点赋予较低的节点地址，非预
定性节点赋予较高的节点地址，且节点地址应连续设置。

（6）根据系统要求确定 ControlNet 传输距离、通信速率和环境因素，并选择最适用

于本系统的网络物理层媒介。ControlNet 物理层支持同轴电缆和光缆。

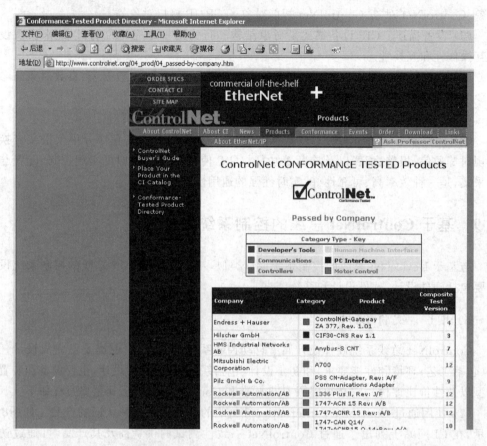

图 8-26　通过一致性测试的产品

（7）规划 ControlNet 同轴电缆物理介质系统需考虑因素如下。

① 确定所需分接器的类型和数量。应为网段上每个节点和中继器准备分接器。注意分接器的分支电缆长度固定为 1 m，不能改变。分接器可以安装到干线电缆的任意位置。

② 连接用于编程和网络配置的计算机。可以预留分接器或通过网络访问端口（NAP）。

③ 确定所需的电缆类型。有多种 RG-6 四芯屏蔽电缆可能适合用户的安装需求，用户可根据应用和计划安装地点的环境因素综合选择最恰当的电缆类型。

④ 确定 ControlNet 网段干线电缆的长度。选择最短的走线路径可以减少对线缆的需求量。另外，采用 RG-6 同轴电缆作为传输介质的每个网段的最大长度与用户段中的分接器数量有关。对于干线电缆段没有最小长度的限制。当网段内带两个分接器时，干线电缆段允许最大长度为 1 000 m。每附加一个分接器，干线电缆允许最大长度减少 16.3 m。一个网段内最多允许的分接器数量为 48 个，此时允许最大长度为 250 m。

例 8-3　若某网段中要求安装 10 个分接器，则允许最大长度为：

$$1\ 000 - 16.3 \times (10 - 2) = 869.6 \text{ m}$$

⑤ 确定在每个网段的两端安装 75 Ω 的终端电阻。当用户确定网段数后,用该值乘 2 即可计算出网络所需的终端电阻的个数。

⑥ 确定是否需要中继器。如图 8-27 所示,如果 ControlNet 网段需要的分接器个数大于 48 个,或干线电缆的长度超过了限制值,则需要安装中继器。

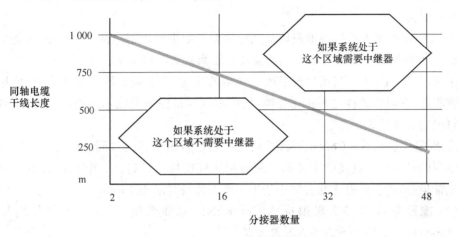

图 8-27　确定是否需安装中断器

⑦ 确定所需的连接器类型。可根据环境因素,选择防尘(IP65)或防腐蚀(IP67)型号的连接器。根据安装位置,选择线缆连接器、锥形连接器、套形连接器、隔离式堵塞连接器或直角形连接器。

⑧ 确定是否使用冗余介质。当规划冗余介质系统时,请遵循下列准则:

· 沿不同路径敷设两条干线电缆,减少两根电缆同时被破坏的可能性;

· 在冗余介质链路上的每个节点都必须支持冗余的同轴电缆连接,并且在任何时候都同时连接到两根干线电缆上;

· 安装电缆系统时,应注意确保任何物理设备位置的干线电缆都易于识别,且可以使用适当的图标和字母进行编号,每个具备冗余端口的 ControlNet 设备都加以编号;

· 冗余电缆链路上的两根干线电缆必须有相同的配置,每段必须具有相同数目的分接器、节点和中继器,在两根干线电缆上连接的节点和中继器之间的相对排列顺序必须相同;

· 冗余电缆链路上的两根干线电缆间最大允许的长度差别随着中继器的增加而减少;

· 应避免将具备冗余端口的同一节点的两根冗余干线电缆连接到不同的网段上,这样会导致无法确定的操作。

⑨ 确定 ControlNet 电缆与大地完全隔离,没有任何一点接地。

⑩ 确定 ControlNet 网络没有供电。

⑪ 确定为暂时不连接设备的分支电缆安装虚设负载。

⑫ ControlNet 网络布线时尽量避免高噪声环境。

(8) 由于对比同轴电缆,光纤介质具有电气隔离、抗干扰、传输距离远、体积小、重量轻以及可用于防爆场合等特点,ControlNet 也可采用光纤作为传输介质。规划 ControlNet 光纤物理介质系统需考虑因素如下。

① 选择总线拓扑结构。ControlNet 光纤介质系统支持点对点、总线型、星型、冗余、环型拓扑结构。

② 按照距离要求选择中继模块和光纤类型。如果网段距离低于 300 m,可选择短距离模块。如果网段距离超过 300 m,则需要中距离或远距离模块。

③ 确定衰减等级。当用户着手改变光缆的长度、安装隔离器或熔接光缆、使用更长的安装距离、在温度范围之外使用光缆、使用不同质量的光缆或不同类型的连接器时,用户必须确定衰减等级。

④ 确定传播延时。ControlNet 总线上的延迟应该包括通过同轴电缆、光缆、同轴电缆中继器的延迟和通过光纤中继器适配器和光纤模块的延迟。一个 ControlNet 总线如果要正常运行,所有延迟之和必须小于等于最大传输延时 $121\ \mu s$。

(9) 按照布线与安装规则构建 ControlNet 总线系统,并在上电前使用复核表(Checklist)检查上述各项需考虑因素无误。

8.9.2　软件设计

网络上所有设备上电后,需进行 ControlNet 软件设计,其主要过程如下:

(1) 将带有网络组态软件、编程软件的计算机接入 ControlNet;

(2) 使用 ControlNet 配置软件,如罗克韦尔自动化的 RSNetWorx for ControlNet,清除网络上管理器内原有的信息;

(3) 根据传输介质的类型,在 ControlNet 配置软件中配置传输介质;

(4) 通过 ControlNet 配置软件设置可访问的 SMAX 和 UMAX;

(5) 通过 ControlNet 配置软件和 PLC 编程软件优化网络参数:网络刷新时间和请求数据包间隔时间;

(6) 通过 PLC 编程软件配置 ControlNet 上 I/O 模块的连接类型如机架优化连接或直接连接;

(7) 改变网络配置后,用户必须通过 ControlNet 配置软件检查管理器和扫描器标志以确定所有节点的识别标志正确。

8.9.3　系统测试

基于 ControlNet 总线的系统测试是指工程人员使用取得 CI 认证的 ControlNet 标志的产品组成基于 ControlNet 总线的自动控制系统后,从用户应用的角度,对所关心的应用性能指标进行测试。它以现场总线固有技术为对象,而不以产品固有技术为对象,面向现场总线实用技术,对用户实际使用现场总线时出现的问题进行测试评价。下面所提出的测试内容并不是技术规范,只是在 ControlNet 现场总线系统的应用初期,从用户关心性能的角度提出的。

（1）测试相同功能现场设备的互操作性、互换性。检查不同厂家要相互替换的现场设备的基本控制功能、控制特性，以及自诊断功能、安全保护信息等。

（2）测试通信负荷。检查总线上设备数量、通信速率、参数变化对通信负荷的影响，以及报警、故障等事件的反应速度。

（3）在设备消耗电流、通信波形、控制周期、电缆种类、长度等不同的环境下，测试对总线上节点数、主干线/分支线的长度限制。

（4）测试软硬件的在线可维护性，在线维护时对输出保持功能和对其他设备的通信影响。确认添加、移除或更换节点对 ControlNet 现场总线的影响。

（5）测试传感器出现故障时调节器和执行器的动作，确认故障状况及其相应处理方法。

（6）控制功能位于不同位置时，评价控制器在不同位置的差异。

（7）测试改变网络更新时间参数对 ControlNet 带宽利用率和网络扫描器的 CPU 利用率的影响。

（8）测试改变 I/O 模块请求数据包间隔时间参数对 ControlNet 带宽利用率的影响。

（9）测试改变 ControlNet 上 I/O 模块的连接方式对 ControlNet 性能的影响。

（10）测试改变 SMAX 和 UMAX 对 ControlNet 性能的影响。

（11）测试输入连接数对网络扫描器的 CPU 利用率的影响。

（12）测试同步连接缓存信息数量对未预定性通信性能的影响。

（13）测试 PLC 系统内务时间片（System Overhead Time Slice）对未预定性通信性能的影响。

（14）测试通信组态软件中 CIP 连接数对未预定性通信性能的影响。

（15）测试 ControlNet 通信负荷设计值与实际值的比较，以及设计通信量的最大值和实际值的差异。

（16）确认在线或离线实行 ControlNet 网络配置、调试所需要的时间。

（17）确认瞬间停电（约 1 s）的动作，瞬间停电后从启动系统到恢复正常的时间间隔。

（18）测试停电后的再组态功能及所需时间。由于停电后装置的启动都非常紧急，作为设备启动的一部分，需要简便、快速地再组态。

（19）测试当设备出现通信故障、CPU 故障、电缆断线、短路、接地故障、ControlNet 设备故障、变送器故障、电源断电故障时，故障检测功能和系统各部分的动作情况。

（20）测试电缆断线、短路，半断线、半短路时，ControlNet 网络通信可维持的范围以及通信模块的动作。故障时希望系统能够转移到安全状态继续运行。

（21）测试如果控制器、ControlNet 通信或传感器出现故障，能够将控制输出设置为预设值，或能够保证安全保护装置的动作。

（22）故障设备的确定、移除以及恢复处理。确认故障设备移除、远程诊断的可能性。

（23）抗噪声干扰性的评测。确认噪声电平、噪音频率对系统动作的影响程度，以确保 ControlNet 网络数据传送的安全性。

（24）测试 ControlNet 冗余功能。确认有无冗余功能，以及切换时间和无扰动切换的评测。

（25）评测 ControlNet 本安防爆功能。确认该系统是否可以在本安环境下工作。

8.9.4　基于 ControlNet 总线的 I/O 控制实例

系统实现基于 ControlNet 总线的 ControlLogix 处理器控制远程 I/O 模块，采用同轴电缆为传输介质，结构如图 8-28 所示。

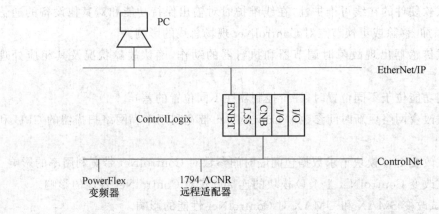

图 8-28　系统结构图

硬件设备主要包括 ControlLogix 控制器 1756-L55、ControlNet 通信模块 1756-CNB、远程 I/O 适配器 1794-ACNR、计算机。其中，用于编程和配置的计算机接入 EtherNet/IP，并通过带有网关功能的 ControlLogix 控制器路由到 ControlNet。

软件主要包括通信和组态软件 RSLinx、PLC 编程软件 RSLogix5000 和网络组态软件 RSNetWorx for ControlNet。

网络配置步骤如下。

（1）如图 8-29 所示，打开 RSLinx 软件，添加 Ethernet 驱动，通过 ControlLogix 背板网关功能访问 ControlNet 网络。

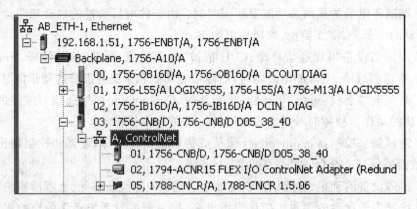

图 8-29　浏览 ControlNet 网络

（2）打开 RSLogix5000 软件，创建一个新的项目。

（3）如图 8-30 所示，选择 I/O Configuration 文件夹，单击鼠标右键，从弹出菜单中选择 New Module…（新建模块）。

图 8-30 I/O Configuration 文件夹

（4）如图 8-31 所示，添加本地 ControlNet 通信模块。从弹出的选择模块类型菜单中选择 1756-CNB/D 模块。

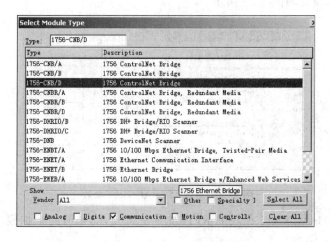

图 8-31 添加 ControlNet 通信模块

（5）如图 8-32 所示，根据 1756-CNB/D 模块在 ControlNet 上的节点号以及框架上的槽号，设置相应参数，此处注意电子锁的设置。

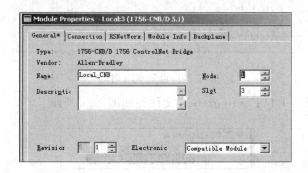

图 8-32 设置 1756-CNB 参数

（6）如图 8-33 所示，配置 1756-CNB 模块，从弹出菜单中选择 New Module…。

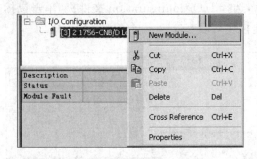

图 8-33　添加新模块

（7）添加远程 Flex I/O 适配器，从选择模块类型菜单中选择 1794-ACNR15/C。

（8）根据 1794-ACNR15 模块在 ControlNet 上的节点号，设置相应参数，此处注意电子锁的设置，具体设置如图 8-34 所示。

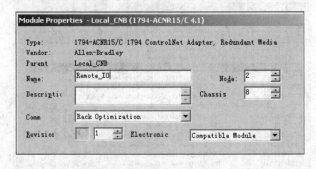

图 8-34　设置 1794-ACNR15 参数

（9）设置 1794-ACNR15 模块的 RPI，如图 8-35 所示，该时间根据模块实际需要设定且满足 $RPI = 2^n \times NUT$。

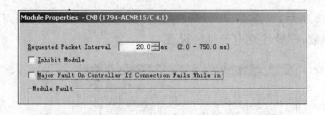

图 8-35　设定 RPI 时间

（10）添加完成后 I/O Configuration 文件夹如图 8-36 所示。

图 8-36　配置 I/O Configuration

（11）校验程序无误后，将该程序下载到 Logix5555 控制器中，如图 8-37 所示，选择 Logix5555 控制器，单击 Download。

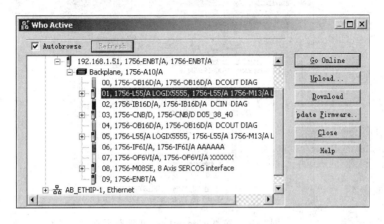

图 8-37　下载程序

（12）程序下载后，如图 8-38 所示，控制器前面板上 I/O 指示灯处于闪烁状态，同时，I/O Configuration 文件夹中 1794-ACNR15 模块前出现一黄色叹号，表示 1756-L55 控制器与 1794-ACNR15 的连接出现故障。

图 8-38　I/O 模块故障

（13）双击如图 8-38 所示的 1794-ACNR15 模块，出现如图 8-39 所示窗口，查看模块故障描述 Connection Request Error：Connection not scheduled（连接请求错误：连接没有被规划）。

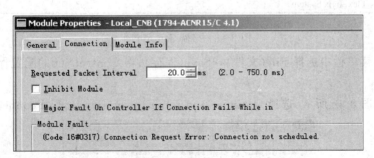

图 8-39　模块故障

（14）打开 RSNetWorx for ControlNet 软件，单击 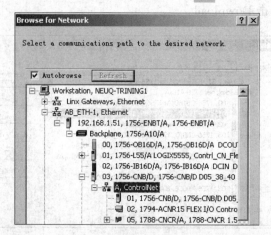，如图 8-40 所示选择通信路径。

图 8-40　选择 ControlNet 通信路径

（15）选择 RSNetWorx 组态软件扫描的网络路径，扫描完成后，出现如图 8-41 所示画面，然后在菜单栏选择 Network（网络）→Enable Edits（编辑使能）。

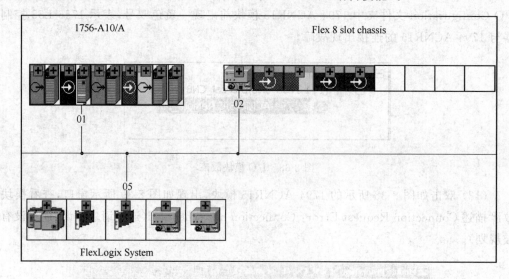

图 8-41　扫描 ControlNet

（16）在菜单栏中选择 File（文件）→Save（保存），将 ControlNet 的配置保存到管理器的内存中。

（17）如图 8-42 所示，选择 Optimize and re-write schedule for all connections。

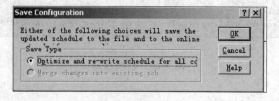

图 8-42　优化连接

（18）此时，观察控制器上 I/O 指示灯，如图 8-43 所示会发现常绿状态，同时 I/O Configuration 文件夹中 1794-ACNR15 模块前的黄色叹号消失。此时，I/O 工作正常。

至此，实现了基于 ControlNet 的 ControlLogix 处理器控制远程 I/O 的系统配置。

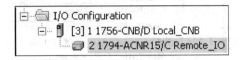

图 8-43　I/O 状态正常

8.9.5　基于 ControlNet 总线的主从系统对时实例

在工业网络尤其是具有实时控制功能的网络中，主系统与从系统间的同步与对时十分重要，下面是一个 3 层工业网络中对时系统的设计实例。

假设系统的基本结构是主系统采用 ControlLogix 控制器，从系统采用 FlexLogix 控制器，采用 RSLogix5000 编程软件，系统要实现的功能是 ControlLogix 主系统设置、获取并广播系统时钟。FlexLogix 从系统接收主控制器广播系统时钟数据并根据该值设置为从系统时钟，实现主从系统对时。

1. 主系统项目创建

生产主管要求控制系统在报告故障和事件的时候必须协调系统的时间，而且误差必须小于 7 ms，以保证系统的一致性。

（1）打开 RSLogix5000 软件，如图 8-44 所示，选择菜单上 File→New，出现 New Controller（新建控制器）界面。查看并填写 Logix5555 控制器所在槽位。

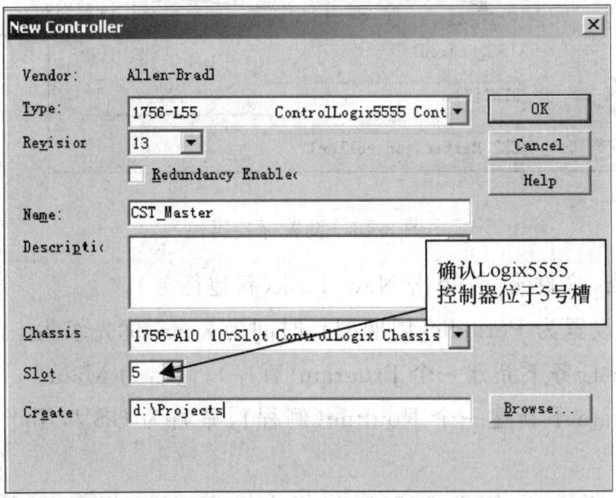

图 8-44　新建主控制器

（2）单击 Controller 文件夹内的 Controller Tags（控制器域标签），选择 New Tag…（新建标签），如图 8-45 所示。

图 8-45 新建控制器域标签

（3）如图 8-46 所示，选择 Edit（编辑）选项卡，新建标签名称为 Date 的标签，标签类型为 Produced（生产者类型），消费者数目设置为 3，数据类型 DINT[7]。

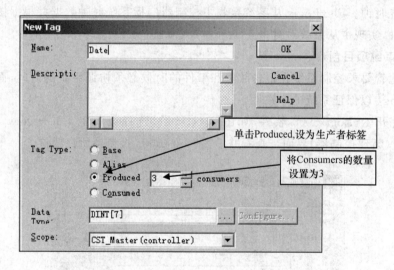

图 8-46 设置标签属性

（4）选择 Tasks 文件夹，并单击 New Task（新建任务）。

（5）将该任务设置为 Periodic（周期型），时间为 2 ms，优先级为 5。

（6）在 Master 任务下新建一个 Program（程序），命名为 Main。

（7）在程序 Main 下新建一个 Routine（例程），命名为 GSV，用于获取 ControlLogix 控制器系统时间。

（8）如图 8-47 所示，在例程 GSV 的梯级上输入 GSV 指令，并将 Class Name 设为 WALLCLOCKTIME、Attribute Name 为 DateTime、Dest 选择标签 Date[0]。将项目下载到 Logix5555 控制器中。

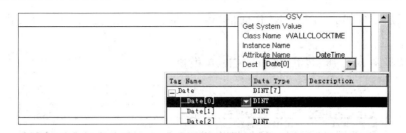

图 8-47 输入 GSV 指令和参数

（9）在线后，将控制器切换到运行状态。按照图 8-48 所示，设置控制器的时间，单击 OK 结束。

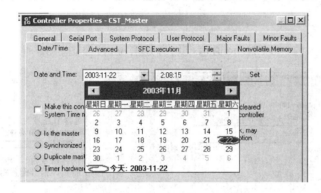

图 8-48 设置主控制器时间

（10）到现在为止，主系统项目已完成，可查看标签 Date 的值是否与系统时间对应。

2. 从系统项目创建

（1）打开 RSLogix5000 软件，在菜单上单击 File→New。出现图 8-49 所示的 New Controller 画面。

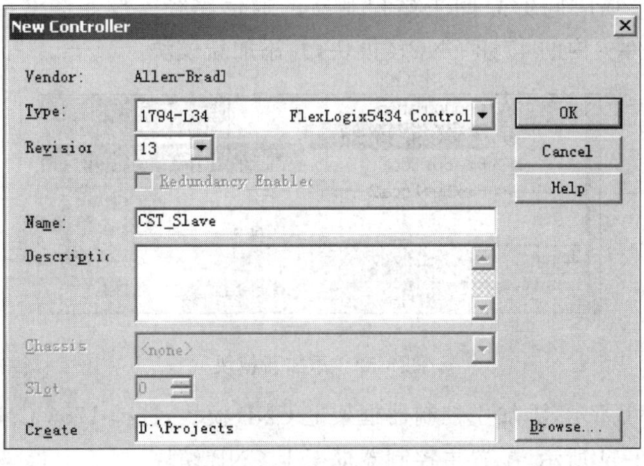

图 8-49 新建从控制器项目

（2）添加本框架的 1788-CNCR 通信模块。在 I/O Configuration 文件夹内选择 New Module. . . 。

（3）选择图 8-50 所示的 1788-CNCR/A 模块。

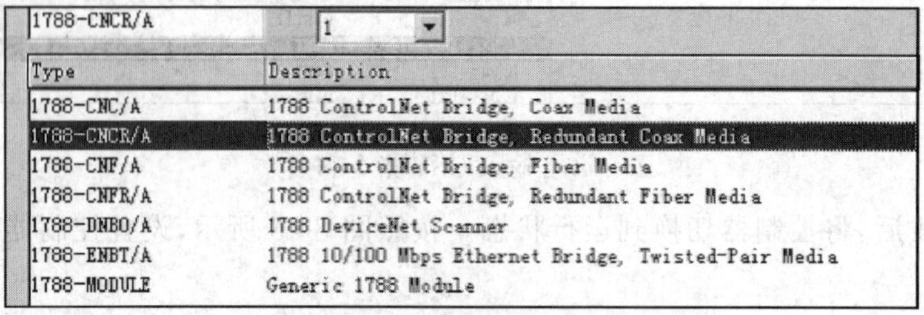

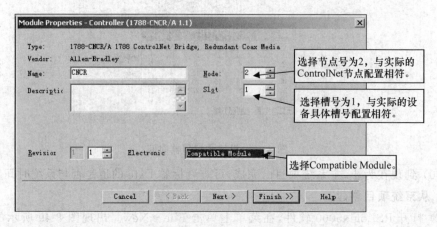

图 8-50　选择通信模块

（4）查看系统中 1788-CNCR 通信模块所处槽位，按照图 8-51 所示配置模块属性。

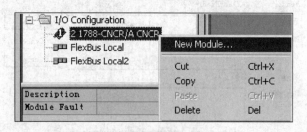

图 8-51　配置模块属性

（5）配置与广播时间信息的主站控制器的通信路径。按照图 8-52 所示，选择 I/O Configuration 文件夹内的 1788-CNCR 模块，并添加新模块。

图 8-52　添加新模块

（6）如图 8-53 所示，添加主控制器框架上 CNB 模块，选择 1756-CNB/D。

（7）按照图 8-54 所示，配置主控制器框架上 CNB 模块。

（8）通过主控制器框架上的 CNB 模块，按照图 8-55 所示添加广播数据的主控制器，选择添加新模块。

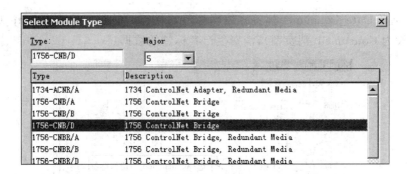

图 8-53　选择模块类型

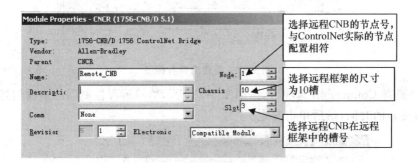

图 8-54　配置模块属性

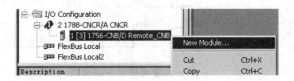

图 8-55　添加新模块

（9）选择控制器型号为 1756-L55，槽号为 5。

（10）在 Controller 文件夹中 Controller Tags，如图 8-56 所示，选择编辑选项卡，新建 Date_Consumer 标签，数据类型为 DINT[7]。

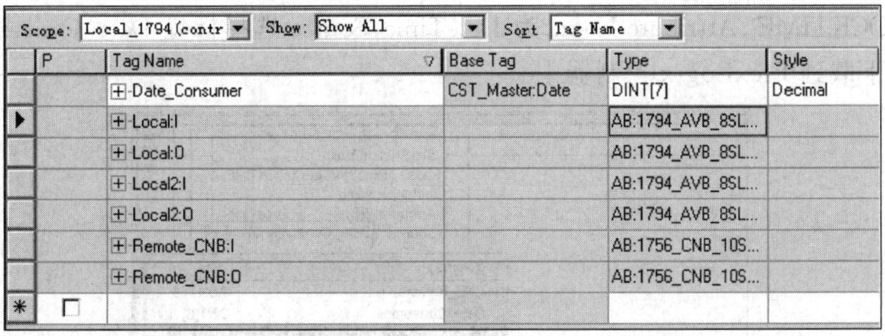

P	Tag Name	Base Tag	Type	Style
	⊞ Date_Consumer	CST_Master:Date	DINT[7]	Decimal
▶	⊞ Local:I		AB:1794_AVB_8SL...	
	⊞ Local:O		AB:1794_AVB_8SL...	
	⊞ Local2:I		AB:1794_AVB_8SL...	
	⊞ Local2:O		AB:1794_AVB_8SL...	
	⊞ Remote_CNB:I		AB:1756_CNB_10S...	
	⊞ Remote_CNB:O		AB:1756_CNB_10S...	
✳	☐			

Scope: Local_1794(contr　Show: Show All　Sort: Tag Name

图 8-56　新建标签

（11）选择 Date_Consumer 标签并编辑标签属性，如图 8-57 所示将 Date_Consumer 标签类型设为 Consumed（消费型），消费生产者标签的数据。

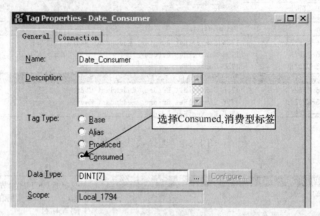

图 8-57　新建消费者标签

（12）选择 Connection 选项卡，按照图 8-58 所示填写远程控制器的广播信息，并确定 RPI 数据更新的时间，最后单击确定。

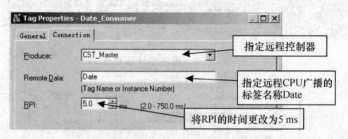

图 8-58　设置消费者标签属性

（13）选择 Tasks 文件夹，新建任务。

（14）新建一个周期型任务 Slave，设置周期为 2 ms，优先级为 5。

（15）在任务 Slave 下，新建一个 Program，命名为 Main。

（16）在程序 Main 下，新建一个 Routine，命名为 SSV。

（17）按照图 8-59 所示，在例程 SSV 的梯级上输入 SSV 指令，并将 Class Name 设为 WALLCLOCKTIME、Attribute Name 为 DateTime、Source 选择标签 Date_Consumer[0]，并将该项目下载到 FlexLogix 控制器中。

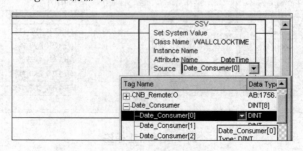

图 8-59　输入 SSV 指令及其参数

（18）如图 8-60 所示，将控制器切换到 Remote Run 模式，发现 I/O 指示灯在控制器上闪动，并且主控制器模块上有黄色的三角标记。

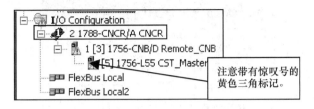

图 8-60　I/O 故障

（19）如图 8-61 所示，使用 RSNetWorx for ControlNet 软件进行网络规划。选择 Online，通过以太网连接到 ControlLogix 背板，进而访问到 ControlNet 总线。

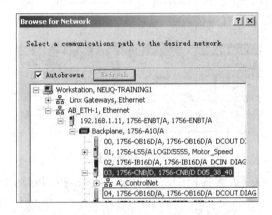

图 8-61　访问 ControlNet 总线

（20）RSNetWorx for ControlNet 软件界面上出现图 8-62 所示的 ControlNet 总线结构图，复选 Edits Enable。

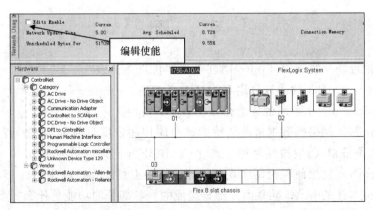

图 8-62　ControlNet 总线结构图

（21）按照图 8-63 所示选择 Network→Properties，配置网络参数。设置 Max Scheduled Address(最大预定地址)为 5，Max Unscheduled Address(最大非预定地址)为 10。

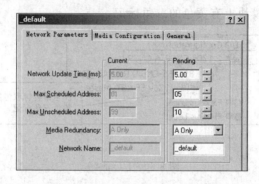

图 8-63　ControlNet 总线参数设置

　　(22) 保存该文件，按照图 8-64 所示选择 Optimize and re-write schedule for all con-nections(优化并重新规划所有连接)。

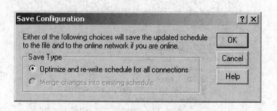

图 8-64　优化连接

　　(23) 在 RSLogix5000 编程界面中在线观察。此时，控制器的故障标记已消失，控制器的 I/O 显示正常。

　　(24) 在线后将控制器切换运行状态，并查看从站 CPU 的时间是否与主站一致。

　　至此，已实现了 ControlLogix 主系统设置、获取并广播系统时钟，FlexLogix 从系统接收主控制器广播的时间数据并进行对时的功能。

习　　题

　　1. 与其他现场总线相比，ControlNet 的主要优点是什么？

　　2. 比较 ControlNet 的协议分层和 OSI 参考模型。

　　3. 详述 ControlNet 可用的传输介质类型及其特性。

　　4. ControlNet 网络的数据链路层中隐性令牌传递依据是何种协议？详述该协议的工作原理。根据该协议，应按照何种方式对 ControlNet 网络进行编址？

　　5. ControlNet 使用何种机制实现并保证网络的重复性和确定性？

　　6. ControlNet 的 MAC 帧是由几部分组成的？各部分的功能是什么？

　　7. ControlNet 的"可选"对象与"必选"对象的主要区别是什么？

　　8. 简述 ControlNet 设备描述的主要内容。

　　9. 详述构建基于 ControlNet 网络控制系统的软硬件设计步骤。

第9章 工业网络

工业网络是指应用于工业领域的一种综合的集成网络,涉及到计算机技术、通信技术、多媒体技术、控制技术和现场总线技术等。在功能上,工业网络的结构可分为信息网络和控制网络上下两层,信息网位于工业网的上层,是企业数据共享和传输的载体,控制网位于工业网的下层,与信息网紧密地集成在一起,服从信息网的操作,同时又具有独立性和完整性;在实现上,信息网作为计算机网络,可由流行的网络技术(如以太网、ATM以及相应的广域网技术)构建,控制网主要基于现场总线构建。

信息网络位于工业网络上层,是数据共享和传输的载体,具有如下特性:

(1) 是高速通信网络;

(2) 它能够实现多媒体的传输;

(3) 与 Internet 互联;

(4) 是开放系统;

(5) 满足数据安全性要求;

(6) 易于技术扩展和升级/更新。

控制网络不同于一般的信息网络,主要用于设备的自动控制,对生产过程状态进行检测、监视与控制,具有自身的技术特点:

(1) 节点具有较高的实时性;

(2) 容错能力强,具有高可靠性和安全性;

(3) 控制网络协议实用、简单、可靠;

(4) 控制网络结构具有分散性;

(5) 现场设备智能化。

基于信息网络与控制网络的特性,两者的集成对工业企业产生的重要意义如下所述。

(1) 实现控制网络与信息网络的信息集成,建立综合实时信息库,为企业优化控制、生产调度、计划决策提供依据、创造良机。

(2) 建立分布式数据库管理系统,保证数据的一致性、完整性和互操作性。

(3) 将现场控制信息、生产情况实时传于信息网络,充分利用设备资源与网络资源,提高网络服务质量。

(4) 能够实现对控制网络工作状态的远程监控、远程诊断、维护等,节省用于交通和人力的消费。

控制网络与信息网络的集成技术主要有互联技术、数据交换技术、数据库访问技术和远程通信技术。

9.1　互联技术

　　传统的工业网络模型具有分层结构,然而随着信息网络技术的不断发展,企业为适应日益激烈的市场竞争的需要,已提出分布化、扁平化和智能化的要求。即要求企业减少中间层次,使得上层管理与底层控制的信息直接联系;同时扩大企业集团内部同企业之间的信息联系;并根据市场变化,动态调整决策、管理和制造的功能分配。

　　控制网络的通信技术以对被控对象实现有效控制、使系统安全稳定运行为目标。信息网络的通信技术以传输信息和资源共享为目的。因此一般来说,控制网络与信息网络是两类具有不同功能、不同结构和不同形式的网络。控制网络与信息网络的紧密互联是控制网络与信息网络集成的主要技术之一。控制网络与信息网络互联的连接层为提供在控制网络和信息网络的应用程序之间进行一致性连接起着关键作用。连接层负责将控制网络的信息表达成应用程序可以理解的格式,并将用户应用程序向下传递的监控和配置信息变成控制设备可以理解的格式。

　　通常控制网络和信息网互联的连接层的实现方法是在控制网络和信息网络之间加入转换接口,是一种硬件的途径。对于同构的控制网络与信息网络,可通过网桥进行连接,对于异构的控制网络和信息网络,可通过路由器和网关实现互联。

　　网络协议是分层的,网络互联从通信参考模型的角度可分为几个层次。在物理层使用中继器,通过复制位信号延伸网段长度;在数据链路层使用网桥,实现数据链路层以上协议相同的控制网络与信息网络的互联,但此时控制网络仅是信息网络的扩展;在网络层使用路由器,实现网络层以上协议相同的控制网络与信息网络的互联;在传输层及传输层以上使用网关进行协议转换,提供更高层次的接口。转换接口的方式虽然功能较强,但实时性较差。信息网络一般采用 TCP/IP 的以太网,而 TCP/IP 未考虑数据传输的实时性问题,当现场设备有大量信息上传或远程监控操作频繁时,转换接口将成为实时通信的瓶颈。

　　在解决实际互联问题时,为了最大限度地利用现有的工具和标准,用户希望采用开放策略解决实际问题,各种标准化工作的展开和进展对控制网络的发展是极为有利的。采用统一的协议标准将成为完全互联的最终解决方案。由于控制网络与信息网络采用的是面向不同应用的协议标准,因此两种网络在互联的过程中需进行数据格式的转换,增加了系统的复杂性且也不能确保数据的完整性。若控制网络协议提高数据传输速度,信息网络协议提高数据实时性,将需提高两种网络的兼容性。两种网络的完全互联将实现从底层设备到远程监控系统信息准确、快速、完整地传输。

9.2　数据交换技术

　　OPC(OLE for Process Control)是一套基于 Windows 操作平台,为工业应用程序之间提供高效的信息集成和交互功能的组件对象模型接口标准,能实现在工业控制计算机环境中的各个数据源(包括从现场级到控制室以及上层管理)之间灵活地进行通信。它以组件对象模型和分布式组件对象模型(COM/DCOM)技术为基础,采用用户/服务器模式,把开发具体硬件访问接口的任务放在硬件生产厂商或第三方厂商,并规定了一系列数据访问接口标准。遵循这些接口标准,用户就可以访问到所需要的现场数据,而不必关心该数据是从某个具体的硬件获取的技术细节,从而把硬件生产厂商与软件开发人员有效地分离开来。

开发 OPC 技术的初衷是为了解决 I/O 驱动问题。传统的 I/O 驱动程序为应用软件提供的接口不一致,而且不开放。应用程序需为每一台控制设备开发不同的驱动程序接口。这种方式要求对不同的硬件编写不同的 I/O 驱动,其硬件的改进或升级也须对 I/O 驱动进行修改。此外,不同的 I/O 驱动为应用软件提供的接口也往往不一致,导致应用软件也须为不同的 I/O 驱动编写特定的接口代码。由于控制设备和监控软件的种类非常多,更新的速度也非常快,这使得编写工作十分繁琐。

为了适应工业数据交换的需要,实现不同厂商生产的软硬件之间的系统集成与数据交换,OPC 技术应运而生,成为工业数据交换的有效工具。

OPC 标准使所有驱动软件接口得以统一。开发商只需通过全球统一的 OPC 接口就能访问所有提供 OPC 服务器的现场设备。现场设备中的 OPC 服务器负责与作为数据供应方的现场设备联系,将供应方的数据通过标准的 OPC 接口"暴露"给数据使用方。数据使用方充当 OPC 用户端的角色。标准接口是保证开放式数据交换的关键,使得一个 OPC 服务器可为多个用户端提供数据;而一个用户又可与多个 OPC 服务器"对话"。此时需开发的驱动程序数量减少,降低了开发成本。

OPC 规范中为 OPC 服务器规定了两套接口:定制接口(Custom Interface)和自动化接口(Automation Interface)。其中 OPC 服务器必须提供定制接口,而自动化接口可选。OPC 用户既可使用支持 COM 的定制接口,也可使用自动化接口。定制接口只支持用 C/C++编写的用户程序的应用,自动化接口则支持更上层的应用,如 Visual Basic 以及 Excel 等支持 VBA 的所有应用程序。OPC 服务器与应用客户之间的连接如图 9-1 所示。

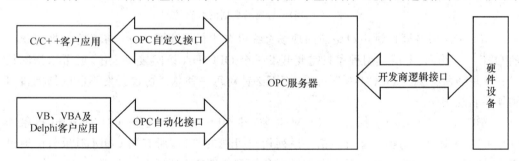

图 9-1 OPC 服务器与应用客户之间的连接

按照功能的不同,OPC 基金会发布的 OPC 规范中规定了以下几种 OPC 服务器:OPC 数据访问(OPC DA,OPC Data Access)服务器;OPC 报警和事件(OPC AE,OPC Alarm & Event Access)服务器;OPC 历史数据访问(OPC HDA,OPC Historical Data Access)服务器;OPC 批量服务器。

1. OPC 数据访问服务器

OPC 数据访问服务器简化了不同总线标准之间的数据访问机制,为不同总线标准提供了通过标准接口访问现场数据的基本方法。OPC DA 服务器屏蔽了不同总线通信协议之间的差异,为上层应用程序提供统一的访问接口,可以很容易在应用程序层实现对来自不同总线协议的设备进行互操作。

利用 OPC DA 规范对现场数据的访问机制如图 9-2 所示。OPC DA 服务器通过一个现场主设备与一个总线网段相连,并通过这个主设备来访问该网段上的其他设备。所谓的现场主设备是指在该网段上有调度能力的设备,例如在基金会现场总线中主设备是指链路活动调度器(LAS),在 Profibus 中主设备是指一类主站。

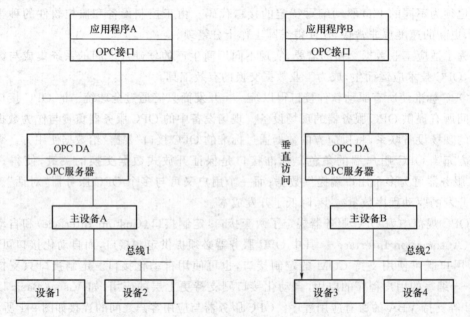

图 9-2　OPC DA 对现场数据的垂直访问

OPC DA 服务器通过主设备访问现场总线设备中的数据信息,并将这些数据用统一的 OPC DA 访问;上层应用程序只需要开发一个 OPC DA 访问接口程序,就可以访问任何一种总线所提供的 OPC DA 服务器,而不必针对每一种总线协议开发不同的访问接口和硬件驱动程序。

OPC DA 服务器中包括 3 类 COM 对象,即 OPC Server 对象、OPC Group 对象和 OPC CItem 对象。每类对象都包括一系列用户可视的接口,所有的 COM 对象只能通过接口进行访问。OPC 数据访问服务器的对象模型如图 9-3 所示。

(1) OPC Server 对象

这是用户应用最先能够连接到的 COM 对象。OPC Server 对象中包含着与 Server 有关的信息,同时还充当容纳 OPC Group 对象的"容器"。

(2) OPC Group 对象

OPC Group 对象集合提供了一种让用户组织数据的方法,用户可将与逻辑相关的一组数据作为 OPC 项添加到同一组中。例如,操作界面中的每幅界面可能分别对应了一个

OPC Group 对象,该对象负责访问现场数据,并为界面显示提供数据支持。由于用户可以通过编写 OPC 用户调用程序来决定 OPC Group 的内容以及它包含哪些 OPC CItem 对象,因此可以方便地对现场的数据进行重新组织。用户完全可以按照实际的需要重组数据项,以便在需要的时候查看需要的数据,因而在提高了数据通信效率的同时也不会影响工厂底层的控制系统。

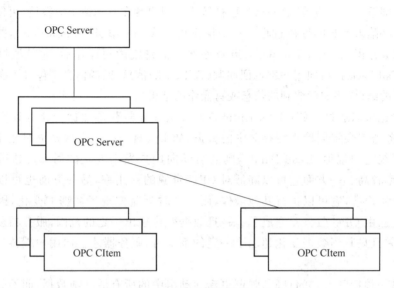

图 9-3　OPC 数据访问服务器对象模型

（3）OPC CItem 对象

OPC CItem 对象提供了与现场数值的连接,即每个 OPC CItem 与一个信号变量(包括过程值与设定值等)对应。OPC CItem 对象为 OPC 用户提供诸如信号值、数据质量、时间戳及数据类型等信息。信号值的数据类型为 VARIANT,表示实际的数值;数据质量标识数据是否有效;时间戳则反映从设备读取数据的时间或服务器刷新数据存储区的时间。因此,OPC CItem 用于实现 OPC 服务器与实际数据的连接。

OPC DA 服务器的访问过程如下。

首先,OPC DA(如可视化)应用程序要通过 COM/DCOM 平台与 DA 服务器建立通信连接,并建立 OPC 组和 OPC 数据项,这是 OPC DA 的基础。为了访问过程数据,DA 用户需要事先指定 DA 服务器的名称、运行 DA 服务器的机器名以及 DA 服务器上的 Item定义。

其次,用户通过对其建立的 OPC Group 与 OPC CItem 进行访问实现了对过程数据的访问,用户可以选择设备或缓冲区(Cache)作为其访问的数据源。用户的过程数据访问包括过程数据的读写、更新、订阅、写入等,过程数据的读写还分为同步读写与异步读写。

最后,完成通知。服务器响应用户的过程数据访问请求,当处理完毕时通知用户。

其中,在同步读写的过程中,用户端先向服务器发出读写请求命令,然后等待服务器返回"完成"信息。在服务器执行读写操作的过程中,用户端一直处于等待状态,直到服务器返回"完成"信息或超时。这种方法比较适合于只需读写少量数据，且对效率要求不高的简单用户，而对复杂用户而言，采用同步的方式进行读写会严重影响其性能和效率。

异步读写与同步读写最大的区别是，当用户端发出异步读写请求后，服务器并不是等到读写操作实际完成后才向用户返回完成信息，用户端也不是等到服务器返回"操作完成"信息后才执行下一步程序。实际过程是，用户端向服务器发出读写操作请求，服务器在接收请求后向用户端返回一个应答，表明请求已被接收。用户端在收到请求应答后，可继续执行其他操作而不必陷入漫长的等待过程。每个操作可看成一个事务（Transaction），并被分配一个唯一的事务标识（Transaction ID）。当服务器真正完成读写操作后，它就通过用户端的OPC Data Call Back 接口向用户端返回回调（Call Back）信息，回调信息中包含了操作事务 ID和实际操作的结果（例如读取到的信息或写操作的结果）。

用户端也可以通过订阅（Subscription）方式从服务器获得数据变化的通知。当开始订阅后，服务器就会定期检查缓存区中的数据，如果发现数据与上次扫描时相比其变化幅度已超过了规定的幅值（Dead Band），则会自动向用户发出变化的通知。这种方法比较复杂，但效率较高。一方面它可以降低对 CPU 资源的占用率，另一方面也可以节约网络资源。对于用户端，它可以执行其他操作，而不必时刻监控现场数据的变化，因为这部分数据实际上已由 OPC 服务器完成了。一旦数据变化超出一定的范围，服务器就会自动通知用户端，并且只有当数据变化超出了一定的范围时，服务器才会向用户端传送变化后的结果。

刷新是一种特殊形式的订阅，强调更新活动组中的所有活动项数据，而不管这些数据与以前相比是否有了变化。

2. OPC 报警和事件服务器

OPC 报警与事件规范接口提供了一种由服务器程序将现场报警和事件通知用户程序的机制。通过这种机制，当 I/O 设备中有指定的事件或报警条件产生时，OPC 用户应用程序能得到通知。通过 OPC 报警与事件服务器，OPC 用户应用程序可以设置 OPC 服务器支持的事件和条件，并获得其当前状态。

过程控制中报警和事件的概念在不严格的场合，二者可以互换。

在 OPC 中，报警是一种需引起用户程序注意的非正常情况，这种情况是 OPC 事件服务器或其所包容的对象中命名了的一个状态，而这个状态对 OPC 用户应用程序来说是有用的。例如，标签 FC101 可以有以下几种相关情况：上限报警、上上限报警、正常、下限报警、下下限报警。

另一方面，事件是某种可以检测到的变化，而这种变化对 OPC 服务器及其所表示的I/O 设备或 OPC 用户来说是非常重要的。一个事件可能是和某种情况相关的，也可能和任何情况都无关。例如，系统从正常情况变化到上限报警或从上限报警变化到正常情况，这是和某种情况相关的事件，但是，操作人员的动作、系统配置的更改、系统故障就是与情况无关的事件。OPC 用户程序可以得到这类特殊事件发生的通知。

OPC 中用 OPC Condition 和 OPC Event Notification 分别表示状态和事件。报警与事件服务器主要支持两种类型的服务器：一种是简单事件服务器，可以检测报警事件并通知 OPC 用户程序；另一种是复杂服务器，它除了提供以上功能外，还可对报警和事件进行分类和过滤等高级操作。

3. OPC 历史数据访问服务器

OPC 历史数据访问服务器提供一种历史数据引擎,将必须分散存储的信息组合成一个额外的数据源并把它们提供给对其感兴趣的用户或 OPC 用户程序。当前大部分历史数据系统采用专用接口分发数据,这种方式无法在即插即用的环境中增加或使用已有的历史数据解决方案,从而限制了其应用的范围和功能。

为了将历史数据和各种不同的应用系统进行集成,OPC 历史数据访问服务器将历史信息认为是某种数据类型的数据。目前,OPC 规范支持以下几种历史数据服务器:

(1) 简单趋势数据服务器。这种服务器只提供原始数据和简单的存储功能。数据一般是 OPC 数据存取服务器提供的数据类型,通常是[时间 数值 品质]元组的存储形式。

(2) 复合数据压缩和分析服务器。这种服务器能够提供与原始数据存储一样的数据压缩功能,还能提供数据汇总和数据分析功能,如平均值、最大值、最小值等。支持数据刷新及历史记录的刷新,另外,保存历史数据的同时还可以记录对数据的注释信息。

4. OPC 批量服务器

OPC 批量服务器是基于 OPC 数据存储规范和 IEC 61512-1 国际批量控制标准制定,提供一种存取实时批量数据和设备信息的方法。其目的不是为批量过程控制提供某种解决方案,而是使异构环境下不同的生产控制方案能有效地协同,即一个批量过程服务器可以从其他 OPC 数据服务器或专用的批量过程控制软件获取数据,然后提供给用户软件。

OPC 技术是实现控制系统现场设备与过程管理信息交互,实现控制系统开放性的关键技术,同时也为不同现场总线系统的集成提供了有效的软件实现手段。OPC 的作用主要如下。

(1) 现场设备间开放式数据交换的中间件

随着计算机技术的不断发展和用户需求的不断提高,工业控制系统功能日趋强大、结构日益复杂、规模越来越大,一套工业控制系统往往选用了几家甚至十几家不同公司的控制设备或系统集成一个大的系统,但由于缺乏统一的标准,开发商必须对系统的每一种设备都编写相应的驱动程序,而且,当硬件设备升级、修改时,驱动程序也必须跟随修改。同时,一个系统中如果运行不同公司的控制软件,也存在着互冲突的风险。OPC 提供了一种使系统以标准的方式从数据源获取数据,并传送给各用户应用程序的机制。现场设备商只需开发一套遵循 OPC 规范的服务器,由服务器与数据源进行通信,获取现场数据。用户端应用程序通过服务器访问现场设备。因此,解决了设备驱动程序开发中的异构问题,实现了接口的标准化,保证了系统的互操作性,为异构计算机环境(如不同总线协议、不同厂商产品的系统集成)提供了公开、方便的途径。

(2) 异构网段间数据共享的中间件

现场总线至今仍是多种总线并存的局面,致使系统集成和异构控制网段之间的数据交换面临许多困难。使用 OPC 作为异构网段集成的中间件,则可实现每种总线提供各自的 OPC 服务器和用户端,并且任意 OPC 用户端可通过一致的 OPC 接口访问这些 OPC 服务器,获取各个总线段的数据,也可将所有总线段的数据集中到某个用户端形成数据集散地。通过该种方法实现异构总线段之间的数据交互。当其中某种总线的协议版本升级,也只需对相应总线段的服务器程序升级修改,本身的用户端和其他 OPC 服务器及用户端不需做任何改动。

（3）集成工业网络的中间件

网络的集成是系统的发展趋势,控制系统与控制系统集成为更大的控制系统,而且,控制系统与信息系统集成为整个工业网络,控制系统只是整个工业网络中的一个子网。在实现工业网络的过程中,OPC 也能够发挥重要作用。在信息集成的过程中,包括现场设备与监控系统之间、监控系统内部各组件之间、监控系统与企业管理系统之间以及监控系统与 Internet 之间的信息集成,OPC 作为连接件,按一套标准的 COM 对象、方法和属性,提供了方便的信息流通和交换。

在控制集成的过程中,OPC 除了能连接异构控制网段之外,还可以连接不同类型的控制系统与设备。利用 OPC 的用户/服务器体系结构,为来自不同供应商的设备、系统提供即插即用的功能,通过 OPC 连接传统的离散 I/O 系统、DCS(集散控制系统)与 PLC(可编程逻辑控制器)系统以及 FCS(现场总线控制系统)。

无论是信息系统还是控制系统,无论是 PLC 还是 DCS,或者是 FCS,都可以通过 OPC 快速可靠地彼此交换信息。换句话说,OPC 是整个工业网络的数据接口规范,所以,OPC 提升了控制系统的功能,增强了网络的功能,提高了企业管理的水平。

（4）访问专有数据库的中间件

在实际应用中,许多控制软件都采用专有的实时数据库和历史数据库,这些数据库由控制软件的开发商自主开发。这类数据库的访问不像访问通用数据库那么容易,只能通过调用开发商提供的 API 函数或其他的一些特殊方式。不同开发商提供的 API 函数的类型是不同的,这就带来和硬件驱动器开发类似的问题:要访问不同监控软件的专有数据库,需要编写不同的代码,且还要分别了解各个数据库提供的 API 函数的调用方法,这显然十分繁琐。采用 OPC 则能有效地避免这个问题。

若监控软件专有数据库的开发商在提供数据库的同时,也提供一个可以访问该数据库的 OPC 服务器(数据访问服务器或历史数据访问服务器),当用户需访问这个数据库时,只需按照 OPC 规范的要求编写 OPC 用户端程序,而无须了解该专有数据库特定的接口要求。更重要的是这个 OPC 用户端程序能够用来访问不同的数据库,只要这些数据库支持 OPC 服务器。

9.3　数据库访问技术

信息网络一般采用开放式数据库系统,通过数据库访问技术可实现控制网络与管理信息网络的集成。信息网络可通过浏览器接入控制网络,基于 Web 技术,可与信息网络数据库进行动态的、交互式的信息交换,实现控制网络与信息网络的集成。

9.3.1　数据库的系统结构

数据库是存储在计算机内、有组织、可共享的数据集合。数据库中的数据按一定的数据模型组织、描述和存储,具有较小的数据冗余度,较高的数据独立性和可扩展性,并且数据库中的数据可为各种合法用户共享。

数据库系统是一个软件系统,主要用来定义和管理数据库,处理数据库与应用程序之间的联系。数据库管理系统(DBMS)是数据库系统的核心组成部分,它建立在操作系统之上,对数据库进行统一的管理和控制。

数据库系统由数据库、支持数据库运行的软硬件、数据库管理系统、应用程序和人员等部分组成。

(1) 数据库。数据库是存储在外存上的若干个设计合理、满足应用需要的结构化的数据集合。

(2) 硬件。硬件是数据库赖以存在的物理设备,包括 CPU、存储器和其他外部设备等。数据库系统需要有足够大的内存和外存,用来运行操作系统、数据库管理系统核心模块和应用程序以及存储数据库。

(3) 数据库管理系统。这是帮助用户创建、维护和使用数据库的软件系统,是数据库系统的核心。较流行的微机数据库管理系统有 FoxPro、Visual FoxPro、SQL Server 等。

(4) 相关软件。包括操作系统、编译系统、应用开发工具软件和计算机网络软件等。

(5) 应用程序。数据库是多用户共享的,不同用户的数据视图已由设计者组织在数据库中,但是如何使用是用户自己的事,可以在远程终端上查询数据,也可以编程处理自己的业务,其操作权限仅是数据库的一个子集。

(6) 人员。包括数据库管理员(DBA,Data Base Administrator)和用户。在大型数据库系统中,需要有专人负责数据库系统的建立、维护和管理工作,承担该任务的人员称为数据库管理员。用户分为两类:专业用户和最终用户。专业用户侧重设计数据库、开发应用系统程序,为最终用户提供友好的用户界面。最终用户侧重对数据库的使用,主要是通过数据库进行联机查询,或者通过数据库应用系统提供的界面使用数据库。

数据库系统有着严谨的体系结构。目前世界上有大量的数据库正在运行,其类型和规模可能相差很大,但是就其体系结构而言却是大体相同的。

为了提高数据与程序的独立性、减少数据的冗余度、增加数据的可共享度、提高系统的可扩展性,人们对数据的物理层、逻辑层与用户之间进行多级分层与抽象,最终形成如图 9-4 所示的数据库系统的三级模式两级映像结构。这是美国国家标准委员会所属标准计划和要求委员会在 1975 年公布的一个关于数据库标准的报告,提出了数据库的三级模式结构,这就是有名的 SPARC 分级结构。三级结构对数据库的组织从内到外分 3 个层次描述,分别称为内模式、概念模式和外模式。

(1) 概念模式

概念模式也称模式,是数据库中全部数据的逻辑结构和特征的描述,是所有用户的公共数据视图。它由若干个概念记录类型组成,只涉及类型的描述,不涉及具体的值。概念模式的一个具体值称为模式的一个实例,同一个模式可以有很多实例。模式反映的是数据库的结构及其联系,所以是相对稳定的;而实例反映的是数据库某一时刻的状态,所以是相对变动的。例如,学生记录定义为(学号,姓名,性别,系别,年龄,籍贯),而(3001,"王军","男","计算机",22,"浙江")则是该记录类型的一个记录值,是该记录类型的一个实例。

需要说明的是,概念模式不仅要描述概念记录类型,还要描述记录间的联系、操作及数据的完整性、安全性等要求。但是,概念模式不涉及到存储结构、访问技术等细节。只有这样,概念模式才算做到了"物理数据独立性"。描述概念模式的数据定义语言称为模式 DDL(Schema Data Definition Language)。

(2) 内模式

内模式也称存储模式,是数据物理结构和存储方式的描述,是数据在数据库内部的表示方式。它定义所有的内部记录类型、索引和文件的组织方式,以及数据控制方面的细节。

例如:记录的存储方式是顺序存储、按照 B 树结构存储,还是 Hash 方法存储;索引按照什么方式组织;数据是否压缩存储,是否加密;数据的存储记录结构有何规定等。

需要说明的是,内部记录并不涉及到物理记录,也不涉及到设备的约束。比内模式更接近于物理存储和访问的那些软件机制是操作系统的一部分(即文件系统),例如从磁盘上读、写数据。

描述内模式的数据定义语言称为内模式 DDL。

(3) 外模式

外模式也称用户模式或子模式,是各个数据库用户能够看见和使用的局部数据的逻辑结构和特征的描述,是数据库用户的数据视图,是与某一应用有关的数据的逻辑表示。用户使用数据操纵语言(DML,Data Manipulation Language)对数据库进行操作,实际上是对外模式的外部记录进行操作。描述外模式的数据定义语言称为外模式 DDL。有了外模式后,程序员不必关心概念模式,只与外模式发生联系,按外模式的结构存储和操纵数据。

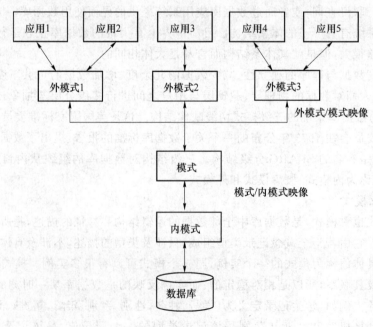

图 9-4 SPARC 分级结构图

　　综上所述,模式是内模式的逻辑表示,内模式是模式的物理实现,外模式则是模式的部分抽取。3 个模式反映了对数据库的 3 种不同观点:模式表示了概念级数据库,体现了对数据库的总体观;内模式表示了物理级数据库,体现了对数据库的存储观;外模式表示了用户级数据库,体现了对数据库的用户观。总体观和存储观只有一个,而用户观可能有多个,有一个应用,就有一个用户观。

　　前面谈到的三级模式,只有内模式才是真正存储数据的,而模式和外模式仅是一种逻辑表示数据的方法,但却可以放心大胆地使用它们,这是靠 DBMS 的映像功能实现的。

　　为了能够在内部实现数据库 3 个抽象层次的联系和转换,数据库管理系统在这三级模式之间提供了两层映像:外模式、模式映像、模式、内模式映像。正是这两层映像保证了数据库系统中的数据能够具有较高的逻辑独立性和物理独立性。

　　(1) 外模式/模式映像

　　模式描述的是数据的全局逻辑结构,外模式描述的是数据的局部逻辑结构。对应于同一个模式可以有任意多个外模式。对于每一个外模式,数据库系统都有一个外模式/模式映像,它定义了该外模式与模式之间的对应关系。这些映像定义通常包含在各自外模式的描述中。

　　当模式改变时(例如增加新的关系、新的属性、改变属性的数据类型等),由数据库管理员对各个外模式/模式的映像作相应改变,可以使外模式保持不变。应用程序是依据数据的外模式编写的,从而应用程序不必修改,保证了数据与程序的逻辑独立性,简称数据的逻辑独立性。

　　例如,如果想对某个表添加一些字段,那么对于不涉及到这些字段的外模式就不需改变,当然调用该外模式的应用程序不用修改,因为应用程序只访问外模式定义的数据,对于数据的整体结构并不关心。这样也使程序员把注意力主要集中在和自己相关的数据上,对数据的整体逻辑结构可以不必过多了解,减轻了编程负担。

　　(2) 模式/内模式映像

　　数据库中只有一个模式,也只有一个内模式,所以模式/内模式映像是唯一的,它定义了数据库全局逻辑结构与存储结构之间的对应关系。例如,说明逻辑记录和字段在内部是如何表示的。该映像定义通常包含在模式描述中。当数据库的存储结构改变了(例如选用了另一种存储结构),由数据库管理员对模式/内模式映像做相应改变,可以使模式保持不变,从而应用程序也不必改变。保证了数据与程序的物理独立性,简称数据的物理独立性。

　　在数据库的三级模式结构中,数据库模式即全局逻辑结构是数据库的中心与关键,它独立于数据库的其他层次。因此设计数据库模式结构时应首先确定数据库的逻辑模式。

　　数据库的内模式依赖于它的全局逻辑结构,但独立于数据库的用户视图(外模式),也独立于具体的存储设备。它将全局逻辑结构中所定义的数据结构及其联系按照一定的物理存储策略进行组织,以达到较好的时间与空间效率。

　　数据库的外模式面向具体的应用程序,它定义在逻辑模式之上,但独立于存储模式和存储设备。当应用需求发生较大变化,相应外模式不能满足其视图要求时,该外模式就得做相应改动,所以设计外模式时应充分考虑到应用的扩充性。

特定的应用程序是在外模式描述的数据结构上编制的,它依赖于特定的外模式,与数据库的模式和存储结构独立。不同的应用程序有时可以共用同一个外模式。数据库的二级映像保证了数据库外模式的稳定性,从而从底层保证了应用程序的稳定性,除非应用需求本身发生变化,否则应用程序一般不需要修改。

数据与程序之间的独立性,使得数据的定义和描述可以从应用程序中分离出去。另外,由于数据的存取由 DBMS 管理,用户不必考虑存取路径等细节,从而简化了应用程序的编制,大大减少了应用程序的维护和修改。

9.3.2　关系数据库

数据库好比是一个电子版本的文件柜,用于集中存储、组织和访问所有信息。数据库将信息存储到字段、记录和文件中。字段是信息的一部分,例如客户的名字;记录是一组完整的字段,例如客户的名字、姓氏、地址、电话号码和账户信息;文件是一组记录,例如一个包含所有客户的完整列表。

通过数据库管理系统可以实现对数据库所包含信息的使用,即利用软件程序进行输入、组织和选择数据库中存储的信息。最典型的数据库管理系统是关系数据库管理系统(RDBMS)。关系数据库管理系统将信息存储在由行和列组成的表中,数据库表中的每一列都包含一个不同类型的属性,而每行则对应于单个记录。例如在客户表中,列可能包含姓名、地址、电话号码和账户信息,每行则是一个单独的客户。

关系数据库是采用关系模型数据的组织方式的数据库,并建立在严格的数学概念的基础之上,数据的基本结构是表,即数据按行、列有规则地排列、组织。数据库中每个表都有一个唯一的表名。

关系模型由关系数据结构、关系操作集合和关系完整性约束 3 部分组成,涉及的基本概念如下。

关系:一个关系在逻辑上对应一个按行、列排列的表格。

属性:表中的一列称为一个属性,或称一个字段,表示所描述对象的一个具体特征。

域:域是属性的取值范围。

元组:表中的一行称为元组,又称记录。

主键:在一个表中不允许有两个完全相同的元组,表中能够唯一标识元组的一个属性或属性集合称为主键。

关系模式:关系名及关系中的属性集合构成关系模式。

数据结构是所研究的对象类型的集合,是刻画一个数据模型性质最重要的方面,是对系统静态特性的描述。关系模式是对关系数据库的一个静态描述,而关系是动态的,不同时刻在关系数据库中储存的内容可能不同,随着用户对数据库的操作而变化。

关系数据结构是单一的用关系来描述的数据结构,因为现实世界的实体以及实体间的各种联系均用关系来表示。从用户角度分析,关系模型中数据的逻辑结构又是一张描述关系的二维表。

关系数据库是由若干数据模式的集合及其某一时刻各个数据模式的取值的集合构成,要求关系必须规范化,即要求关系模式必须满足一定的规范条件。规范化的关系称之为范式。

数据操作是指对数据库中各种对象实例允许执行的操作集合。数据操作是对系统动态特性的描述。关系操作可用代数和逻辑两种方法表示,即采用关系代数或关系演算两种方式。这两种方式的表达能力等价。常用的关系操作包括查询、数据更新,查询又可分为选择、投影、连接、除、并、交、差;数据更新包括插入、删除、修改,查询的表达能力是其中最主要的部分。由于操作的对象和结果都是集合,因此关系操作的特点是集合的操作方式。

关系数据语言的种类可分为利用对关系的运算来表达查询要求的关系代数语言;使用谓词来表达查询要求的关系演算语言,演算语言又包含谓词变元的基本对象为元组变量的元组关系演算语言(典型代表是 APLHA,QUEL)和谓词变元的基本对象为域变量的域关系演算语言(典型代表是 QBE);具有关系代数和关系演算双重特点的语言(典型代表是 SQL)。SQL 是关系数据库的标准语言。关系数据语言的特点是:它是一种高度非过程化的语言,其存取路径的选择由数据库管理系统的优化机制来完成,用户不必用循环结构就可以完成数据操作,并且能够嵌入高级语言中使用,关系代数、元组关系演算和域关系演算 3 种语言在表达能力上完全等价。

数据的约束条件是一组完整性规则的集合。完整性规则是指给定的数据模型中数据及其联系所具有的制约和依存规则,用以限定符合数据模型的数据库状态以及状态的变化,以保证数据的正确、有效、相容。关系数据库的重要特征之一是数据的完整性约束。

关系模型中可以有 3 种完整性约束:实体完整性、参照完整性和用户定义的完整性。其中实体完整性和参照完整性是关系模型必须满足的完整性约束条件,被称为关系的两个不变性,由关系数据库系统自动支持;用户定义的完整性,反映应用领域需要遵循的约束条件,体现了具体领域中的语义约束,且用户定义后由系统支持。

目前各种规模的商用数据库系统基本都是关系数据库。例如 Oracle、Sybase、DB 和 Microsoft SQL Server 等企业数据库系统,以及 Microsoft Access、Microsoft FoxPro 和 Paradox 等桌面数据库系统都是关系数据库。

数据库的各项功能是通过数据库所支持的语言实现的,主要有数据定义语言、数据操作语言和数据控制语言。

9.3.3 ODBC 调用技术

根据编程语言的不同,有 3 种访问数据库应用编程接口(API,Application Programming Interface):ODBC(Open DataBase Connectivity)API、固有连接 API 以及 JDBC(Java DataBase Connectivity)API。

(1) ODBC API

目前,广泛使用的关系数据库管理系统有几十种,最常用的也有十几种。例如:国外的 Oracle、Sybase、DB2、Informix、MS SQL Server、Visual Foxpro 和 Access;国内的 Openbase、DM2 和 PBASE 等。这些系统都属于关系数据库,都遵循 SQL 标形,但是它们之间有许多差异。

若某个关系数据库管理系统开发的应用系统不能在另一种关系数据库管理系统下运

行,其原因是在传统的数据库应用系统开发中,应用程序对某个关系数据库管理系统数据库的操作都是调用该特定关系数据库管理系统所提供的应用编程接口、嵌入式 SQL 语言、存储过程和 SQL 语句等来完成的。因此,开发的应用程序只能在特定的关系数据库管理系统环境下运行,适应性和移植性较差。

此外,在网络环境下,一个单位的不同部门常常在不同的时间因为不同的情况选用了不同的关系数据库管理系统。而建立全局信息系统时,某些应用程序需要同时访问各个部门的数据库,共享数据资源,这种情况下使用传统的数据库应用程序开发方法则难以实现对多个不同关系数据库管理系统的互操作。

为了使用户的应用程序能访问不同的数据库系统,实现数据库系统"开放",能够彼此相互通信、相互操作、相互访问,简言之能够"数据库互联"。开放数据库互联(ODBC,Open DataBase Connecting),是 Microsoft 公司推出的产品,用于访问数据库的标准调用接口。使用 ODBC 接口的应用程序可实现对多种不同数据库系统的访问,并且应用程序对数据库的操作不依赖于任何数据库管理系统,实现应用程序对不同数据库资源的共享。

为了实现应用程序对不同数据库系统的访问,可以利用标准的数据库调用接口来实现应用程序与数据库的互操作。即在应用系统和不同的关系数据库管理系统之间加一中间件——数据库应用编程接口,由该中间件将应用系统中对数据库的标准调用转换成对某个特定的关系数据库管理系统的调用,如图 9-5 所示。则应用程序与具体的关系数据库管理系统平台相隔离,当应用程序连接的关系数据库管理系统平台改变时,不必改写应用程序,提高了应用系统与关系数据库管理系统的独立性,从而使应用系统具有良好的可移植性,这就是 ODBC 的基本思想。

作为一种数据库连接的标准技术,ODBC 有以下几个主要特点:

① ODBC 是一种使用 SQL 的程序设计接口;

② ODBC 的设计是建立在客户机/服务器体系结构基础之上;

③ ODBC 使应用程序开发者避免了与数据源连接的复杂性;

④ ODBC 的结构允许多个应用程序访问多个数据源,即应用程序与数据源的关系是多对多的关系。

ODBC 提供了一套数据库应用程序接口规范。这套规范包括:为应用程序提供的一套调用层接口函数(CLI,Call Level Interface)和基于动态链接库的运行支持环境。使用 ODBC 开发数据库应用程序时,应用程序调用的是 ODBC 函数和 SQL 标准语句。

ODBC 的结构建立在客户机/服务器体系结构之上,它包含 4 个组件。

① 应用程序

应用程序(Application)即是用户的应用,它负责用户与用户接口之间的交互操作,通过调用 ODBC 函数给出 SQL 请求并提取结果和进行错误处理。

② ODBC 驱动程序管理器

ODBC 驱动程序管理器(Driver Manager)为应用程序加载和调用驱动程序,它可以同时管理多个应用程序和多个驱动程序。通过间接调用函数和使用动态链接库(DLL)来实现其功能,一般包含在扩展名为"dll"的文件中。

③ ODBC 驱动程序

ODBC 驱动程序(Driver)执行 ODBC 函数调用,传送 SQL 请求给指定的数据源,并将结果返回给应用程序。驱动程序也负责与任何访问数据源的必要软件层进行交互作用,这种层包括与底层网络或文件系统接口的软件。

④ 数据源

数据源由数据集和与其相关联的环境组成,包括操作系统、DBMS 和网络(如果存在的话)。ODBC 通过引入"数据源"的概念解决了网络拓扑结构和主机的大范围差异问题,这样,用户看到的是数据源的名称而不必关心其他。

图 9-5 中数据库调用转换接口由 ODBC 驱动程序管理器和一组关系数据库管理系统驱动程序构成。ODBC 通过使用驱动程序来保证数据库独立性,进行数据库操作的数据源对应用程序透明,所有数据库操作由对应数据库管理关系的驱动程序完成。一种关系数据库管理系统平台提供一种驱动程序,不同的驱动程序一般由不同的关系数据库管理系统厂商开发和提供。

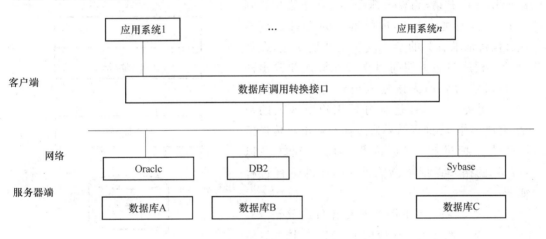

图 9-5　ODBC 基本思想描述图

访问数据库的过程就是调用 ODBC API,通过 ODBC API 驱动程序管理器,然后由驱动器驱动数据源。

ODBC API 显著的特点是用它生成的程序与数据库系统无关。

(2) 固有连接 API

固有连接一般包含一个特定的应用程序开发包,根据特定的数据库进行固有连接编程。固有连接只适用于某一种数据库系统,无互操作性,优点是它的访问速度较快。

(3) JDBC API

JDBC 是面向 Java 语言,JDBC 设计成既能保证查询语句的简洁性,又能保证需要时提供一些高级功能。应用 JDBC 可实现数据库与应用程序之间的双向、全动态、实时的数据交换。

根据 Web 与数据库不同的连接技术,ODBC 调用技术有:Web 通过 CGI/ISAPI 与数据库连接；Web 通过 Internet 数据库连接器（IDC，Internet Database Connectivity）与数据库连接。

（1）Web 通过 CGI/ISAPI 与数据库连接

Web 通过 CGI/ISAPI 与数据库连接的工作流程如图 9-6 所示。

① CGI

公共网关接口（CGI，common gateway interface）是 Web 服务器与数据库连接的基本方式之一，是 Web 上最早出现的动态网页发布技术，技术成熟，目前仍然被用于动态网页开发。CGI 是一段程序，它运行在 Web 服务器上，是服务器与客户端的接口。利用 CGI 可以实现 Web 服务器与数据库之间的操作。当用户在浏览器端完成了一定的输入（例如填好表单（Fum））之后，向服务器提出 HTTP 请求，Web 服务器守护进程接收到该请求后，创建一个子进程（称之为 CGI 进程），该进程将请求有关的参数设置成环境变量，在外部 CGI 程序与服务器间建立标准榆入和输出两条通道，然后启动为该输入所设定的可执行的 CGI 应用程序。CGI 进程分析用户所输入的数据，完成操作，将处理结果通过标准输出流传递给服务器守护进程，守护进程再将处理结果以 HTML 的格式返回给浏览器。CGI 的运行过程如下：

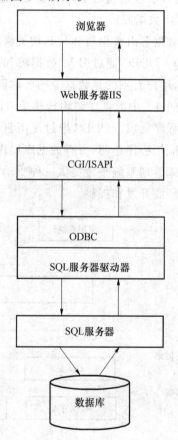

图 9-6　采用 CGI 或 ISAPI 方式的工作流程

- 浏览器向 Web 服务器发出 HTTP 请求；
- Web 服务器将相应的 HTML 文档发送给浏览器；
- 浏览器在 HTML 文档中的表格填写相应内容，然后提交给 Web 服务器上某 CGI 程序；
- CGI 程序验证浏览器所填写数据，执行有关操作，如查找数据库或以一定格式写入数据库并向浏览器发送反馈数据信息。

可用 C，C++，Perl，Java，Delphi 等不同编程语言编写 CGI 程序，其中 Delphi 3.0 是比较理想的 CGI 程序编程语言之一。CGI 的工作原理简单、易理解，标准开放，几乎支持所有的服务器；但每次执行 CGI 程序都要重新与数据库进行连接，效率低，交互性差。

② ISAPI

ISAPI（Internet Server Application Programming Interface）是微软公司的 Internet 服务器应用编程接口。

与 CGI 相比，ISAPI 建立的应用程序以动态链接库的形式存在；ISAPI 在处理一个进程后，继续留在内存，等待处理别的进程输入，直到没有进程请求为止。因此，它的运行速度快、效率高;ISAPI 平台兼容性和交互性较差。

与 CGI 一样,它可以方便地用 Delphi 3.0 实现。

(2) Web 通过 IDC 与数据库连接

用户端与数据库采用 ISAPI IDC 交互的工作流程如图 9-7 所示。

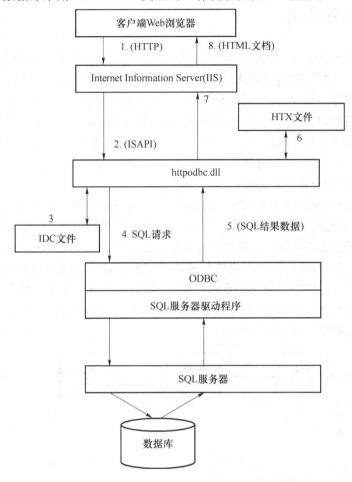

图 9-7　采用 ISAPI IDC 交互的工作流程图

在 Windows NT 4.0 环境下,采用 IIS 作为 Web 服务器,可以通过 IDC 访问数据库。从概念上说,Web 浏览器使用 HTML 文本将请求递交给 Web 服务器,Web 服务器将 HTML 格式的文本传递给 IDC,然后由 IDC 转换成相应的 SQL 语句,从而实现对后台数据库的访问。IDC 模块是 IIS 的一个动态链接库。

IDC 使用两类文件,即 Internet 数据库连接器文件(.idc)和 HTML 模板文件(.htx)来控制如何访问数据库及如何输出 HTML 文档。IDC 文件包含连接 ODBC 的数据源和执行 SQL 语句所必需的信息(例如,数据库名、用户名、口令和 SQL 语句等),此外还包括".htx"模板文件的名称以及存放的路径。".htx"模板文件实际上是一个 HTML 文档的模板,其作用是在 IDC 访问数据库的时候将所得的信息插入到模板文件中,形成一个完整的 HTML 文档,并返回给 Web 浏览器。模板文件同样是用 HTML 语言编写的,其中可以包括静态文字、图像以及其他元素。

对 SQL 服务器的每一次查询都需要一个".idc"文件和一个".htx"文件,".idc"文件存储在 Web 服务器中,".htx"文件可放在 Web 服务器所能访问的任何地方。

9.4　远程通信技术

随着计算机性能的提高,通信、计算机网络、ERP 等高新技术的蓬勃发展,信息化的范围随之扩大。当控制网络与信息网络地理上相距较远时,则可通过远程通信技术实现网络集成。远程通信技术有:利用调制解调器的数据通信和基于 TCP/IP 的远程通信。

在远程应用时,基于 TCP/IP、HTTP 和 Web 服务器,通过通信服务程序与本地控制系统实时数据库进行数据通信,用户可以在客户端通过标准网页浏览器实时监控工业现场动态工艺流程、现场设备状况和系统运行状态,实现远程访问控制现场的数据、远程过程监控、远程设备管理和维护远程系统的目的。

基于 Web 的远程监控系统可分为现场监控(智能终端)、监控中心(包括通信模块、数据库服务器、Web 服务器)和客户端 3 个子系统,整体结构如图 9-8 所示。智能终端一方面负责采集现场各设备的运行状况数据并传送给监控中心,另一方面受监控中心的命令控制,并采取相应的动作。监控中心通信模块完成和智能终端的数据传输任务,Web 服务器完成与客户子程序以及现场子系统的交互,数据库则用于存储现场实时数据。客户子系统由浏览器实现,是用户直接与其交互的部分,接受用户的输入,从监控中心获得检测数据或通过监控中心发送控制命令。

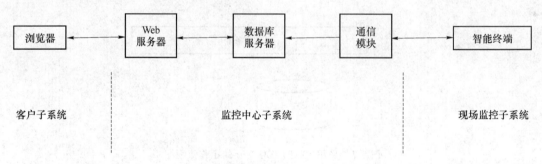

图 9-8　基本 Web 的远程监控方案整体结构图

远程监控需解决的一个技术问题是如何实现多客户端同时监控的功能。其解决的主要办法是在通信服务器设计中实现多线程异步 TCP/IP 网络套接字,采用一个监听连接请求线程,监听所有来自合法远程 IP 地址的连接请求。若 IP 地址合法,则在服务器端创建相应的客户通信套接字,并建立一个线程,专门负责与相应客户的通信,解析客户的通信数据。因此,并行执行对不同客户的通信服务,从而提高了系统的响应速度,且使得其他客户能够清楚某个客户对现场数据的修改。

远程监控需要解决的另一个技术问题是保证网络安全。网络安全包括物理安全和逻辑安全。物理安全指网络系统中通信、计算机设备及相关设施的物理保护,免于破坏和丢失。逻辑安全包括信息的完整性、保密性、非否认性、身份验证和可用性等内容。为了保

证网络的安全,系统中应采取的基本安全防范技术如下:

(1) 防毒软件,在信息服务器、文件服务器、数据库服务器及客户端应用防毒软件,使用防毒网关以及网站上的在线杀毒软件;

(2) 防火墙,防火墙技术主要包括应用网关技术、代理服务技术、包过滤等,实现数据流的监控、过滤、记录和报告功能,并在内部网络与不安全外部网络间设置障碍,可有效阻止外部对内网的非法访问;

(3) 密码技术,采用密码技术对信息加密是最常用的网络安全保护手段,例如采用私钥、公钥可以确定信息的接收者;

(4) 身份认证技术,例如利用数字签名技术来确定消息的发送者。

9.5 工业网络设计实例

工业网络设计的关键问题是根据生产过程要求确定合理的网络结构,尽量保证系统性能的前提下,平衡性价比,选择合理的硬件设备和简单、完整且实用的软件系统。为了更好地了解工业网络的设计过程,本节以煤码头的工业网络设计为例进行介绍。

根据煤码头工艺流程特点,工业网络采用基于 EtherNet/IP、ControlNet 和 DeviceNet 的三层网络架构,通过控制网络与信息网络集成,实现重要信息的监控与存储,系统网络结构如图 9-9 所示。

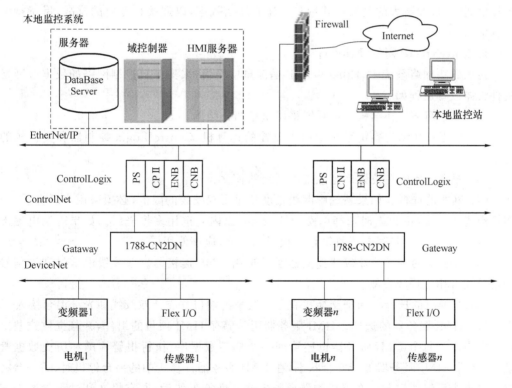

图 9-9　系统网络结构图

系统完成的主要功能可归纳如下：

（1）通过设备层的 DeviceNet 网络实现对煤重的采集和变频器的控制；

（2）通过控制层的 ControlNet 光纤网络实现不同工艺段的控制器数据共享；

（3）通过信息层的 EtherNet/IP 网络监控各工艺段，特别是皮带的动作流程；

（4）通过带有网关功能的 ControlLogix 机架实现 EtherNet/IP 与 ControlNet 网络的无缝连接；

（5）通过 1788-CN2DN 网关模块实现 ControlNet 与 DeviceNet 网络的互联；

（6）将从现场采集的数据送入关系型数据库（SQL Server）中，为制造执行系统（MES）系统提供数据源；

（7）实现企业局域网络的客户端/服务器模式的监控；

（8）实现 Internet 范围内的浏览器/服务器模式的远程监控。

9.5.1　硬件设计与设备选型

确定通信网络方案和设备选型是用户将面临的重要决策。原因在于，企业的整个工艺过程，无论从原料到成品，还是从大量程序文件到少量数据，都将受到用户信息网络和控制网络的制约。同时，越来越短的产品使用周期和快速重新配置计划也要求更灵活的、可重复使用的网络解决方案。如果希望对此方案做进一步完善，传统网络的能力和容量则将无法满足对系统产出和性能日益增长的期望。用户需要的是各设备之间可重复和可预知地通信，以及更大的网络吞吐量和更高的通信效率，以迎接行业内的挑战，保持持续的竞争力。

1. EtherNet/IP 网络硬件设计

在煤码头网络系统中，EtherNet/IP 是信息层网络，采集来自控制网络的数据。网络硬件具体设计流程如下。

（1）确定网络拓扑结构。本系统采用星型拓扑结构。

（2）根据拓扑结构确定系统中用于监控的计算机、ControlLogix 控制器和交换机的位置。

（3）根据设备所在位置确定系统中网线的长度。

（4）网线的选择。如果系统中网线长度超过了双绞线的限值，必须采用光纤介质，当传输距离超过 2 km 以上时选择单模光纤，2 km 以内时选用多模光纤。如果现场电磁干扰严重，或者布线要经过与干扰源距离很近的地方，应该使用屏蔽线。

（5）连接器的选择。双绞线连接器通常选用 RJ45 连接器。双绞线电信号和光信号转换单元选用光纤收发器。

（6）交换机的选择。保证交换机有足够数量的端口并支持双绞线和光纤混合接入。

（7）HMI 服务器的选择。HMI 服务器用于储存 HMI 项目的组件，并且提供这些组件给客户端。每个 HMI 服务器也还管理一个标签数据库，执行报警检测和历史数据管理（记录）。HMI 服务器处于冗余状态，在 HMI 服务器计算机中的一台停机时，另一台将接管对整个系统的控制。在停机的那台服务器又恢复工作后，所有报文和过程参数档案中的内容将被拷贝到这台服务器上，以确保生产的安全性和连续性。每台 HMI 服务器配置双以太网卡,分别用于和 HMI 客户端及 ControlLogix 控制器进行通信。系统中利用 HMI 服务器控制整个系统的流程作业。

(8)域控制器的选择。域控制器用于管理域和客户端,提高维护人员的管理效率。域控制器互为备用。HMI 服务器和域控制器基于 Windows 2003 操作系统。

(9)HMI 客户端的选择。HMI 客户端用于从 HMI 服务器获得信息或向 HMI 服务器写信息,在服务器中断后不需要重新启动 RSView SE 客户端软件来继续使用系统。当系统转换到冗余的 HMI 服务器或数据服务器,RSView SE 客户端将会继续正常工作。HMI 客户端硬件采用安装 Windows XP 操作系统的工控机,分别用来监控翻车机作业现场、皮带机作业现场、堆取料机作业现场、装船机作业现场以及洒水泵站的状况。

EtherNet/IP 信息层网络设备选型清单如表 9-1 所示。

表 9-1 EtherNet/IP 信息层网络设备选型清单

序　号	名称及描述	序　号	名称及描述
1	双绞网线	6	客户机
2	光纤网线	7	域服务器
3	连接器	8	HMI 服务器
4	光纤收发器	9	交换机(带光转换器)
5	ControlLogix EtherNet/IP 通信模块 1756-ENBT		

2. ControlNet 网络硬件设计

在煤码头网络系统中,ControlNet 是控制层网络,主要用于 ControlLogix 控制器之间互锁和数据共享。网络硬件具体设计流程如下。

(1)根据 ControlLogix 控制器类型,选择 1756-CNBR ControlNet 冗余接口模块,并保证其可用内存容量满足 I/O 控制和控制器互锁的要求。

(2)1756-CNBR ControlNet 节点具有管理器能力。

(3)根据系统要求确定 ControlNet 传输距离、通信速率和环境因素,并选择最适用本系统的网络物理层媒介。ControlNet 物理层支持同轴电缆和光缆。本系统采用同轴电缆和光缆的混合物理层介质类型。

(4)规划 ControlNet 同轴电缆物理介质系统时,应确定所需分接器的类型和数量,并为用于编程和网络配置的计算机预留分接器。根据最大允许的 ControlNet 网段的长度计算公式:$1\,000-16.3\times$(Taps 的数量-2),干线同轴电缆超出要求,需要使用同轴电缆中继器。

(5)规划 ControlNet 光纤物理介质系统时,选择网络拓扑结构为总线型。按照传输距离要求(在 10 km 以内)选择中继模块和光纤类型,确定衰减等级,并确定传播延时。

(6)在每个网段的两端安装 75 Ω 的终端电阻。

(7)选择所需的连接器类型。可根据环境因素,选择防尘(IP65)或防腐蚀(IP67)型号的连接器。本系统选择防尘的连接器即可满足现场环境要求。

(8)选择是否使用冗余介质。本系统选择冗余介质。

(9)选用 ControlNet RG-6 电缆工具箱自行制作同轴电缆接头。

ControlNet 控制层网络设备选型清单如表 9-2 所示。

表 9-2　ControlNet 控制层网络设备选型清单

序　号	名称及描述	型　号
1	ControlNet 同轴电缆	1786-RG6F
2	ControlNet 适配器	1786-RPA
3	ControlNet 同轴中继器	1786-RPCD
4	ControlNet 光纤中继器	1786-RPFRXL
5	适用于 ControlLogix 控制器的 ControlNet 冗余接口模块	1756-CNBR/D
6	C-NET 分接器	1786-TPS
7	ControlNet BNC 同轴电缆连接器	1786-BNC
8	75 OHM 终端电阻插头	1786-XT
9	ControlNet RG-6 电缆工具箱	1786-CTK

3．DeviceNet 网络硬件设计

在煤码头网络系统中，DeviceNet 是设备层网络，主要用于 ControlLogix 控制器采集传感器的输入数据和输出控制现场电机。网络硬件具体设计流程如下。

（1）根据 ControlNet 和 DeviceNet 网络互联要求，选择 DeviceNet 总线主站设备 1788-CN2DN 扫描器，并保证其可用内存容量满足 DeviceNet 从站设备总的数据量需求。

（2）根据工艺流程要求计算所需数字量和模拟量输入/输出点数，选择输入/输出模块类型。多个输入/输出模块必须通过一个 I/O 通信适配器接入 DeviceNet 总线。每个 I/O 通信适配器占用一个节点地址。DeviceNet 上最多容纳 64 个节点（0～63）。根据环境因素选择 I/O 模块的防护等级。列出每个 I/O 节点所需数据列表，该表将在系统配置及编程时使用。

（3）为用于软件设计的台式机或笔记本预留一个 DeviceNet 接口。

（4）规划 DeviceNet 为主干/分支的总线型拓扑结构。根据应用场合选择电缆类型，根据环境要求选择密封或开放式传输介质和接口设备，根据电缆类型选择合适的分接头、连接器和固定部件。本系统主干线采用粗缆，分支线采用细缆，并选用密封式接口设备。

（5）根据主干电缆类型，为其两端选择对应的 121 Ω 的终端电阻。

（6）将 DeviceNet 在电源分接头处一点接地，防止出现接地回路，且尽可能在总线的物理中心位置。

（7）选择 DeviceNet 24 VDC 电源，并确定安装位置，保证总线上设备电流总和不会超出该电源所提供的电流限值。

（8）设置节点地址和波特率。DeviceNet 上所有节点地址不能重复，波特率必须相同。

DevicelNet 设备层网络设备选型清单如表 9-3 所示。

表 9-3　DeviceNet 设备层网络设备选型清单

序　号	名称及描述	型　号
1	ControlNet 和 DeviceNet 网络互联的网关模块	1788-CN2DN
2	基于 DeviceNet 网络的远程 I/O 模块	1794-ADN
3	模拟量输入模块	1794-IF8
4	变频器 ·	PowerFlex 70
5	变频器 DeviceNet 接口卡	20-COMM-D
7	主干线粗缆	1485C-P1A500
8	分支线细缆	1485C-P1C50
9	DeviceNet 电源分接头	1485T-P2T5-T5
10	设备分接头	1485P-P1R5-MN5R1
11	DeviceNet 电源	24VDC 电源
12	终端电阻	1485A-T1M5

系统中所需其他设备清单如表 9-4 所示。

表 9-4　其他设备选型清单

序　号	名称及描述	型　号
1	LogixL63 处理器	1756-L63
2	LogixL62 处理器	1756-L62
3	ControlLogix 电源	1756-PA75
4	ControlLogix 框架	1756-A17
5	ControlLogix 处理器 COMPACTFLASH 卡	1784-CF64
6	网络介质检测仪（ENET，CNET，DNET，DH＋/RIO）	1788MCHKR
7	中控室电控柜	
8	电机	

9.5.2　煤码头系统软件设计

通过考察和分析煤码头、分解工艺流程、研究现场设备的控制原理和连锁关系，且在对罗克韦尔自动化的控制产品熟悉和了解的基础上，结合工业网络构建的思想，确定完成系统的硬件设计方案。之后，系统的软件设计就成为网络设计的主要任务。

1. EtherNet/IP 网络系统软件设计

EtherNet/IP 网络上电后，EtherNet/IP 网络软件设计步骤如下。

（1）对已连入 EtherNet/IP 网络的设备使用罗克韦尔自动化的 BootP 软件配置设备的初始 EtherNet/IP 地址，当网络进行修改或升级时也可使用罗克韦尔自动化的 RSLink 或 RSNetWorx for EtherNet/IP 修改设备的 IP 地址。

（2）使用 RSLogix5000 软件进行 I/O 组态。

（3）使用 RSLogix5000 编写特定的梯形图代码。针对显性信息和隐性信息采用不同的指令或格式进行信息的传输。

EtherNet/IP 网络软件设计所需软件如表 9-5 所示。

表 9-5　EtherNet/IP 网络软件选型清单

序　　号	目　录　号	描　　述
1	9355-WABGWE	RSLinx GATEWAY 软件
2	9324-rld300ENE	RSLogix5000 with licence，Version 11.0
3	9357-ANETL3	RSNetWorx for EtherNet/IP with licence

2. ControlNet 网络系统软件设计

ControlNet 网络上电后，ControlNet 网络软件设计步骤如下。

（1）在煤码头由 ControlLogix 为主要控制设备的系统中，使用 RSLogix5000 软件进行系统组态，配置以生产者/消费者模式或主/从模式通信的设备的相关信息，组态结束后将组态信息下载到处理器中。

（2）对接入 ControlNet 网络的设备使用罗克韦尔自动化的 RSNetWorx for ControlNet 清除网络上管理器内原有的信息，并根据系统所选用的同轴电缆和光纤，在 RSNetWorx for ControlNet 中配置相应的传输介质。

（3）在 RSNetWorx for ControlNet 中设置可访问的预定性节点的最大值和未预定性节点的最大值，并与 RSLogix5000 软件相结合实现对网络参数 NUT 和 RPI 的优化。

（4）用编程软件 RSLogix5000 按照系统流程要求编写梯形图代码，注意区分以生产者/消费者模式或主/从模式通信的设备的编程方式。

（5）若系统日后升级时，须使用 RSNetWorx for ControlNet 软件检查管理器和扫描器标志，以确定所有节点的识别标志正确。

由 ControlNet 网络软件设计所需软件如表 9-6 所示。

表 9-6　ControlNet 网络软件选型清单

序　　号	目　录　号	描　　述
1	9355-WABGWE	RSLinx GATEWAY 软件
2	9324-rld300ENE	RSLogix5000 with licence，Version 11.0
3	9357-ANETL3	RSNetWorx for ControlNet with licence

3. DeviceNet 网络系统软件设计

DeviceNet 网络上电后，DeviceNet 网络软件设计步骤如下。

（1）对接入 DeviceNet 网络的设备，使用罗克韦尔自动化的 RSNetWorx for DeviceNet 软件配置设备的节点地址和波特率，如对系统中的变频器；对系统中模拟量输入模块还需设置输入信号类型为电压或电流型。

（2）使用 RSNetWorx for DeviceNet 软件进行 DeviceNet 上从站的 I/O 配置。

（3）使用 RSNetWorx for DeviceNet 软件进行 DeviceNet 上主站配置，将处理器通过扫描器控制的输入/输出设备添加到扫描列表。

（4）用编程软件 RSLogix5000 按照系统流程要求编写梯形图代码。

DeviceNet 网络软件设计所需如表 9-7 所示。

表 9-7　DeviceNet 网络软件选型清单

序　号	目录号	描　述
1	9355-WABGWE	RSLinx GATEWAY 软件
2	9324-rld300ENE	RSLogix5000 with licence，Version 11.0
3	9357-ANETL3	RSNetWorx for DeviceNet with licence

4. 监控系统软件设计

煤码头的监控系统由 RSView SE（RSView Supervisory Edition）软件包开发。RSView SE 具有多服务器集群和多客户端的分布式结构和强大的可伸缩性。利用开发环境 RSView Studio 进行监控系统开发，应用组态存在于各 RSView SE 服务器当中，而客户端 RSView SE Client 可任意调用显示各服务器中的应用。整个系统由本地监控和远程监控两级组成，RSView SE 监控组态软件中的 RSView Studio 组件作为开发监控界面的平台，与作为监控客户端的 RSView Client 组件相配合构建本地监控系统，在本地监控的基础上结合 FactoryTalk 架构中的 FactoryTalk Portal 服务实现系统远程监控。

在如图 9-10 所示的本地监控系统中，由 RSLinx 采集底层数据并将其传送给 RSView SE 供用户监控。整个体系结构以 SQL Server 2000 为后台数据库，使用 NT Server 作为实时控制和事务服务器平台，通过集成强大的 COM/DCOM 和 VBA 技术，增强可扩展性并提高在控制系统改变时的可靠性。ControlLogix 模块的 Logix5555 处理器通过 1756-ENBT/A 模块连接到系统的局域网中，服务器通过局域网和 EtherNet/IP 网络与 Logix5555 处理器通信，完成数据的交换。整个监控系统所使用的软件列表如表 9-8 所示。

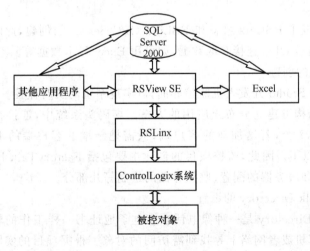

图 9-10　本地监控系统体系结构

表 9-8　HMI 系统系统应用软件清单

序　号	目录号	描　述
1	9701-VWSS000AENE	RSView SE Server Enterprise with Licence（带 RSLinx）,Unlimited Display
2	9701-VWSCWAENE	RSView SE Client with Licence
3	9701-VWSTENE	RSView Studio for RSView Enterprise with Licence
4	9356-PRO2500	RSSQL Professional
5	SQL Server 2000	关系型数据库软件
6	Microsoft Excel	执行计算、分析信息并管理电子表格或 Web 页中列表的软件

（1）数据采集

系统通过通信组态软件 RSLinx 采集底层数据,为系统的监控提供信息平台。根据 PC 机与可编程控制器通信方式的不同,RSLinx 提供了多种网络驱动程序。常见的有 RS-232 DF1 Devices（DF1 网络）、1747-PIC/AIC＋ Driver（DH485 网络）、Ethernet Devices（以太网）等十几种网络组态程序。

在 EtherNet/IP 组态之前,首先要对 ControlLogix 系统中的 1756-ENBT/A 通信模块进行 IP 地址设置,有多种设置方法,如用 BootP、ENI Utility 等软件设置。系统中将 1756-ENBT/A 通信模块的 IP 地址设为 192.168.1.56。ControlLogix 系统中的 Logix5555 处理器通过 1756-ENBT/A 通信模块连接到局域网,用 RSLinx 进行组态,以 EtherNet/IP 方式建立通信。

通信网络组态后,通过网络将程序下载到处理器中并运行,此时在 RSLinx 中创建一个 OPC Server 作为 RSView SE 的数据源,便实现通过 RSLinx 进行数据的采集。创建 OPC Server 有两种方法:①运行 RSLogix5000,并将程序下载到处理器中,此时在 RSLinx 中会自动创建一个 DDE/OPC Topic 并以程序名命名;②手动建立 RSLinx OPC Server。

如上所述,完成了 RSLinx 组态和 RSLinx OPC Server 的创建,此时支持 OPC 的其他应用程序可以通过 OPC 连接获取数据,如可用 Excel 显示数据等。

（2）监控项目的创建

通过 RSView Studio 开发人机监控界面,以实现系统的实时监控。RSView SE 的多服务器多客户端结构可建立分布式应用的方案。煤码头系统中,连接在 HMI 服务器上的 HMI 客户端为 7 个,若增加新的客户端,只需把新增的客户端的 FactoryTalk 指向 HMI 服务器就可以了。因此,监控项目的创建主要包括 FactoryTalk Directory 的设置、项目的创建、区域和服务器的配置、监控界面的绘制等几部分。

① FactoryTalk Directory 的设置

FactoryTalk Directory 是一种像电话本或电子地址书一样工作的软件,实现项目的每部分在单台计算机或者网络上寻找到需访问的对象。根据项目的实际需要,可以在一台 FactoryTalk Directory 计算机上运行多个项目,也可以在多台 FactoryTalk Directory 计算机上运行多个项目。为了实现"寻找到访问对象"的目的,必须在整个系统中指定运行 FactoryTalk Directory 的计算机,并且在对分布式项目有存取权限的计算机上运行

FactoryTalk Directory Server Location Utility。在系统中只设置了一台 FactoryTalk Directory 计算机,其位于 Windows 2000 Server 服务器上。其他计算机上运行 FactoryTalk Directory Server Location Utility,并将 FactoryTalk Directory Server Configration 指向 FactoryTalk Directory 计算机。此时完成分布式系统 FactoryTalk Directory 的设置,此设置必须在有存取权限的计算机上进行。

② 创建新项目

RSView Studio 是整个系统的开发环境,区域和服务器的配置、绘制监控界面等内容都是在 RSView Studio 中完成。

③ 区域和服务器的配置

在分布式项目里,区域是指按照空间、时间或对控制过程有意义的方式等将项目分成方便管理的逻辑单元。一个区域可代表过程的一部分或一个阶段,或在过程设备中的一个区域。在系统中根据煤码头各工厂的实际位置将其分为 5 个区域,每个区域又需对 HMI 服务器和数据服务器进行配置。

HMI 服务器是一组能够在其需要的时候将信息提供给客户端的软件程序。HMI 服务器可存储 HMI 工程组件,并将这些组件提供给客户端。每台 HMI 服务器同时也可以管理标签数据库,以及执行报警检测和历史数据管理(日志)。需注意的是,每个区域最多只有一台 HMI 服务器。

数据服务器可通过添加 OPC 数据服务器实现与 RSLinx 间的通信。

④ 监控界面的绘制

RSView SE 不需建立任何的标签来定义其与 PLC 的通信关系,而是直接关联 PLC 处理器中的所有信息,包括程序标签和 I/O 标签,避免了再次定义标签的重复劳动,同时减少了开发的出错机会。当修改 PLC 程序或者替换 I/O 后,RSView SE 可以自动直接刷新接收改变的信息。只有在变量需要显示趋势、进行报警时才在标签库内新建相应的标签。

利用 PLC 处理器中的所有信息进行的监控界面的规划如图 9-11 所示。

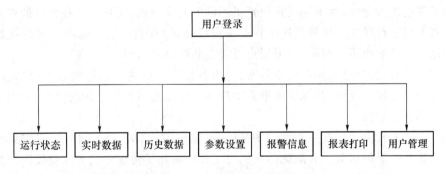

图 9-11　监控系统界面关系图

· 用户登录界面

用于系统用户的登录和注销,是进入和退出整个系统的初始界面。防止非法用户进入系统进行操作以保证系统的安全性,从而有效地提供了系统的安全设置。

- 运行状态界面

用于动态显示系统运行状态及设备的状态,并显示系统重要信息和数据,提供报警显示,以便系统操作员随时掌握系统运行情况及报警信息并及时作出反应和处理。运行状态的监控由 50 多个界面完成,各界面可以互相跳转。主要包括流程选择主界面、控制主界面、20 条皮带机及其附属装置运转状态、各单机工作状态等。

- 实时数据界面

采用如趋势图、文本、柱形图等多种方式显示系统实时数据及相关参数,并设置启动和停止按钮和报警信息栏,以便系统用户更详细地了解系统运行的实时数据和信息,为用户控制方案的选择提供依据。

- 历史数据界面

用户可以通过输入所要查看数据的时间段调出存储在 SQL Server 2000 中的历史数据,并以趋势图的形式显示数据,供用户查询和分析以便选择正确的控制方案。

- 报警信息界面

综合显示系统运行时所有报警信息,以便用户及时发现系统异常并对其进行相应处理。为了系统的安全性,用户在任何一个界面上都能及时发现报警信息。系统设计时在除了用户登录界面之外的每个界面上都有一个报警信息栏,用于显示当前最新的报警信息。

- 参数设置界面

用于在线修改控制系统参数,该界面的安全级别较高,只有高级用户可以在线修改系统的参数,从而调节系统的运行。

- 报表打印界面

用户可以通过输入所要打印报表的数据或记录的时间段,在 SQL Server 2000 中查询所需数据并显示在 Excel 报表中,实现报表创建和打印功能。通过报表使系统管理人员能及时了解和分析历史数据并做出决策。

- 用户管理界面

为了系统的安全性,为不同用户设置了不同的安全级别,用户只能在自己的权限允许范围内对系统进行操作。该界面用于管理用户信息,拥有最高权限的用户可以在此添加或删除用户以及修改用户权限,一般用户可以在此修改其密码。

系统启动时,首先进入用户登录界面,完成身份验证后进入运行状态界面,在此界面中可切换到其他任一界面,其他界面也能实现各个界面之间的相互切换,使用户能方便地查看系统的各种信息。

开发完成的软件运行在主控室的 HMI 服务器中,在 HMI 服务器和客户端都可以直观地监控设备的运行状况。智能化的人机交互界面简化了传统方式下大量使用的按钮及信号指示。设备的运行信号、故障状态全部显示在监控的计算机上,操作员只要轻轻一点鼠标,就可以控制整个作业流程的启停并即时对设备进行调整维护。

(3) 数据库

系统中采用 SQL Server 2000 企业版作为后台数据库,以 Windows 2000 Server 作为操作平台。历史数据的保存和创建报表所需数据的查询都需要与后台数据库 SQL Server 2000 建立连接,连接采用 RSSQL 方式实现。

罗克韦尔软件 RSSQL 是一种用于工业的数据传输系统,使用户能在工业控制系统和企业系统或数据库之间传输数据。典型的工业控制系统包括含有 PLC 的网络在一个生产车间里采集设备的数据并控制其操作,RSSQL 负责将 RSView SE 或 RSLinx 中的数据根据在 RSSQL 中的组态导入到后台数据库中,其本身并没有存储数据的功能,只是一个数据传输的"管道"。SQL Server 数据库通过 RSSQL 软件和 RSLinx 软件的简单配置即可读取 HMI 服务器的 Tag 信息。

(4) 数据通信的冗余热备

RSView SE 可实现数据通信服务器的热备冗余。当某台数据通信服务器发生故障时,另一台可以自动切换,保证数据采集和下载的可靠性。

(5) 远程监控

FactoryTalk Portal 提供了远程访问能力,通过 Web 浏览器或其他相关远程设备即可访问生产数据和各种报告。煤码头的企业决策者、工程师都可以方便地从全球各个角落每周 7 天每天 24 小时地访问各自定制的实时生产信息。

为了保证系统的安全性,广域网内采用虚拟专用网络(VPN,Virtual Private Network)技术连接,在公用网络上开辟一条特殊的安全通道传输数据。VPN 技术应用于工业控制中可以大大扩大控制范围,可通过 Internet 上的 VPN 隧道把不同地域的计算机或网络连接成统一的网络,把控制范围延伸到 Internet 所能覆盖的所有地域。VPN 基本原理示意图如图 9-12 所示。

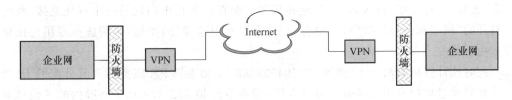

图 9-12　VPN 基本原理示意图

① VPN 服务器配置

在系统中作为 VPN 服务器的计算机上安装两块网卡,一块连接内网,另一块连接外网。此时在"网络和拨号连接"中有两个"本地连接",将其中一个重命名为"内网连接",另一个重命名为"外网连接"。

将内网的 IP 地址设置为 192.168.0.1,默认网关设置成 192.168.0.1。将外网的 IP 地址设置为 202.206.17.159,将默认网关设置成 202.206.17.1。

点击"开始/程序/管理工具/路由和远程访问"打开"路由和远程访问"窗口,右键点击"路由和远程访问"并点击"添加服务器",在弹出的窗口中选择"这台计算机"并点击"确定"完成服务器的添加。

右键点击新建的服务器,点击"配置并启用路由和远程访问"进入路由和远程访问服务器安装向导。在公共设置中选择"虚拟专用网络(VPN)服务器",在远程客户协议中一般选择 TCP/IP 协议。在 Internet 连接设置中选择"外网连接",在 IP 地址指定界面选择

"来自一个指定的地址范围"并为远程 VPN 客户端分配 192.168.0.10～192.168.0.254 共 245 个 IP 地址。网络中不需要统一验证和记录用户上网情况,因此不必使用 RADIUS (IAS 服务器),采用默认设置。点击"完成"进入系统配置路由和远程访问服务的初始化过程。

完成配置后,打开"路由和远程访问"窗口,服务器的符号已由红色变成绿色,表明该服务器的路由和远程访问服务已经启动。

点击"开始/设置/控制面板"打开控制面板,双击"管理工具"中的"计算机管理",在"本地用户和组"中右键点击"用户"的"新建用户",为 VPN 客户端分配一个用户名和密码。

新建用户后,右键点击该用户调出用户属性,选择"拨入"选项卡,为该用户分配一个静态 IP 地址 192.168.0.10,并设置其他属性。用同样的方法可以创建多个 VPN 客户端用户,但注意在分配 IP 地址时不要冲突。至此完成对 VPN 服务器的设置。

② VPN 客户端配置

在作为 VPN 客户端的计算机里打开"网络和拨号连接",右键点击"新建连接"进入网络连接向导。

在网络连接类型设置中选择"通过 Internet 连接到专用网络",输入 VPN 服务器外网连接的 IP 地址,在连接的使用方式中,选择"只有我自己使用此连接",则计算机的其他用户不能使用该连接。

为连接命名并点击"完成",在弹出的窗口中输入 VPN 服务器分配的用户名和密码,点击"连接"开始连接 VPN 服务器,连接成功后会在任务栏中出现另一个本地连接,此时在打开的"网络和拨号连接"窗口中有一个"虚拟专用连接"的图标,表明虚拟专用连接创建成功。

此时该计算机有两个 IP 地址,其中 192.168.0.10 是 VPN 服务器为其分配的 IP 地址。此时通过虚拟专用连接方式通过 VPN 服务器连接 192.168.0.1 网段内的其他计算机,实现跨网段的连接。

习　　题

1. 简述信息网络与控制网络的区别。
2. 简述信息网络与控制网络集成的方式。
3. 简要说明数据库的三级模式结构。
4. 简述 OPC 规范中规定的几种 OPC 服务器的作用。

第10章 工业网络应用

本章以西门子公司的工业网络为例,介绍 AS-i、MPI、Profibus、ProfiNet 网络以及 S7-200 的通信部件和通信配置方法。

10.1 网络结构

西门子公司使用如图 10-1 所示的生产金字塔 PP(Productivity Pyramid)结构来描述它的 PLC 产品所能提供的功能,由 ProfiNet、Profibus 和 AS-i 3 级网络构成,从而使工厂自动化系统中由上到下各层都发挥着作用。生产金字塔的特点是:底层负责现场控制与检测,中间层负责生产过程的监控及优化,上层负责生产管理。

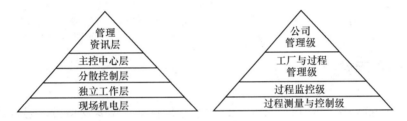

图 10-1　生产金字塔结构

现场设备层的主要功能是连接现场设备,例如分布式 I/O、传感器、驱动器、执行器、执行机构和设备开关等,完成现场设备控制及设备间联锁控制。主站(PLC、PC 或其他控制器)负责总线通信管理及与从站的通信。总线上所有设备生产工艺控制程序存储在主站中,并由主站执行。该层主要采用 AS-i(传感器/执行器接口网络)。

生产过程的监控层用来完成车间主生产设备之间的连接,实现车间级设备的监控。车间级监控包括生产设备状态的在线监控、设备故障报警及维护等,通常还具有生产统计、生产调度等生产管理功能。生产过程的监控要设立车间监控室,有操作员工作站和打印设备。该层网络可采用 Profibus-FMS 或工业以太网,Profibus-FMS 是一个多主网络,这一级数据传送速度不是很重要,但是应能传送大量的信息。

车间操作员工作站可以通过集线器与车间办公管理网连接,将车间生产数据送到车间管理层。车间管理网作为工厂主网的一个子网,通过交换机、网桥或路由器等连接到厂区骨干网,将车间数据集成到工厂管理层。

工厂管理层通常采用符合 IEC 802.3 标准的以太网,即 TCP/IP 通信协议标准。S7-300/400 有很强的通信功能,CPU 模块集成有 MPI 和 DP 通信接口,有 Profibus-DP 和工业以太网的通信模块以及点对点的通信模块。通过 Profibus-DP 或 AS-i 现场总线,CPU 与分布式 I/O 模块之间可以周期性地自动交换数据。在自动化系统之间,PLC 与计算机及 HMI 站之间,均可以交换数据。

　　网络的分级与生产金字塔的分层不是一一对应的关系,相邻几层的功能,若对通信的要求相似,则可合并到一级子网中去实现。采用多级复合结构不仅使通信具有适应性,而且具有良好的可扩展性。用户可以根据实际需要及生产的发展,从单台 PLC 到网络、从底层向高层逐步扩展。图 10-2 所示给出了西门子公司的 S7 系列 PLC 网络结构。

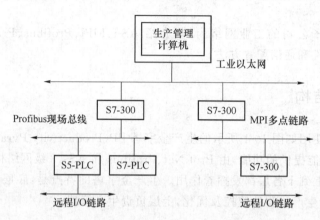

图 10-2　S7 系列 PLC 的网络结构

10.2　AS-i 网络

　　AS-i(Actuator-Sensor Interface)网络位于工厂自动化系统网络最底层,利用两芯电缆连接大量传感器和执行器,替代传统的电缆束,是一种最简单、成本最低的解决方案。

　　AS-i 网络由主站、从站、从站供电单元组成。其中主站设备只能有一台,从站设备最多为 31 台或 62 台。电缆长度最大 100 m,利用中继器可扩展至 500 m。通信循环时间最大为 5 ms 或 10 ms。从站的识别是利用从站地址来完成的,每个从站的地址是利用从站地址编程器来设定的。

　　1. AS-i 网络特点

　　(1)单主站系统

　　在单主站系统中,AS-i 网络采用轮询的方式传送数据,即在 AS-i 网络中只有一个控制主站,它以精确的时间间隔向其他站点传送数据。

　　(2)高效的数据传输

　　AS-i 网络数据帧的结构和长度都是固定的。在每个周期内,4 个输入位和 4 个输出位用于从站与主站的数据交换。

　　(3)高实时性

　　对于一个带 31 个标准从站的 AS-i 网络,最大轮询时间为 5 ms。根据扩展规范,一个 AS-i 网络可带 62 个从站,最大轮询时间为 10 ms。

　　(4)绝缘穿刺技术

　　符合绝缘穿刺技术规范的黄色 AS-i 电缆已成为 AS-i 网络的一个标志。该技术通过穿刺针在穿透绝缘层形成电气连接,可用扁平电缆进行无须剪断或外皮拆除的可靠、快捷的接线。

（5）网络拓扑结构

AS-i 网络可配置成总线型、星型或树型结构。

2. AS-i 的主站设备

AS-i 是一个具有单一主站的主/从通信网络,其主站设备可以为下列设备中的一种。

（1）PC 主机系统。需要安装 CP2413 通信卡。

（2）S7-300PLC 和分布式 I/O 中央控制单元,如 ET200M/X 等。需要安装 CP342-2 或 CP343-2 通信模块。

（3）其他具有 AS-i 接口的智能设备。

3. AS-i 的从站设备

（1）连接标准传感器/执行器的模板。

（2）带有集成的从站 ASIC 的执行器和传感器。

（3）用于通过 AS-i 接口安全传输数据的安全型模板。

（4）其他具有 AS-i 接口的设备。

4. AS-i 的主/从通信方式

AS-i 是单主站系统,AS-i 通信处理器(CP)作为主站控制现场的通信过程。图 10-3 为主/从通信过程,主站一个接一个地轮流询问每个从站,询问后等待从站的响应。

地址是 AS-i 从站的标识符。可以用专用的地址单元或主站来设置各从站的地址。

AS-i 使用电流调制的传输技术保证了通信的高可靠性。主站如果检测到传输错误或从站的故障,将会发送报文给 PLC,提醒用户进行处理。在正常运行时增加或减少从站,不会影响其他从站的通信。

扩展的 AS-i 接口技术规范 V 2.1 最多允许连接 62 个从站,主站可以对模拟量进行处理。

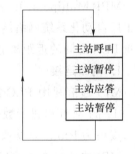

图 10-3　AS-i 的主/从通信

AS-i 的报文主要有主站呼叫发送报文和从站应答/响应报文,如图 10-4 所示,主站的请求帧由 14 个数据位组成。

主站呼叫发送报文

主站应答报文

图 10-4　AS-i 的通信报文

在主站呼叫发送报文中,ST 是起始位,值为 0。SB 是控制位,值为 0 或为 1 时分别表示传送的是数据或命令。A4～A0 是从站地址,I4～I0 为数据位。PB 为奇偶校验位,在报文中不包括结束位在内的各位中 1 的个数应为偶数。EB 是结束位,其值为 1。在 7 个数据位组成的从站应答报文中,ST、PB 和 EB 的意义与取值与主站呼叫发送报文的相同。

主站通过呼叫发送报文,可以完成下列功能。

(1) 数据交换:主站通过报文把控制指令或数据发送给从站,或让从站把测量数据上传给主站。

(2) 设置从站的参数:例如设置传感器的测量范围,激活定时器和改变测量方法等。

(3) 删除从站地址:把被呼叫的从站地址暂时改为 0。

(4) 地址分配:只能对地址为 0 的从站分配地址,从站把新地址存放在 EEPROM 中。

(5) 复位功能:把被呼叫的从站恢复为初始状态时的地址。

(6) 读从站的 I/O 配置。

(7) 读取从站的 ID 代码。

(8) 状态读取:读取从站的 4 个状态位,以获得在寻址和复位时出现的错误信息。

(9) 状态删除:读取从站的状态并删除其内容。

10.3 MPI 网络

MPI(Multipoint Interface)是一种适用于小范围、少数站点间通信的总线型网络。在工厂自动化系统网络结构中属于单元级和现场级,多用于对 PLC 编程,连接上位机和少量 PLC 之间的近距离通信。

1. 网络连接

MPI 通信利用 PLC 站 S7-200/300/400 和上位机(PG/PC)插卡 CP5411/CP5511/CP5611 的 MPI 口进行数据交换。MPI 接口为 RS-485 接口,连接电缆为电缆(屏蔽双绞线),接头为 Profibus 接头并带有终端电阻。在 MPI 网络上最多可以有 32 个站。

MPI 协议允许主/主和主/从两种通信方式。根据设备类型选择相应的通信方式。如果设备是 S7-300 CPU,那么选择主-主通信方式。而如果设备是 S7-200 CPU,那么选择主/从通信方式,因 S7-200 CPU 作为从站。

MPI 协议总是在两个相互通信的设备之间建立逻辑连接。一个逻辑连接可能是两个设备之间的非公用连接,另一个主站不能干涉两个设备之间已经建立的逻辑连接。主站可以短时间建立一个逻辑连接,或无限制保持逻辑连接断开。

由于设备之间的逻辑连接是非公用的,并且需要 CPU 中的资源,每个 CPU 只能支持一定数目的逻辑连接,最多可支持 4 个。但每个 CPU 在应用中要保留两个逻辑连接,一个用于 SIMATIC 编程器或计算机,另一个用于操作面板。这些保留的连接不能由其他类型的主站(如 CPU)使用。

如图 10-5 所示,给出了基于 MPI 协议的通信网络,计算机通过 CP 卡连至 MPI 网络。进行通信时,PC 与 TD200 和 OP15 建立主/主连接,而与 S7-200 建立主/从连接。两个 S7-200 CPU 进行通信时,通过主站进行协调。

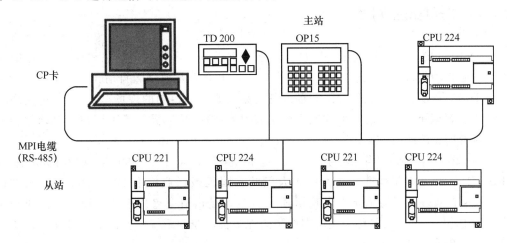

图 10-5 采用 MPI 协议进行联网

2. PLC 之间通过 MPI 进行通信

PLC 之间通过 MPI 口通信包括 3 种方式,如表 10-1 所示。

表 10-1 MPI 通信方式

MPI 通信		功能块
GD(全局数据包)		无
无须配置连接	双向通信	SFC65/SFC66
	单向通信	SFC67/SFC68
需要配置连接		SFB14/SFB15

（1）全局数据包通信方式

以该通信方式实现 PLC 之间的数据交换时,只需关心数据的发送区和接收区。在配置 PLC 硬件的过程中,配置所需通信 PLC 站之间的发送区和接收区即可,无须任何程序处理。该方式仅适用于 S7-300/400 PLC 之间相互通信。

通信的数据包长度为:S7-300 最大为 22 字节,S7-400 最大为 54 字节。

（2）无须配置连接通信方式

全局数据包通信的配置必须在同一个项目下完成,缺乏灵活性,可以通过调用系统功能 SFC65-69 来实现 MPI 通信,该方式适用于 S7-300/400/200 间通信,而且无须配置连接。可采用双向和单向方式进行通信。

（3）需要配置连接的通信方式

需要配置连接的通信方式适合于 S7-400 间以及 S7-400 和 S7-300 间的 MPI 通信。如果 S7-400 和 S7-300 通信,S7-300 只能做服务器端,S7-400 做客户端,通信双方需要配置一个连接。

10.4　Profibus 网络

Profibus 是一种国际化的、开放的、不依赖于设备生产商的现场总线标准,广泛应用于制造业自动化、流程工业自动化和楼宇及交通电力等其他领域自动化。Profibus 是一种用于工厂自动化车间级监控和现场设备层数据通信与控制的现场总线技术,可实现现场设备层到车间级监控的分散式数字控制和现场通信,从而提供了工厂综合自动化和现场设备智能化的解决方案。

Profibus 于 1995 年成为欧洲工业标准 EN 50170,1999 年成为国际标准 IEC 61158-3,2001 年被批准成为中华人民共和国机械行业标准 JB/T 10308.3—2001。Profibus 在众多的现场总线中以其超过 40% 的市场占有率稳居榜首。西门子公司提供上千种 Profibus 产品,并已经应用在中国的许多自动控制系统中。在工厂自动化系统网络中属于单元级和现场级。

Profibus 由 Profibus-DP、Profibus-PA 和 Profibus-FMS 3 部分组成,其性能比较如表 10-2 所示。

表 10-2　3 种 Profibus 总线性能比较

名　称	Profibus-FMS	Profibus-DP	Profibus-PA
用　途	通用目的自动化	工厂自动化	过程自动化
目　的	通用	快速	面向应用
特　点	大范围联网通信多主机通信	即插即用高效、廉价	总线供电本质安全
传输介质	RS-485 或光纤	RS-485 或光纤	EC 1158-2

Profibus-DP 是经过优化的高速、廉价的通信连接,专为自动控制系统和设备级分散的 I/O 之间通信设计。使用 Profibus-DP 网络能够取代价格昂贵的 24 V 或 4～20 mA 信号线。Profibus-DP 用于分布式控制系统的高速数据传输。

Profibus-PA 专为过程自动化而设计,支持本质安全传输技术且可提供总线供电,实现了 IEC 1158-2 中规定的通信规程,用于对安全性要求高的场合。

Profibus-FMS 用于解决车间级监控网络,它提供大量的通信服务,完成中等级传输速度进行的循环和非循环的通信服务。就 FMS 而言,它主要考虑系统功能而非系统响应时间,应用过程中通常要求随机信息交换,如改变设定参数。

10.4.1　Profibus 控制系统组成

Profibus 控制系统由主站和从站两部分组成。

主站掌握总线中数据流的控制权。只要主站拥有访问总线权(令牌),就可以在没有外部请求的情况下发送信息。在 Profibus 协议中,主站也被称做主动节点。主站包括 PLC、PC 或可作为主站的控制器。

从站是简单的输入/输出设备,不能拥有总线访问的授权,只能确认收到的信息或者在主站的请求下发送信息。在 Profibus 协议中,从站也被称为被动节点,只用到总线协议的一小部分,这使得它在实现总线协议时非常简单。从站包括以下设备。

(1) PLC(智能型 I/O)可作为 Profibus 网络上一个从站,在 PLC 存储器内存在一段特定区域作为与主站通信的共享数据区。主站可通过通信间接控制从站 PLC 的 I/O。

(2) 分布式 I/O(非智能型 I/O)通常由电源、通信适配器和接线端子组成。分布式 I/O 不具有程序存储和程序执行能力,通信适配器部分接收主站指令,按主站指令驱动 I/O,并将 I/O 输入及故障诊断等返回给主站。通常分布型 I/O 是由主站统一编址,这样在主站编程时使用分散式 I/O 与使用主站的 I/O 没有什么区别。

(3) 变频器、传感器、执行机构等带有 Profibus 接口的现场设备,可由主站在线完成系统配置、参数修改、数据交换等功能。至于哪些参数可进行通信以及参数格式,由 Profibus 行规决定。

10.4.2　Profibus 基本特性

1. 传输技术

现场总线系统的应用往往取决于选用的传输技术。由于单一的传输技术不可能满足所有的要求,故 Profibus 提供 3 种类型的传输:用于 Profibus-DP 和 Profibus-FMS 的 RS-485 传输技术、用于 Profibus-PA 的 IEC 1158-2 传输和光纤。

(1) RS-485 传输技术

RS-485 传输是 Profibus 最常用的一种传输技术,通常称为 H2,如图 10-6 所示。其采用屏蔽双绞铜线,共用一根导线对,适用于需要高速传输、设备简单和价格低廉的领域。Profibus-DP 与 Profibus-FMS 均使用相同的 RS-485 传输技术和统一的总线访问协议,因此,这两种系统可在同一总线上操作。

RS-485 传输技术的基本特性为:

- 网络拓扑为总线型结构,两端带有终端电阻;
- 传输速率为 9.6 k～12 Mbit/s,电缆长度取决于传输速率;
- 介质为屏蔽/非屏蔽双绞线,这取决于环境条件;
- 站点数,每段 32 个站(不带中继器),最多 127 个站(带中继器);
- 插头连接,最好使用 9 针 D 型插头。

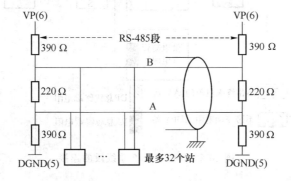

图 10-6　H2 总线段的结构

（2）IEC 1158-2 传输技术

IEC 1158-2 传输技术能够满足化工、石化等过程控制领域的要求，它可保持其本质安全性，并为现有设备提供网络供电。IEC 1158-2 传输技术通常称为 H1，用于 Profibus-PA。

IEC 1158-2 传输技术的基本原理为：

- 每段只有一个电源作为供电装置；
- 每站现场设备所消耗的为常量稳态电流；
- 现场设备其作用如同无源的电流吸收装置；
- 主干线两端起无源终端的作用；
- 支持介质冗余。

IEC 1158-2 传输技术特性为：

- 采用数字式、位同步、曼彻斯特编码的数据传输；
- 传输速率为 31.25 kbit/s，电压式；
- 通过前同步信号，采用起始和终止限定符避免误差保证数据传输可靠性；
- 介质为屏蔽/非屏蔽双绞线，这取决于环境条件；
- 可选远程电源供电；
- 防爆型，能进行本质及非本质安全操作；
- 网络拓扑为总线型、树型和星型结构；
- 站点数，每段 32 个站（不带中继器），最多 127 个站（带中继器）；
- 中继器最多可扩展至 4 台。

如图 10-7 所示，IEC 1158-2 传输技术总线段与 RS-485 传输技术总线段连接需用分段耦合器，使 RS-485 信号与 IEC 1158-2 信号相匹配。分段耦合器为现场设备的远程电源供电，供电装置可限制 IEC 1158-2 总线的电流和电压。

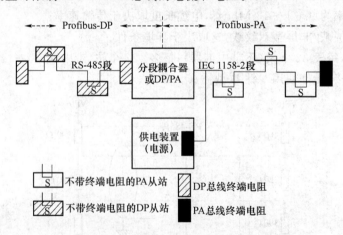

图 10-7　IEC 1158-2 总线段的连接

（3）光纤传输技术

Profibus 总线在电磁干扰很大的环境下应用时，可使用光纤导体，以延长高速传输的距离。光纤导体分为两类，一是价格低廉的塑料纤维导体，传输距离小于 50 m。另一种是玻璃纤维导体,传输距离大于 1 km。许多厂商提供专用总线插头可将 RS-485 信号转换成光纤导体信号或将光纤导体信号转换成 RS-485 信号。

2. Profibus 协议

（1）协议结构

Profibus 协议结构是根据 ISO 7498 国际标准,并以开放式系统互联模型作为参考模型的。如图 10-8 所示,该模型共分 7 层。

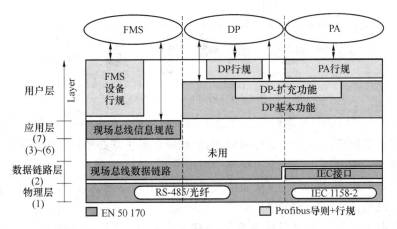

图 10-8　Profibus 协议结构

Profibus-DP 定义了第 1、2 层和用户接口,第 3～7 层未加描述。该结构确保了数据传输的快速和有效,直接数据链路映像提供易于进入第 2 层的用户接口,该接口规定了用户以及设备可调用的应用功能,并详细说明了各种不同 Profibus-DP 设备的设备行为。

Profibus-FMS 定义了第 1、2、7 层,应用层包括现场总线报文规范（FMS,Fieldbus Message Specification）和低层接口（LLI,Lower Layer Interface）。现场总线报文规范包括了应用协议并向用户提供了可广泛选用的强有力的通信服务。低层接口协调不同的通信关系并提供不依赖设备的第 2 层访问接口。第 2 层现场总线数据链路（FDL）可完成总线访问控制和数据的可靠性,它还为 Profibus-FMS 提供了 RS-485 传输技术或光纤。

Profibus-PA 的数据传输采用扩展的 DP 协议。另外,PA 还描述了现场设备行为的 PA 行规。根据 IEC 1158-2 标准,PA 的传输技术可确保其本质安全性,而且可通过总线给现场设备供电。使用分段耦合器可在 Profibus-DP 上扩展 Profibus-PA 网络。

（2）介质访问协议

在 Profibus 总线中,主站之间采用令牌传送方式,主站与从站之间采用主/从方式。令牌传递程序保证每个主站在一个确切规定的时间内得到总线存取权,主站得到总线存取令牌时可与从站通信。每个主站均可向从站发送或读取信息。因此,可能有以下 3 种系统配置:

① 纯主/从系统;

② 纯主/主系统;

③ 混合系统。

如图 10-9 所示,Profibus 总线中带有 3 个主站和 7 个从站。

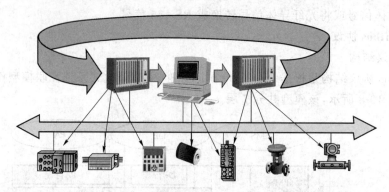

图 10-9　Profibus 总线结构

3 个主站之间构成令牌逻辑环。在总线系统初建时,主站的任务是制定总线上的站点分配并建立逻辑环。在总线运行期间,断电或损坏的主站必须从逻辑环中排除,新上电的主站必须加入逻辑环。当某主站得到令牌报文后,该主站可在一定时间内执行主站工作。在这段时间内,它可依照主/从通信关系表与所有从站通信,也可依照主/主通信关系表与所有主站通信。

数据链路层的另一重要任务是保证数据的完整性,这是依靠所有电文的海明间距 HD=4、按照国际标准 IEC 870-5-1 制定的使用特殊起始和结束定界符、无间距的字节同步传输及每个字节的奇偶校验来保证。

10.4.3　Profibus-DP

Profibus-DP 用于设备级的高速数据传送,中央控制器通过高速串行线同分散的现场设备(如 I/O、驱动器、阀门等)进行通信,大多数数据交换是周期性的。此外,智能化现场设备还需要非周期性通信,以进行配置、诊断和报警处理。

1. 设备类型

如图 10-10 所示 Profibus-DP 由不同类型的设备组成,在同一总线上最多可连接 127 个站点,站点类型有以下 3 种。

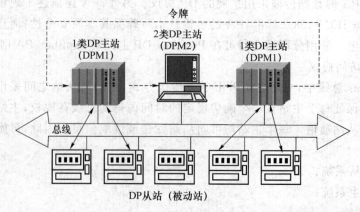

图 10-10　多主站结构

（1）1 类 Profibus-DP 主站（DPM1）。1 类 DP 主站是中央控制器，它在预定的周期内与分散的站（如 DP 从站）交换信息。同一总线上允许有多个 1 类 DP 主站。典型的 DPM1 如 PLC 或 PC。

（2）2 类 Profibus-DP 主站（DPM2）。2 类 Profibus-DP 主站是编程器、组态设备或操作面板，在 Profibus-DP 系统组态操作时使用，完成系统操作和监视目的。一般同一总线上只有 1 个 2 类主站。

（3）Profibus-DP 从站。Profibus-DP 从站是进行输入和输出信息采集和发送的外围设备（I/O 设备、驱动器、HMI、阀门等）。如图 10-11 所示为各类型设备的主要功能。

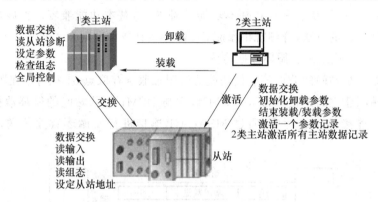

图 10-11　设备基本功能

2. 基本功能

Profibus-DP 的中央控制器周期性读取设备输入信息，并向从设备发送输出信息，总线循环时间必须要比中央控制的程序循环时间短。

Profibus-DP 的基本特性如下。

（1）采用 RS-485 双绞线或光纤，通信速率为 9.6 kbit/s～12 Mbit/s。在一个有着 32 个站点的分布系统中，DP 对所有站点传送 512 位输入和 512 位输出，在 12 Mbit/s 时只需 1 ms。

（2）各主站间令牌传送，主站与从站间数据传送，支持单主或多主系统、主/从设备，总线上最多站点为 127。

（3）点对点（用户数据传送）或广播（控制指令）。循环主/从用户数据传送和非循环主/主数据传送。

（4）各从站支持动态激活和撤销，检查从站配置。

（5）通过总线可对主站配置，给从站设定地址，每个从站最大为 246 个字节的输入或输出空间。

（6）诊断功能可对故障进行快速定位，诊断信息在总线上传输并由主站收集，这些诊断信息分为 3 类：站诊断，表示本站设备的一般操作状态，如温度过高，电压过低；模块诊断，表示站点 I/O 模块出现故障；通道诊断，表示单独的输入输出位的故障。

（7）Profibus-DP 允许构成单主站或多主站系统。系统配置说明包括：站点数、站点地址和输入输出数据的格式、诊断信息格式以及所用总体参数。

（8）运行模式。运行、清除、停止。

（9）同步。控制指令允许输入和输出同步。同步模式为输出同步；锁定模式为输入同步。

（10）可靠性和保护机制。所有信息的传输按海明距离 HD＝4 进行。从站带看门狗定时器（Watchdog Timer）。对从站的输入/输出进行存取保护。主站上带可变定时器的用户数据传送监视。

3．扩展功能

Profibus-DP 扩展功能是对其基本功能的补充，与基本功能兼容。扩展功能的实现通常采用软件更新的方法，详细规格参阅 Profibus-DP 技术准则 2.082 号。

（1）DPM1 与从站间非循环数据传输

一类主站与从站间的非循环通信功能通过附加服务存取点 51 执行。在服务序列里，DPM1 与从站间建立的连接称为 MSAC-C1，它与 DPM1 与从站间的循环数据传送紧密联系在一起。连接建立成功后，通过 MSAC-C1 连接进行非循环数据传送，如图 10-12 所示。

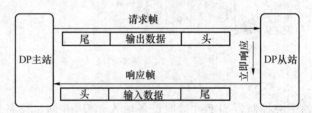

图 10-12　读服务执行过程

（2）报警响应

Profibus-DP 的基本功能允许从站通过诊断信息向主设备自发的传送事件。新的DDLM_Alarm_Ack 功能提供了流控制，用于显性响应从 DP 从站上收到的报警数据。

（3）DPM2 与从站间的扩展数据传送

Profibus-DP 扩展允许一个或几个诊断或操作员设备对从站的任何数据块进行非循环读/写服务。

4．GSD 文件

为了将不同厂家生产的 Profibus 产品集成在一起，生产厂家必须以 GSD 文件（电子设备数据库文件）方式描述这些产品的功能参数（如 I/O 点数、诊断信息、传输速率、时间监视等），如图 10-13 所示。标准的 GSD 数据将通信扩大到操作员控制级。使用根据GSD 所作的组态工具可将不同厂商生产的设备集成在同一总线系统中。

GSD 文件可分为以下 3 个部分。

（1）总规范。包括了生产厂商和设备名称、硬件和软件版本、传输速率、监视时间间隔、总线插头指定信号。

（2）与 Profibus-DP 主站有关规范。包括适用于主站的各项参数，如允许从站个数、上装/下装能力。

（3）与 Profibus-DP 从站有关规范。包括了与从站有关的一切规范,如输入/输出通道数、类型、诊断数据等。

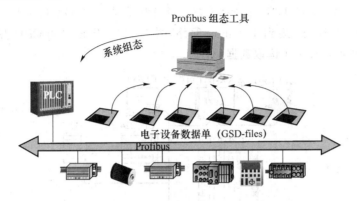

图 10-13　用 GSD 文件进行配置

5. 行规

行规对用户数据的定义做了具体说明,并规定了应用领域。它保证了不同厂商所生产设备的互换性。

（1）NC/RC 行规(3.052)

NC/RC 行规说明了通过 Profibus-DP 对操作和装配机器的控制方法。

（2）编码器行规(3.062)

编码器行规说明了带单转或多转分辨率的旋转编码器、线性编码器与 Profibus-DP 的连接。

（3）传动行规(3.071)

传动行规规定了调速设备如何参数化,以及如何传送设定值和实际值。

（4）操作员控制和过程监视行规(HMI)

规定了操作员控制和过程监视设备如何通过网络连接到自动化设备上。

6. S7-200 接入 Profibus-DP 网络

通过 EM277 模块,将 S7-200 接入 Profibus-DP 网络进行通信。EM277 经过串行I/O总线连接到 S7-200 CPU。Profibus 网络经过其 DP 通信端口,连接到 EM277 模块。该端口的通信速率支持 9.6 k~12 Mbit/s。EM277 模块在 Profibus 网络中只能作为 Profibus 从站。作为 DP 从站,EM277 模块接收由主站提供多种不同的 I/O 配置,向主站发送和接收不同数量的数据。这种特性使用户能修改所传输的数据量,以满足实际应用的需要。与许多 DP 站不同的是,EM277 模块不仅仅是传输 I/O 数据。EM277 能读写 S7-200 CPU 中定义的变量数据块。这样,用户能与主站交换任何类型的数据。通信时,首先将数据移到 S7-200 CPU 中的变量存储区,就可将输入、计数值、定时器值或其他计算值传送到主站。类似地,从主站来的数据存储在 S7-200 CPU 中的变量存储区内,进而可移到其他数据区。

EM277 模块的 DP 端口可连接到网络上的一个 DP 主站上,但仍能作为一个 MPI 从站与同一网络上如 SIMATIC 编程器或 S7-300/S7-400 CPU 等其他主站进行通信。图 10-14 为一个 Profibus 网络。图中 CPU224 通过 EM277 模块接入 Profibus 网络,在这里,CPU315-2 是 DP 主站,该主站已通过一个带有 STEP7 编程软件的 SIMATIC 编程器进行组态。CPU224 是 CPU315-2 所拥有的一个 DP 从站,ET200 I/O 模块也是 CPU315-2 的从站。S7-400 CPU 连接到 Profibus 网络,并且借助于 S7-400 CPU 用户程序中的 XGET 指令,可从 CPU224 读取数据。

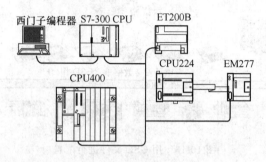

图 10-14　Profibus 网络

10.4.4　Profibus-PA

Profibus-PA 适用于过程自动化领域,它将自动化系统和过程控制系统与压力、湿度和液位变送器等现场设备连接起来,可用来替代 4～20 mA 的模拟量信号,如图 10-15 所示。

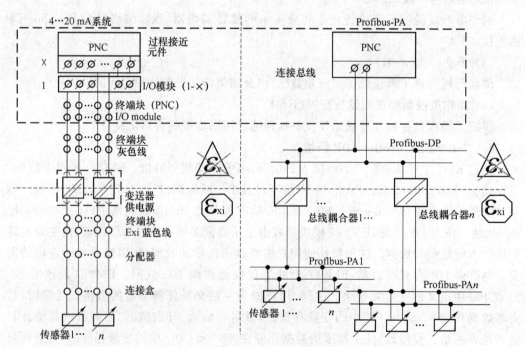

图 10-15　PA 与 4～20 mA 系统的比较

Profibus-PA 具有如下特性：

（1）适合过程自动化应用的行规使不同厂家生产的现场设备具有互换性。

（2）添加和移除总线节点，即使在本质安全地区也不会影响到其他节点。

（3）在过程自动化的 Profibus-PA 段与制造业自动化的 Profibus-DP 总线段之间通过耦合器连接，并使之实现两段间的透明通信。

（4）使用与 IEC 1158-2 技术相同的双绞线完成远程供电和数据传送。

（5）在潜在的爆炸危险区可使用防爆型"本质安全"或"非本质安全"。

1. Profibus-PA 传输协议

Profibus-PA 采用 Profibus-DP 的基本功能来传送测量值和状态，并用扩展的 Profibus-DP 功能来制定现场设备的参数和进行设备操作。Profibus-PA 中对应 OSI 参考模型的第 1 层采用 IEC 1158-2 技术，第 2 层和第 1 层之间的在 DIN 19245 系列标准的第 4 部分作了规定。

2. Profibus-PA 行规

Profibus-PA 行规保证了不同厂商所生产的现场设备的互换性和互操作性，如图 10-16所示，是 Profibus-PA 的一个组成部分。行规的任务是选用各种类型现场设备真正需要通信的功能，并提供这些设备功能和设备行为的一切必要规格。行规包括适用于所有设备类型的一般要求和用于各种设备类型配置信息的数据单。

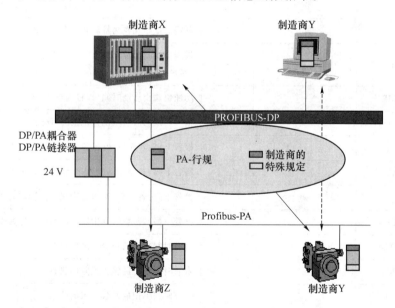

图 10-16　现场设备的互操作

Profibus-PA 行规使用功能块模型。该模型也符合国际标准化的考虑。目前，Profibus-PA 行规已对所有通用的测量变送器和其他选择的一些设备类型作了具体规定，包括压力、液位、温度和流量传感器，数字量 I/O，模拟量 I/O，阀门和定位器。

如图 10-17 所示为压力变送器的原理图。每个设备都提供行规中规定的参数，如

表 10-3所示。

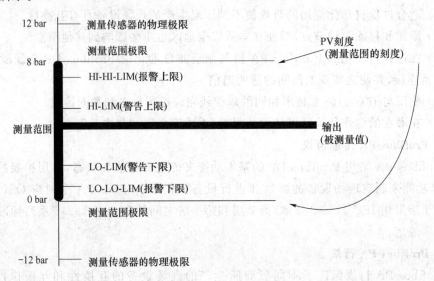

图 10-17　压力变送器原理图

表 10-3　模拟量输入功能块参数

参　数	读	写	功能
OUT	-		过程变量的现在测量值和状态
PV_SCALE	-	-	过程变量测量范围的上、下限的刻度、单位及小数点后的数字个数
PV_FTIME	-	-	功能块输出启动时间(以秒为单位)
ALARM_HYS	-	-	报警功能的滞后是测量范围的百分比
HI HI LIM	-	-	报警上限:若超过,则报警和状态位设定为1
HI_LIM	-	-	警告上限:若超过,则警告和状态位设定为1
LO_LIM	-	-	警告下限:若过低,则警告和状态位设定为1
LO_LO_LIM	-	-	报警下限:若过低,则中断和状态位设定为1
HI_HI_ALM	-		带有时间标记的报警上限的状态
HI_ALM	-		带有时间标记的警告上限的状态
LO_ALM	-		带有时间标记的警告下限的状态
LO_LO_ALM	-		带有时间标记的报警下限的状态

3. 现场供电

　　如图 10-18 所示,Profibus-PA 可对现场设备供电,但是总线电流小于 120 mA,每个现场设备保证不低于 10 mA,因此对于爆炸危险区,一条总线上的现场设备数目不能超过 10 个,而对于非爆炸危险区则可达到 30 个。

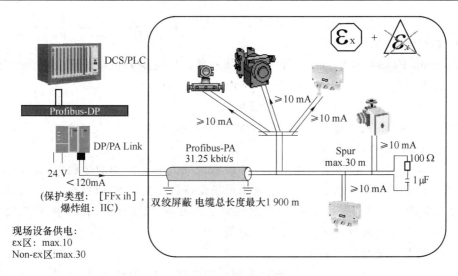

图 10-18　Profibus-PA 现场供电

10.4.5　Profibus-FMS

Profibus-FMS 的设计旨在解决车间监控级通信,如图 10-19 所示。在该层控制器(如 PLC、PC 机等)之间需要比现场层更大量的数据传送,但通信的实时性要求低于现场层。

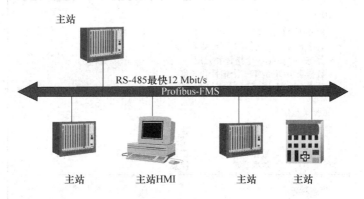

图 10-19　典型的 FMS 系统

Profibus-FMS 的基本特征如下:

(1) 为连接智能现场设备而设计,如 PLC、PC、MMI;

(2) 强有力的应用服务提供广泛的功能;

(3) 面向对象的协议;

(4) 多主机和主/从通信;

(5) 点对点、广播和局部广播通信;

(6) 周期性和非周期性的数据传输;

(7) 每个设备的用户数据多达 240 个字节;

(8) 由主要 PLC 制造商的支持;

（9）产品线丰富，如 PLC、PC、VME、MMI、I/O 等。

1. Profibus-FMS 应用层

Profibus-FMS 应用层为用户提供了通信服务。这些服务包括访问变量、程序传递、事件控制等。Profibus-FMS 应用层包括下面两部分。

（1）FMS：描述了通信对象和应用服务。

（2）LLI：FMS 服务到 OSI 参考模型第 2 层的接口。

2. Profibus-FMS 通信模型

Profibus-FMS 利用通信关系将分散的过程统一到一个共用的过程中。在应用过程中，可用来通信的现场设备称为 VFD（虚拟现场设备），在实际现场设备与 VFD 之间设立一个通信关系表。通信关系表是 VFD 通信变量的集合，如零件数、故障率、停机时间等。VFD 通信关系表完成对实际现场设备的通信。

3. 通信对象与对象字典

Profibus-FMS 面向对象通信，确认 5 种静态通信对象：简单变量、数组、记录、域和事件，还确认两种动态通信对象：程序调用和变量表。每个 FMS 设备的所有通信对象都填入对象字典。对简单设备，对象字典可以预定义；对复杂设备，对象字典可以本地或远程通过组态加到设备中去，如图 10-20 所示。静态通信对象进入静态对象字典，动态通信对象进入动态对象字典。每个对象均有一个唯一的索引，为避免非授权存取，每个通信对象可先用存取保护。

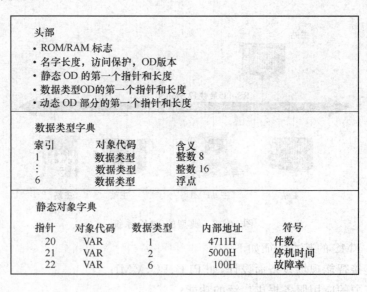

图 10-20　对象字典

4. Profibus-FMS 服务

Profibus-FMS 服务项目是 ISO 9506 的 MMS（制造信息规范）服务项目的子集。这些现场总线在应用中已被优化，而且还加上了通信提出的广泛需求，服务项目的选用取决于特定的应用，具体的应用领域在 Profibus-FMS 行规中规定。

5. 低层接口

第 7 层到第 2 层映射由 LLI 来解决,其主要任务包括数据流控制和连接监视。用户通过称为通信关系的逻辑通道与其他应用过程进行通信。Profibus-FMS 设备的全部通信关系都列入 CRL(通信关系表)。每个通信关系通过 CREF(通信索引)来查找,CRL 中包含了 CREF 和第 2 层及 LLI 地址间的关系。

6. 网络管理

Profibus-FMS 提供网络管理功能,由现场总线管理层第 7 层来实现。其主要功能有:上下关系管理、配置管理、故障管理等。

7. Profibus-FMS 行规

Profibus-FMS 提供了范围广泛的功能来保证它的普遍应用。在不同的应用领域中,具体需要的功能范围必须与具体应用要求相适应。设备的功能必须结合应用来定义,这些适应性定义称之为行规。行规提供了设备的可互换性,保证不同厂商生产的设备具有相同的通信功能。Profibus-FMS 行规包括控制器间通信、楼宇自动化行规和低压开关设备。

10.5　ProfiNet 网络

ProfiNet 由 Profibus 国际组织(PI,Profibus International)推出,是新一代基于工业以太网技术的自动化总线标准。ProfiNet 为自动化通信领域提供了一个完整的网络解决方案,囊括了诸如实时以太网、运动控制、分布式自动化、故障安全以及网络安全等当前自动化领域的热点话题,并且,作为跨供应商的技术,可以完全兼容工业以太网和现有的现场总线(如 Profibus)技术,保护用户原有投资。

ProfiNet 主要有两种应用方式。

(1) ProfiNet I/O

适用于模块化分布式的应用,与 Profibus-DP 方式相似,在 ProfiNet I/O 应用中有 I/O控制器和 I/O 设备。

(2) ProfiNet CBA

适用于分布式智能节点间通信的应用。解决方案是将大型控制系统分成不同功能、分布式、智能的小型控制系统,生成功能组件,利用 IMAP 工具,连接各个组件间通信。

为了保证通信的实时性,需要对信号的传输时间做精确的计算。当然,不同的现场应用对通信系统的实时性有不同的要求。在衡量系统实时性的时候,使用响应时间作为系统实时性的一个标尺,根据响应时间的不同,ProfiNet 支持下列 3 种通信方式。

(1) TCP/IP 标准通信

ProfiNet 基于工业以太网技术,使用 TCP/IP 和 IT 标准。TCP/IP 是 IT 领域关于通信协议方面事实上的基准,尽管其响应时间大概在 100 ms 的量级,但完全满足工厂控制级的应用要求。

(2) 实时通信

对于传感器和执行器设备间的数据交换,系统对响应时间的要求更为严格,大概需要 5～10 ms 的响应时间。目前,可使用现场总线技术达到这个响应时间,如 Profibus-DP。

对于基于 TCP/IP 技术的工业以太网来说,使用标准通信栈来处理过程数据包需要大量时间,因此 ProfiNet 提供了一个优化的、基于以太网数据链路层的实时(RT)通信通道,这能够极大地减少数据在通信栈中的处理时间,因此,ProfiNet 获得了等同、甚至超过传统现场总线系统的实时性能。

(3) 等时同步实时通信

在现场级通信中,对通信实时性要求最高的是运动控制(Motion Control)。伺服运动控制对通信网络提出了极高的要求,在 100 个节点内,其响应时间小于 1 ms,抖动误差小于 1 μs,以此来保证及时、确定的响应。

ProfiNet 使用等时同步实时(IRT,Isochronous Real-Time)技术来满足如此苛刻的响应时间。为了保证高质量的等时通信,所有的网络节点必须很好地实现同步,这样才能保证数据在精确相等的时间间隔内被传输,网络上的所有节点必须通过精确的时钟同步以实现等时同步实时。通过规律的同步数据,其通信循环同步的精度可以达到微秒级。该同步过程可以精确地记录所控制系统的所有时间参数,因此能够在每个循环的开始时实现非常精确的时间同步。这么高的同步水平,单靠软件是无法实现的,想要获得这么高精度的实时性能,必须依靠数据链路层的硬件支持,即西门子 IRTASIC 芯片。

所谓实时性,首先要求响应时间要短;其次要求数据访问间隔的确定性,只有 Profibus-DP 的等时模式满足实时的要求。对于以太网而言,响应时间的时快时慢,不能满足数据访问确定性的要求,其只能应用于大数据量单元级控制器间的数据通信,如 PLC 与 PLC 通信、PLC 与上位机的通信。

ProfiNet 在以太网上实现数据访问的实时性功能。其中,配置、诊断及 HMI 访问等非周期的数据交换使用 TCP/IP 协议,过程数据的通信则切换到 OSI/ISO 模型的第 2 层。这种解决方案最大限度地缩短了通信堆栈的循环时间,同时也缩短了可编程控制器的通信缓存区。遵循 IEEE 802.1P 的标准,在 ProfiNet 上传输的数据包被区分优先次序,实时数据具有较高的优先级别,保证数据的实时性。利用标注的网络设备(如交换机)可方便实现实时数据的通信,等时实时数据则需要特殊的交换机(如 SCALANCE X-200 IRT 等)支持。

对于现有的现场总线通信系统,可通过代理服务器实现与 ProfiNet 的透明连接。

通过 IE/PB Link(ProfiNet 和 Profibus 之间的代理服务器)可将 Profibus 网络透明地集成到 ProfiNet 当中,Profibus 丰富的设备诊断功能同样也适用于 ProfiNet。对于其他类型的现场总线,也可通过代理服务器将现场总线网络接入到 ProfiNet 中。

ProfiNet 和 Profibus 之间的代理服务器 IE/PB Link 有两种:

(1) IE/PB Link I/O 有两个接口,其中一个为 ProfiNet 接口,可以连接 I/O 控制器;另一个接口为 Profibus-DP 接口,作为 Profibus-DP 的主站,最多可以连接 64 个从站。

(2) IE/PB Link CBA 有两个接口,其中一个为 ProfiNet 接口,可以连接 I/O 控制器;另一个接口为 Profibus-DP 接口,已经成为一个组件,利用 IMAP 配置。

10.6　S7-200 通信部件

S7-200 通信部件包括：通信端口、PC/PPI 电缆、通信卡以及 S7-200 通信扩展模块等。

1. 通信端口

在每个 S7-200 的 CPU 上都有一个与 RS-485 兼容的 9 针 D 型端口，该端口也符合欧洲标准 EN 50170 中 Profibus 标准。通过该端口可以把每个 S7-200 连到网络总线。S7-200 CPU 上的通信口外形如图 10-21 所示。

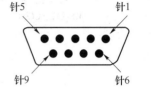

图 10-21　S7-200 通信口外形

在进行调试时，将 S7-200 接入网络时，该端口一般是作为端口 1 出现的，作为端口 1 时端口各个引脚的名称及其表示的意义见表 10-4 所示。端口 0 为所连接的调试设备的端口引脚信号。

表 10-4　S7-200 通信口各引脚名称

引　脚	Profibus 名称	端口 0/端口 1
1	屏蔽	机壳地
2	24 V 返回	逻辑地
3	RS-485 信号 B	RS-485 信号 B
4	发送申请	RTS(TTL)
5	5 V 返回	逻辑地
6	+5 V	+5 V,100 Ω 串联电阻
7	+24 V	+24 V
8	RS-485 信号 A	RS-485 信号 A
9	不用	10 位协议选择(输入)
连接器外壳	屏蔽	机壳接地

2. PC/PPI 电缆

由于 PC 计算机以及笔记本电脑等设备的串口为 RS-232 信号，而 PLC 的通信口为 RS-485 信号，两者之间要进行通信，必须有装置将这两种信号相互转换。PC/PPI 电缆就是这样的一种部件。PC/PPI 电缆有两种不同的型号：隔离型的 PC/PPI 电缆、非隔离型的 PC/PPI 电缆。下面以隔离型的 PC/PPI 电缆为例加以介绍。

（1）PC/PPI 电缆基本功能

隔离型的 PC/PPI 外形如图 10-22 所示，电缆的一端为 RS-232 端口，另一端为 RS-485 端口，中间为用于设置 PC/PPI 电缆属性的 5 个开关（也有 4 个开关的 PC/PPI 电缆）。电缆上的 5 个开关可以设置电缆通信时的波特率以及其他的配置项。其开关 1、2、3 用于设置波特率，对应关系如表 10-5 所示。开关 4、5 用来设置 PC/PPI 电缆在通信连接中所处的位置。

　　当进行通信时,若数据从 RS-232 向 RS-485 传送时,电缆是发送状态,反之是接收状态。接收状态与发送状态的相互转换需要一定时间,这时间大小就称为电缆的转换时间。转换时间与所设置的波特率有关,它们之间的关系见表 10-5。通常情况下,电缆处于接收状态。当检测到 RS-232 发送数据时,电缆立即从接收状态转换为发送状态。若电缆处于发送状态的时间超过电缆转换时间时,电缆将自动切换为接收状态。

图 10-22　隔离型 PC/PPI 电缆外形

表 10-5　开关设置与波特率的对应关系

开关 1、2、3	波特率/bit·s^{-1}	转换时间/ms
000	38 400	0.5
001	19 200	1
010	9 600	2
011	4 800	4
100	2 400	7
101	1 200	14
110	600	28

　　在应用中使用 PC/PPI 电缆作为传输介质时,如果使用自由口进行数据传输,程序设计时必须考虑转换时间的影响。比如在接收到 RS-232 设备的发送数据请求后,S7-200 进行响应时,延迟时间必须大于等于电缆的切换时间。否则,数据不能正确地传送。

　　(2) PC/PPI 电缆与调制解调器的连接

　　当进行远程数据传输时,可以将 PC/PPI 电缆与调制解调器进行连接,以增加数据传输的距离。在串行数据传输中,串行设备不是 DTE(数据终端设备)就是 DCE(数据发送设备)。因此,PC/PPI 电缆就有两种工作模式。PC/PPI 电缆进行通信时不检测 RS-232 通信控制信号(如 RTS、CTS、DTR),但在 DTE 模式下只提供 RTS 信号。因此,使用 PC/PPI 电缆连接调制解调器时,调制解调器应设置成不检测这些信号的模式。

　　① DTE 模式

　　当把 PC/PPI 电缆的 RS-232 端口用于连接 DCE 时,PC/PPI 电缆即处于 DTE 模式。这时,需要将 DIP 五开关的开关 5 设置到 1 的位置。如图 10-23 为 DTE 模式下 PC/PPI 电缆连接调制解调器的示意图。当连接的调制解调器的接口为 9 针时,需要一个 9 针到 25 针的适配器。

　　② DCE 模式

　　当把 PC/PPI 电缆的 RS-232 端口用于连接 DTE 时,PC/PPI 电缆即处于 DCE 模式。

此时,需要将 DIP 五开关的开关 5 设置到 0 的位置。

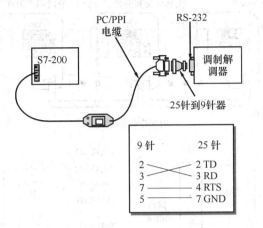

图 10-23　PC/PPI 电缆 DTE 模式下与调制解调器的连接

3. 网络连接器

利用西门子提供的两种网络连接器可以把多个设备很容易地连接到网络中。两种连接器都有两组螺丝端子,可以连接网络的输入和输出。通过网络连接器上的选择开关可以对网络进行偏置和终端匹配。如图 10-24 所示,两个连接器中的一个连接器仅提供连接到 CPU 的接口,而另一个连接器增加了一个编程接口。带有编程接口的连接器可以把 SIMATIC 编程器或操作面板增加到网络中,而不用改动现有的网络连接。编程口连接器把 CPU 来的信号传到编程口(包括电源引线)。这个连接器对于连接从 CPU 取电源的设备(例如 TD200 或 OP3)比较适用。

进行网络连接时,当所连接的设备的参考点不是同一参考点时,在连接电缆中会产生电流,这些电流会造成通信故障或损坏设备。要消除这些电流就要确保通信电缆连接的所有设备共享一个共同的参考点,或者将通信电缆所连接的设备进行隔离以防止不必要的电流。

4. Profibus 网络电缆

当通信设备相距较远时,可使用 Profibus 电缆进行连接,表 10-6 列出了 Profibus 网络电缆的性能指标。

表 10-6　Profibus 网络电缆性能指标

指标	规范
导线类型	屏蔽双绞线
导体截面积	24 AWG(0.22 mm^2)或更粗
电缆电容	<60 pF/m
阻抗	100～200 Ω

Profibus 网络的最大长度有赖于波特率和所用电缆的类型。表 10-7 列出了使用不同规范电缆时网络段的最大长度。

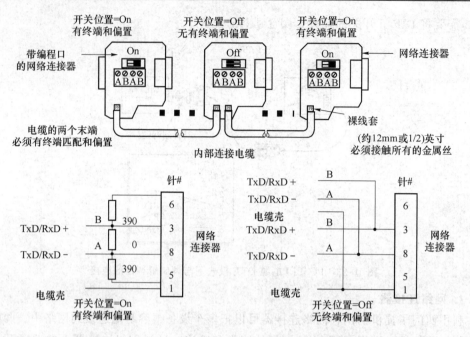

图 10-24　网络连接器

表 10-7　Profibus 网络中段的最大电缆长度

传输速率/kbit·s⁻¹	网络段的最大电缆长度
9.6～19.2	1 200 m(3 936 英尺)
187.5	1 200 m(3 280 英尺)

5. 网络中继器

如图 10-25 所示为连接到 Profibus 网络环的网络中继器,利用中继器可以延长网络通信距离,允许在网络中加入设备,并且提供了一个隔离不同网络环的方法。在波特率是 9 600 bit/s 时,Profibus 允许在一个网络环上最多有 32 个设备,这时通信的最长距离是 1 200 m(3 936 英尺)。每个中继器允许加入另外 32 个设备,而且可以把网络再延长 1 200 m(3 936 英尺)。在网络中最多可以使用 9 个中继器,每个中继器为网络环提供偏置和终端匹配。

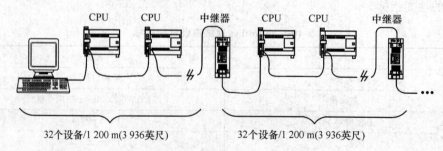

图 10-25　带有中继器的网络

6. EM277 Profibus-DP 模块

EM277 Profibus-DP 模块是专门用于 Profibus-DP 协议通信的智能扩展模块。它的外形如图 10-26 所示。EM277 机壳上有一个 RS-485 接口,通过接口可将 S7-200 系列 CPU 连接至网络,它支持 Profibus-DP 和 MPI 从站协议。其上的地址选择开关可进行地址设置,地址范围为 0~99。

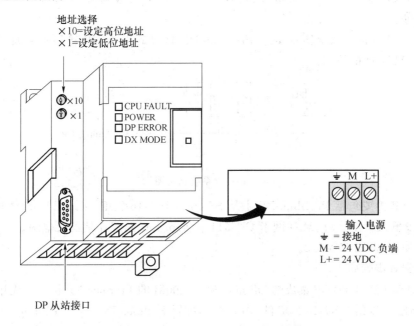

图 10-26　EM277 外形

Profibus-DP 是由欧洲标准 EN 5 0170 和国际标准 IEC 61158 定义的一种远程 I/O 通信协议。遵守这种标准的设备,即使是由不同公司制造的,也是兼容的。DP 表示分布式外围设备,即远程 I/O。Profibus 表示过程现场总线。EM277 模块作为 Profibus-DP 协议下的从站,实现通信功能。

除以上介绍的通信部件外,还有其他的通信部件。如用于本地 I/O 扩展的 CP243-2 通信处理器,利用该模块可增加 S7-200 系列 CPU 的输入、输出点数。

10.7　Profibus-DP 通信配置

Profibus 是一个令牌网络,一个网络中有若干个被动节点(从站),而它的逻辑令牌只含有一个主动节点(主站),也称为主/从网络。典型的 Profibus-DP 网络配置是以这种总线存取机制为基础,一个主站轮询多个从站。Profibus-DP 在整个 Profibus 应用中最为广泛,可以连接不同厂商相同 Profibus-DP 协议的设备。在 Profibus-DP 网络中,一个从站只能被一个主站所控制,该主站就是从站的一类主站;如果网络上还有编程器和操作面板控制从站,该编程器和操作面板是该从站的二类主站。另外一种情况,在多主网络中,每个从站只有唯一主站,一类主站可以对从站执行发送和接收数据操作,其他主站只能可选择的接收从站发送给一类主站的数据,这样主站是该从站的二类主站,它并不直接控制该从站。

　　Profibus 主站可以是带有集成 DP 口的 CPU,或者用 CP342-5 扩展的 S7-300 站、IM467、CP443-5Extend 扩展的 S7-400 站,上位机内插有通信卡 CP5411、CP5511、CP5611 等也构成 Profibus-DP 的主站,这些通信卡加入 Profibus 驱动程序就可作为 Profibus 网卡并支持 Profibus 协议。Profibus 从站有 ET200 系列、变频器、S7-200/300/400 站及第三方设备等。

　　如图 10-27 所示,系统实现基于 Profibus-DP 总线的集成 DP 接口的处理器对远程 I/O 模块 ET200M 的控制。

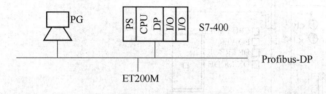

图 10-27　系统结构图

　　硬件设备主要包括 Profibus-DP 主站 S7-400 CPU416-2DP、从站 ET200M 接口模块 IM153-2 及输入输出模块、MPI 网卡 CP5611 和 Profibus 总线连接器及电缆。

　　软件使用 STEP 7 V5.2。

　　网络配置步骤如下。

　　(1)连接 CPU416-2DP 集成的 DP 接口和 ET200M 的 Profibus-DP 接口。先用 MPI 电缆将 CP5611 连接到 CPU416-2DP 的 MPI 接口,配置 Profibus-DP 主站 CPU416。

　　(2)打开 STEP 7,新建项目,然后插入 S7-400 站,然后双击"Hardware"选项,进入 "HW Config"窗口。打开硬件目录,按硬件安装次序和订货号依次插入机架、电源、CPU 等进行硬件配置。将 CPU 插入时会同时弹出 Profibus-DP 主站配置界面,如图 10-28 所示,新建一条 Profibus-DP 网络。

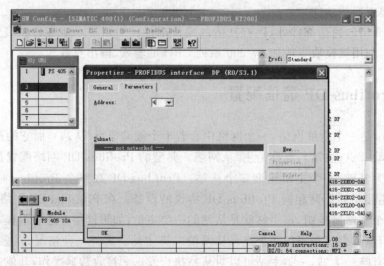

图 10-28　新建 Profibus-DP 网络

　　(3) 在图 10-28 中单击"New"进入图 10-29 所示界面,在"Network Settings"中设置传输速率、总线行规"Profile"和最高站地址。

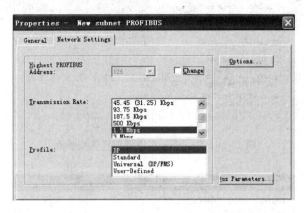

图 10-29　设置 Profibus 网络属性

　　① 最高 Profibus 站地址

　　Profibus-DP 是令牌环网络,令牌由低地址站向高地址站传递,到最高 Profibus 站地址后,再传递给最低站地址。令牌传递仅限在使能的主站间,如 DP 主站、FDL 通信站点等。

　　② Profile

　　Profibus-DP 总线行规,为不同的 Profibus 应用提供基准。每个总线行规包含一个 Profibus 总线参数集,包括 DP、Standard、Universal、User-defined。

- DP 行规:Profibus 参数组,适合单主站或多主站系统,例如 Profibus-DP 协议。
- Standard 行规:Profibus 参数组,适合多主站系统和所有扩展的多于一个 STEP 7 项目配置而设计,例如 FDL、S7、FMS 协议。
- Universal(DP/FMS)行规:Profibus 参数组,适合多主站 S5-S5 PLC、S5-S7 PLC 之间 FDL、FMS 协议通信。
- User-defined:用户可以自己修改 Profibus 参数以适合最佳的总线行规,适合与第三方设备已定义的 Profibus 参数相匹配,通常情况下建议不修改。

　　(4) 在图 10-29 中单击"Options"按钮后进入 Profibus 总线选项。

　　网络站点配置选项用于在同一总线系统中,当存在 STEP 7 不能配置的节点,或使用不同的通信协议(如 DP 和 FDL 等)时,需要优化网络参数,此选项对于 DP 行规是不可用的,图 10-30 为操作界面。

　　配置网络上的站点时,站点的个数将影响总线参数 T_{TR}(目标轮询时间)和响应监视时间。同样电缆的长度和使用 RS-485 中继器、OBT、OLM 的个数也将影响总线参数,主要是因为数据经过它们时存在时间延迟。单击"Cables"选项配置 RS-485 中继器、OBT 和 OLM 的个数,图 10-31 为操作界面。

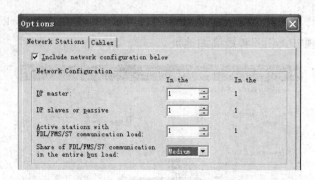

图 10-30　Profibus 多协议配置选项界面

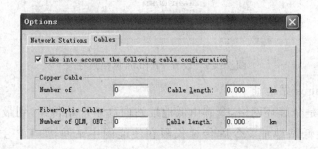

图 10-31　Profibus 总线站点属性配置选项界面

（5）如图 10-32 所示，在 Profibus-DP 选项中选择接口模块 IM153-2，添加到 Profibus 网络上。

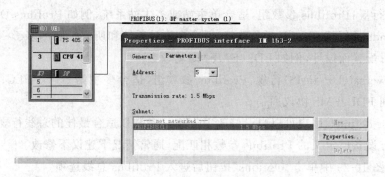

图 10-32　Profibus-DP 的 ET200M 配置

设置 ET200M 接口模块 IM153-2 的 Profibus 站地址，配置的站地址必须与 IM153-2 的拨码开关设定地址相同。接着，如图 10-33 所示，配置 ET200M 上的 I/O 模块，设定 I/O 点的地址。

（6）可在 Profibus 网络上添加更多从站。如果某个从站掉电或损坏，将产生不同的中断，并调用不同组织块（OB），如果在程序中没有建立这些组织块，出于对设备和人身安全的保护，CPU 会停止运行。

至此，Profibus-DP 从站为 ET200 系列的远程 I/O 站配置完成。另外，从站设备还可是一些智能从站,如带有 CPU 接口的 ET200S、S7-300 站、S7-400 站等。

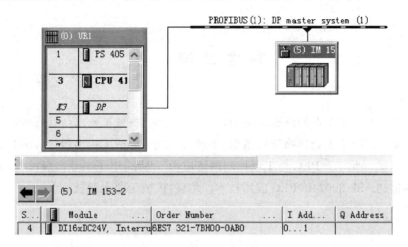

图 10-33 ET200M 的 I/O 模块配置

习　题

1. 概述西门子工业网络的生产金字塔结构。
2. 简述 AS-i 网络的主/从通信流程。
3. PLC 之间通过 MPI 进行通信有哪几种方式?
4. Profibus 由哪几部分组成? 各部分完成什么功能?
5. Profibus 有几种类型的传输技术?
6. S7-200 通信部件包括哪些?
7. 详述 Profibus-DP 网络通信配置流程。

参 考 文 献

1. 崔坚. 西门子工业网络通信指南(上册). 北京:机械工业出版社,2004
2. 崔坚. 西门子工业网络通信指南(下册). 北京:机械工业出版社,2004
3. 高鸿斌. 西门子 PLC 与工业控制网络应用. 北京:电子工业出版社,2006
4. 廖常初. S7-300/400PLC 应用技术. 北京:机械工业出版社,2006